高职高专计算机任务驱动模式教材

ASP.NET动态网站 项目开发实用教程（C#版）

陈 凤 张治军 谭恒松 胡游龙 编 著

清华大学出版社

北 京

内 容 简 介

本书基于"实践导向、任务引领、项目驱动"的项目化教学方式编著而成,体现"教、学、做"一体化的教学理念。本书共有 12 章,具体内容包括：ASP.NET 开发入门、C#语言基础、ASP.NET Web 常用控件、数据库与 SQL 语言、ASP.NET 的内置对象、数据验证技术、Web 用户控件、站点导航控件、母版页、数据源控件与数据绑定控件、使用 ADO.NET 操作数据库、"新闻发布网站"的设计与开发。每章都以任务为引领,穿插"必需、够用"的理论知识。读者能够通过任务的完成,完成相关知识的学习和技能的训练。每个任务均具有典型性、实用性、趣味性和可操作性。

本书可作为应用型本科、高职高专院校"Web 程序设计类"课程的教学用书,也可作为成人高校、社会培训机构、Web 程序员、计算机从业人员和爱好者的参考用书。

图书在版编目(CIP)数据

ASP.NET 动态网站项目开发实用教程：C#版/陈凤等编著. —北京：清华大学出版社,2019
(2020.8 重印)
　(高职高专计算机任务驱动模式教材)
　ISBN 978-7-302-49378-5

　Ⅰ.①A…　Ⅱ.①陈…　Ⅲ.①网页制作工具-程序设计-高等职业教育-教材 ②C 语言-程序设计-高等职业教育-教材　Ⅳ.①TP393.092 ②TP312

中国版本图书馆 CIP 数据核字(2018)第 014918 号

责任编辑：张龙卿
封面设计：徐日强
责任校对：赵琳爽
责任印制：宋　林

出版发行：清华大学出版社
　　　　网　　　址：http://www.tup.com.cn, http://www.wqbook.com
　　　　地　　　址：北京清华大学学研大厦 A 座　　　　邮　　编：100084
　　　　社 总 机：010-62770175　　　　　　　　　　　邮　　购：010-62786544
　　　　投稿与读者服务：010-62776969, c-service@tup.tsinghua.edu.cn
　　　　质量反馈：010-62772015, zhiliang@tup.tsinghua.edu.cn
　　　　课件下载：http://www.tup.com.cn,010-62770175-4278
印 装 者：三河市龙大印装有限公司
经　　销：全国新华书店
开　　本：185mm×260mm　　　　印　　张：19.75　　　　字　　数：448 千字
版　　次：2019 年 1 月第 1 版　　　　　　　　　　　　印　　次：2020 年 8 月第 3 次印刷
定　　价：49.00 元

产品编号：069278-01

编审委员会

出版说明

我国高职高专教育经过十几年的发展,已经转向深度教学改革阶段。教育部于 2012 年 3 月发布了教高〔2012〕第 4 号文件《关于全面提高高等教育质量的若干意见》,重点建设一批特色高职学校,大力推行工学结合,突出实践能力培养,全面提高高职高专教学质量。

清华大学出版社作为国内大学出版社的领跑者,为了进一步推动高职高专计算机专业教材的建设工作,适应高职高专院校计算机类人才培养的发展趋势,2012 年秋季开始了切合新一轮教学改革的教材建设工作。该系列教材一经推出,就得到了很多高职院校的认可和选用,其中部分书籍的销售量超过了三四万册。现根据计算机技术发展及教改的需要,重新组织优秀作者对部分图书进行改版,并增加了一些新的图书品种。

目前,国内高职高专院校计算机相关专业的教材品种繁多,但符合国家计算机技术发展需要的技能型人才培养方案并能够自成体系的教材还不多。

我们组织国内对计算机相关专业人才培养模式有研究并且有过丰富的实践经验的高职高专院校进行了较长时间的研讨和调研,遴选出一批富有工程实践经验和教学经验的"双师型"教师,合力编写了该系列适用于高职高专计算机相关专业的教材。

本系列教材是以任务驱动、案例教学为核心,以项目开发为主线而编写的。我们研究分析了国内外先进职业教育的教改模式、教学方法和教材特色,消化吸收了很多优秀的经验和成果,以培养技术应用型人才为目标,以企业对人才的需要为依据,将基本技能培养和主流技术相结合,保证该系列教材重点突出、主次分明、结构合理、衔接紧凑。其中的每本教材都侧重于培养学生的实战操作能力,使学、思、练相结合,旨在通过项目实践,增强学生的职业能力,并将书本知识转化为专业技能。

一、教材编写思想

本系列教材以案例为中心,以技能培养为目标,围绕开发项目所用到的知识点进行讲解,并附上相关的例题来帮助读者加深理解。

在系列教材中采用了大量的案例,这些案例紧密地结合教材中介绍的各个知识点,内容循序渐进、由浅入深,在整体上体现了内容主导、实例解析、以点带面的特点,配合课程采用以项目设计贯穿教学内容的教学模式。

二、丛书特色

本系列教材体现了工学结合的教改思想,充分结合目前的教改现状,突出项目式教学改革的成果,着重打造立体化精品教材。具体特色包括以下方面。

（1）参照和吸纳国内外优秀计算机专业教材的编写思想,采用国内一线企业的实际项目或者任务,以保证该系列教材具有更强的实用性,并与理论内容有很强的关联性。

（2）准确把握高职高专计算机相关专业人才的培养目标和特点。

（3）每本教材都通过一个个的教学任务或者教学项目来实施教学,强调在做中学、学中做,重点突出技能的培养,并不断拓展学生解决问题的思路和方法,以便培养学生未来在就业岗位上的终身学习能力。

（4）借鉴或采用项目驱动的教学方法和考核制度,突出计算机技术人才培养的先进性、实践性和应用性。

（5）以案例为中心,以能力培养为目标,通过实际工作的例子来引入相关概念,尽量符合学生的认知规律。

（6）为了便于教师授课和学生学习,清华大学出版社网站(www.tup.com.cn)免费提供教材的相关教学资源。

当前,高职高专教育正处于新一轮教学深度改革时期,从专业设置、课程体系建设到教材建设,依然有很多新课题值得我们不断研究。希望各高职高专院校在教学实践中积极提出本系列教材的意见和建议,并及时反馈给我们。清华大学出版社将对已出版的教材不断地进行修订并使之更加完善,以提高教材质量,完善教材服务体系,继续出版更多的高质量教材,从而为我国的职业教育贡献我们的微薄之力。

编审委员会
2017 年 3 月

前　言

本书以 Microsoft Visual Studio 2010 为集成开发环境,数据库选用 SQL Server 2008。本书是项目式教学的教材,以项目化任务为载体,根据学生完成项目任务的需要进行理论教学。本书中的项目对编程环境要求不高,因此本书也适合以 Visual Studio 2005、Visual Studio 2008,以及 Visual Studio 2012、Visual Studio 2013 为集成开发环境的教学。

本书共 12 章,内容分为基础知识篇、核心技术篇、项目实战篇。基础知识篇中主要让读者掌握 ASP.NET 开发 Web 应用程序的基础知识,内容主要包括:ASP.NET 开发入门、C♯语言基础、ASP.NET Web 常用控件、数据库与 SQL 语言、ASP.NET 的内置对象。核心技术篇中主要让读者掌握 ASP.NET 开发 Web 应用程序的核心技术,内容主要包括:数据验证技术、Web 用户控件、站点导航控件、母版页、数据源控件与数据绑定控件、使用 ADO.NET 操作数据库。项目实战篇中主要让读者通过"新闻发布网站"的设计与开发,了解和掌握网站开发的整个流程。

本书是编者在总结提炼多年 Web 开发技术教学经验基础上完成编写的,汇聚了编者很大的心血。本书在项目教学的过程中融入"必需、够用"的理论知识,这样学生能更好地理解所学的知识,也能真正培养学生的实际动手能力。

本书中每个项目都有详细的制作步骤,读者只需要按照步骤就可以轻松地完成项目,这样读者不仅掌握了开发的步骤,也掌握了开发的技巧。本书的主要特点如下。

1. 合理、有效地组织内容

为了让读者快速地理解 ASP.NET 动态网站开发的相关技术,本书每章都以项目开始,然后详细说明项目的实现过程,接着讲解项目中涉及的相关理论知识,最后进行小结。这样读者可以在实际运用中更好地掌握相关理论知识。

2. 本书配有全部的程序源文件和电子教案

为方便读者使用,书中全部实例的源代码及电子教案均免费赠送给读者。

本课程建议使用 72 学时,学时分配参考如下。

章　名	学时	章　名	学时
第 1 章　ASP.NET 开发入门	2	第 7 章　Web 用户控件	2
第 2 章　C#语言基础	16	第 8 章　站点导航控件	2
第 3 章　ASP.NET Web 常用控件	6	第 9 章　母版页	2
第 4 章　数据库与 SQL 语言	4	第 10 章　数据源控件与数据绑定控件	8
第 5 章　ASP.NET 的内置对象	4	第 11 章　使用 ADO.NET 操作数据库	8
第 6 章　数据验证技术	2	第 12 章　"新闻发布网站"的设计与开发	16

本书由浙江工商职业技术学院陈凤,宁波市公安局张治军,浙江工商职业技术学院谭恒松和宁波市公安局鄞州分局胡游龙共同编著完成。其中,第 1、4 章由陈凤和谭恒松共同编写,第 2 章由陈凤和张治军共同编写,第 3、5、6、10 章由张治军编,第 7 章由张治军和胡游龙共同编写,第 8、9、11、12 章由陈凤编写,编者共同对书稿进行了校对;浙江工商职业技术学院的史晓燕、潘红艳、吴冬燕、王璞、龚松杰、苏萍、张立燕等人也参与了编写,并对书中的代码进行了调试,对书稿进行了校对;浙江大学宁波理工学院的陶建文教授对本书提出了很多有价值的参考意见,在此均表示深深的感谢!

由于编者水平有限,书中疏漏之处在所难免,敬请广大读者批评指正! 大家在阅读本书时,如发现任何问题或有不认同之处,请通过以下方式和我们联系。E-mail: fengchenxuexi@163.com。

编　者
2018 年 10 月

目　录

第一篇　基础知识

第二篇 核 心 技 术

第三篇　项目实战

第一篇
基础知识

第1章 ASP.NET 开发入门

任务 1.1 搭建 ASP.NET 的开发环境

1.1.1 安装 Visual Studio 2010

Visual Studio 2010 能够开发的程序包括常见的 Visual C♯、Visual Basic、Visual C++ 和 Visual J♯ 等。Visual C♯ 应用程序开发是 Visual Studio 2010 一个重要的组成部分。

安装 Visual Studio 2010 编程环境之前,首先应检查计算机硬件、软件系统是否符合要求,完全安装 Visual Studio 2010 编程环境后占用的空间大约在 8GB,所以在安装前,应确保有足够的硬盘空间。

将 Microsoft Visual Studio 2010 简体中文版安装光盘放入光驱,启动安装文件的 Setup.exe 文件,将出现安装程序的主界面,如图 1-1 所示。

图 1-1　Visual Studio 2010 安装程序向导

在安装程序主界面上有以下两个选项。

(1) "安装 Microsoft Visual Studio 2010"选项:单击此项,可以安装 Visual Studio 2010 编程环境的功能和所需的组件。

(2) "检查 Service Release"选项:单击此项,可以检查最新的 Service 版本,以确保 Visual Studio 2010 有最佳功能。

选择"安装 Microsoft Visual Studio 2010"选项,此时安装文件将向操作系统加载安装组件,如图 1-2 所示。当系统加载完安装组件后,单击"下一步"按钮,如图 1-3 所示。

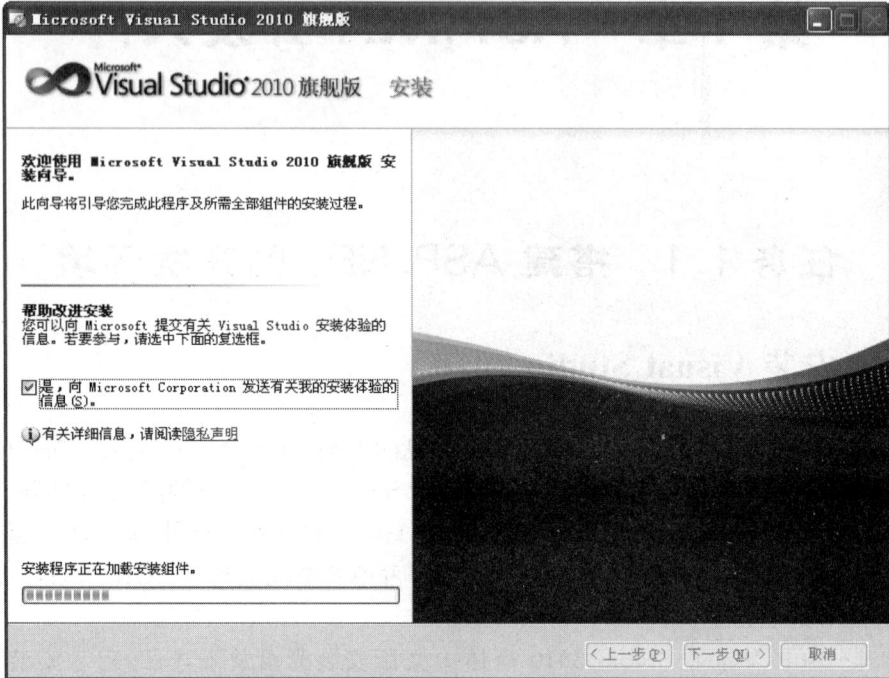

图 1-2　安装程序加载安装组件界面

图 1-3　加载组件完成后的界面

单击"下一步"按钮,将进入软件许可界面,如图 1-4 所示。选中"我已阅读并接受许可条款"单选按钮,并单击"下一步"按钮,进入选择要安装的功能界面,如图 1-5 所示。

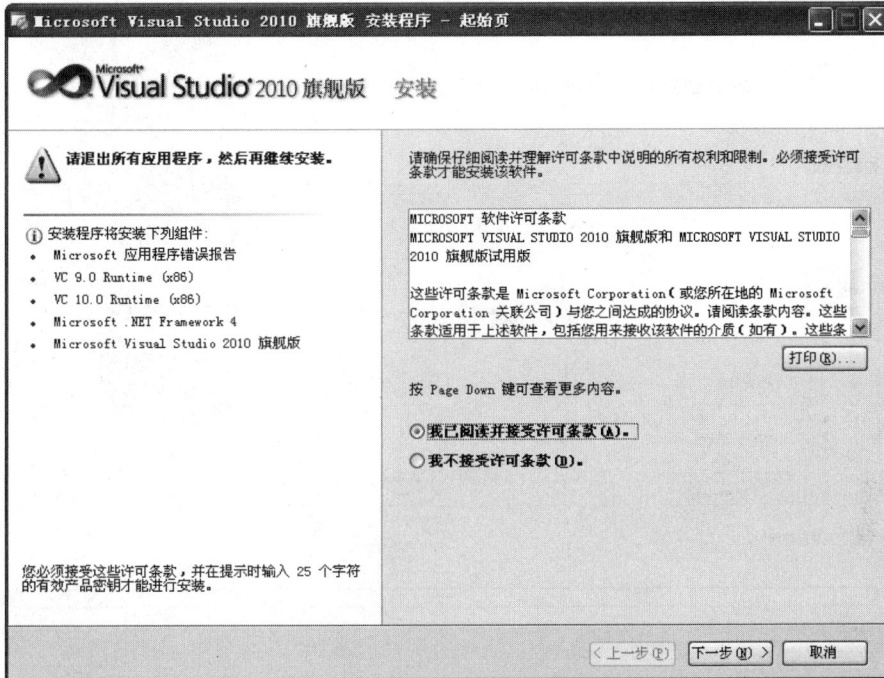

图 1-4　软件许可界面

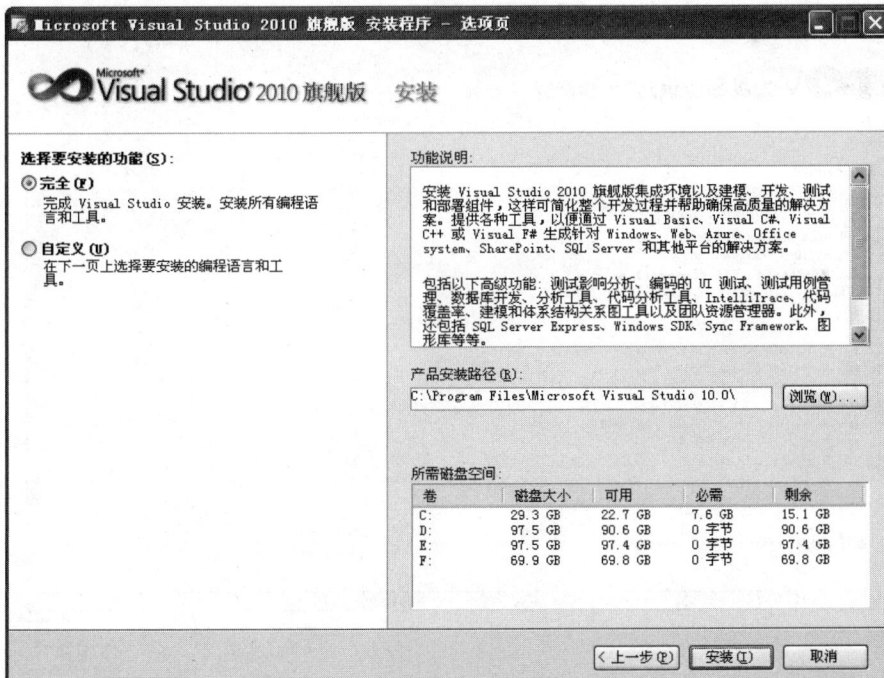

图 1-5　选择要安装的功能界面

　　在选择安装功能界面中，可以选择"完全"安装或者"自定义"安装。在这里选择"完全"安装，即选中"完全"单选按钮，单击"安装"按钮，进入安装进度界面，如图 1-6 和图 1-7 所示。

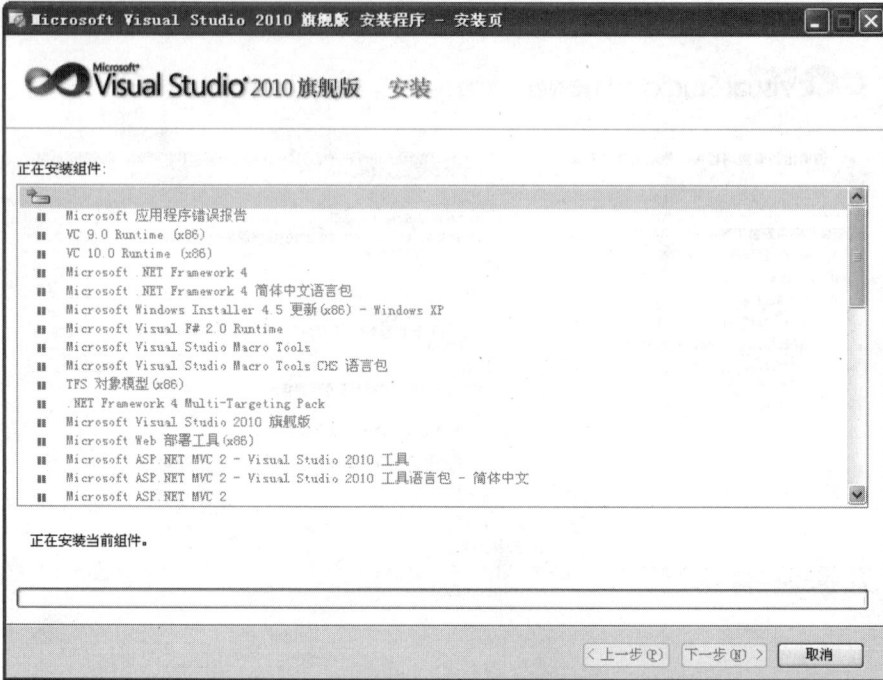

图 1-6　Visual Studio 2010 安装进度界面(1)

图 1-7　Visual Studio 2010 安装进度界面(2)

安装完成后，会出现完成提示界面，如图 1-8 所示，单击"完成"按钮，将完成 Visual Studio 2010 的安装。

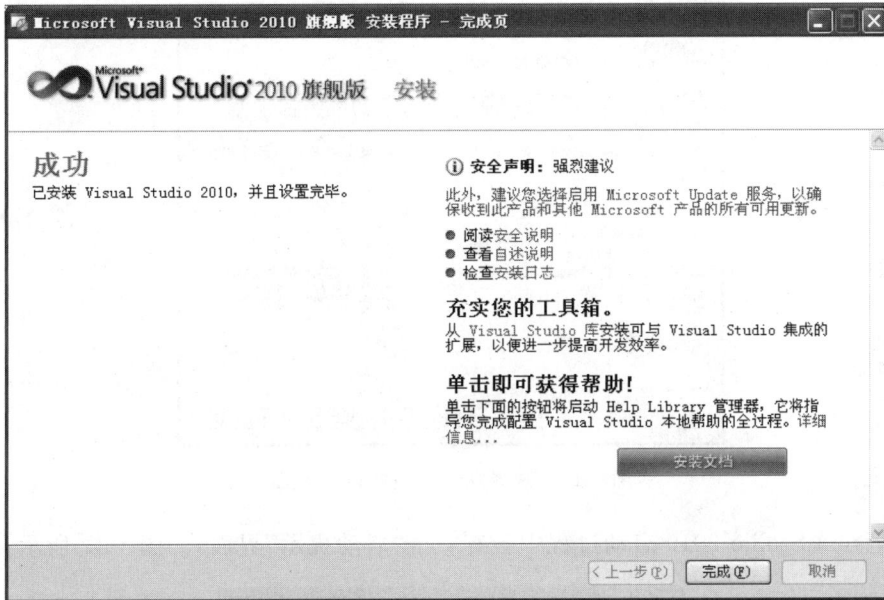

图 1-8　Visual Studio 2010 完成安装后的提示

安装成功后，在操作系统桌面环境中单击"开始"按钮，接着选择"程序"菜单项，再选择 Microsoft Visual Studio 2010 菜单项，然后选择 Microsoft Visual Studio 2010 命令，就可以启动 Visual Studio 2010 编程环境，如图 1-9 所示。

Visual Studio 2010 启动过程中会有界面提示，如图 1-10 所示。

图 1-9　Visual Studio 2010 启动步骤

图 1-10　Visual Studio 2010 启动界面

第一次启动 Visual Studio 2010 编程环境,会有"选择默认环境设置"的提示,在这里选择"Visual C♯开发设置",如图 1-11 所示,并单击"启动 Visual Studio"按钮。

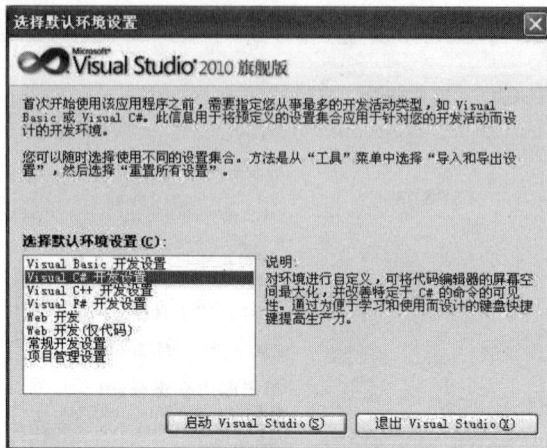

图 1-11　选择默认环境的设置界面

在 Visual Studio 2010 启动过程中会有一个"启动提示"界面,如图 1-12 所示。

图 1-12　Visual Studio 2010 启动提示界面

Visual Studio 2010 启动后的初始界面如图 1-13 所示。

图 1-13　Visual Studio 2010 初始界面

1.1.2　安装与配置 IIS

IIS(Internet Information Services，Internet 信息服务)是微软开发的 Web 服务器，它基于 Windows 操作系统。

为什么需要安装 IIS 呢? IIS 是一种 Web(网页)服务组件，其中包括 Web 服务器、FTP 服务器、NNTP 服务器和 SMTP 服务器，分别用于网页浏览、文件传输、新闻服务和邮件发送等方面，它使在网络(包括互联网和局域网)上发布信息成了一件很容易的事。简单来说，IIS 是 Web 服务器，如果要把一台计算机变成一个网站服务器，让别人来访问，那就要安装 IIS。ASP.NET 需要使用 IIS 作为发布平台。

在所用的 Windows 操作系统安装光盘中都带有 IIS，但是默认是不安装的，因此，经常需要用户手动去安装 IIS。下面分别介绍 Windows XP 操作系统和 Windows 7 操作系统下 IIS 安装的方法。

首先，在 Windows XP 环境下，选择"控制面板"→"添加删除程序"→"添加或删除 Windows 组件"，选中"Internet 信息服务(IIS)"复选框，如图 1-14 所示。

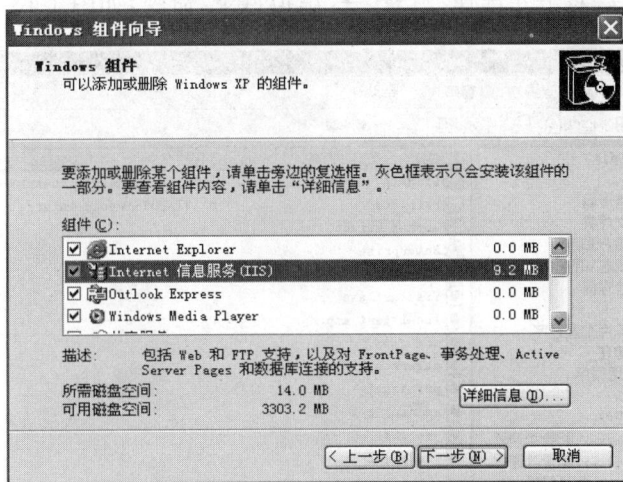

图 1-14　添加组件

其次，单击"下一步"按钮，出现如图 1-15 所示的对话框，单击"确定"按钮，出现如图 1-16 所示的对话框。

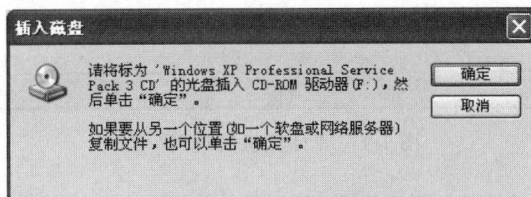

图 1-15　"插入磁盘"对话框

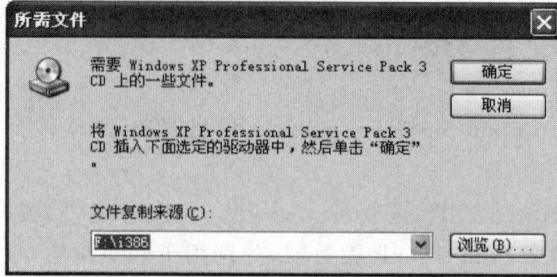

图 1-16 "所需文件"对话框

　　单击"浏览"按钮,选择 Windows XP 系统盘安装文件路径,即可根据提示完成 IIS 的安装。如果没有 Windows XP 系统安装盘,也可以从网上下载 iisxpi386 软件,在这个软件中集成了所有 IIS 安装过程中所需要读取的文件。

　　IIS 安装完成后,就可以对 IIS 进行配置,主要有以下几个步骤。

　　(1) 选择"控制面板"→"管理工具"→"计算机管理"选项,进入"计算机管理"界面。选择"服务和应用程序"下面的"Internet 信息服务",展开"网站"节点,选择"默认网站",如图 1-17 所示。然后右击并选择"新建"→"虚拟目录"命令,如图 1-18 所示。

图 1-17 "计算机管理"界面

　　(2) 按照虚拟目录创建向导,单击"下一步"按钮,给站点取一个别名,如图 1-19 所示。

图 1-18　新建虚拟目录的命令

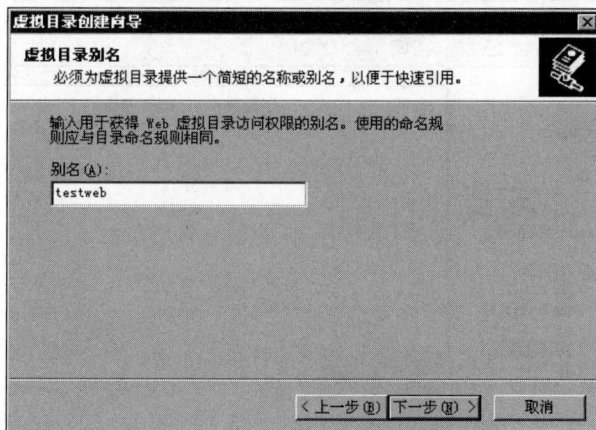

图 1-19　设置站点的别名

（3）选择站点所在的目录，如图 1-20 所示。

（4）设置虚拟目录的访问权限，如图 1-21 所示。单击"下一步"按钮完成虚拟目录的创建。

（5）进入"计算机管理"界面，选择刚才创建的虚拟目录，右击，选择"属性"命令，如图 1-22 所示，进入属性设置窗体。

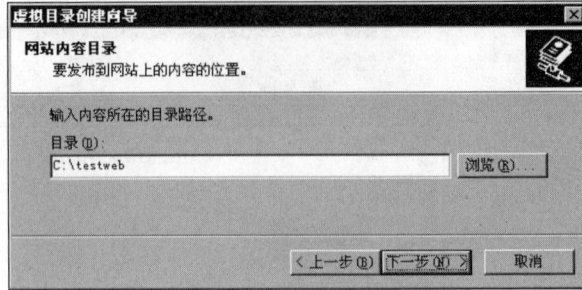

图 1-20　选择站点目录

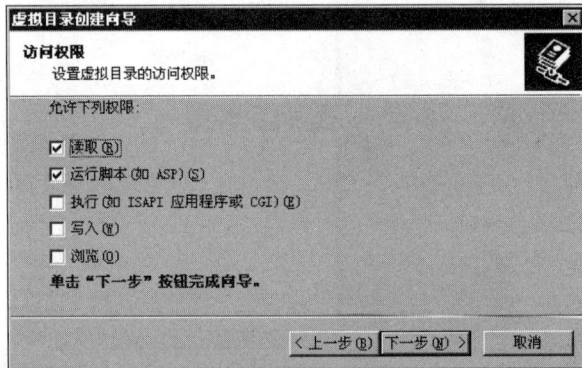

图 1-21　设置访问权限

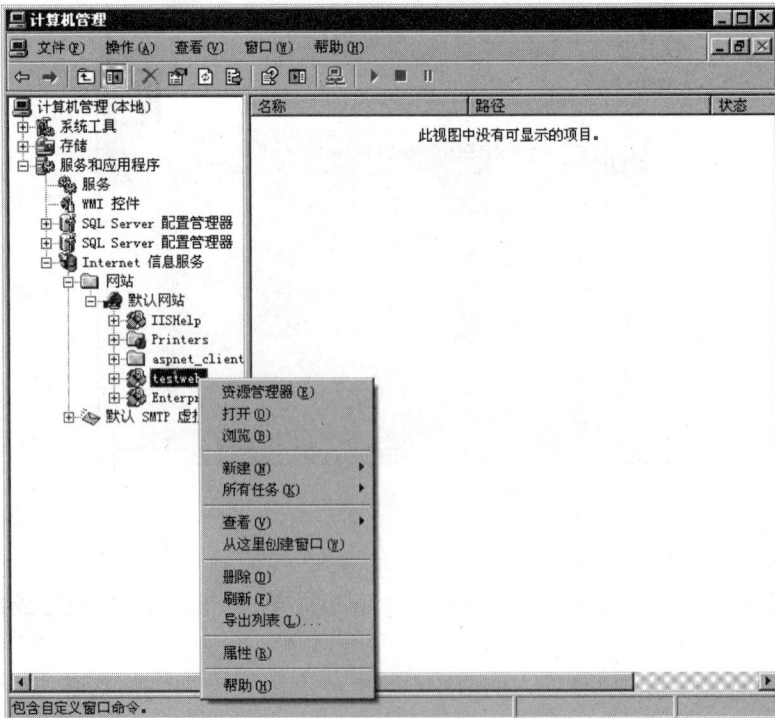

图 1-22　设置虚拟目录的属性

（6）选择 ASP.NET 版本为 4.0.30319，如图 1-23 所示。

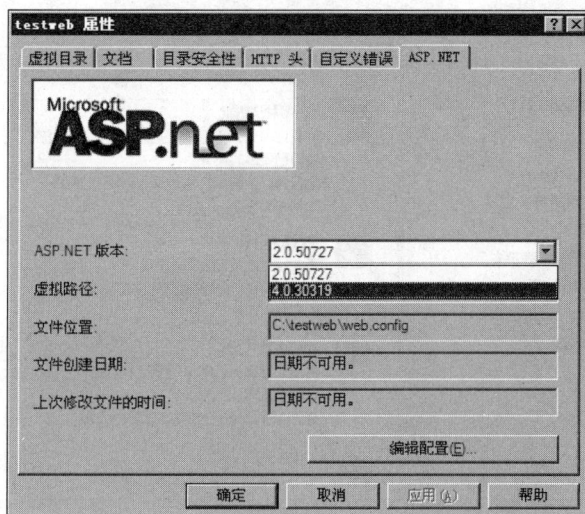

图 1-23　设置 ASP.NET 版本

如果系统环境为 Windows 7，安装和配置 IIS 又有所不同，主要步骤如下。

（1）选择"开始"→"控制面板"命令，然后再单击"程序"，如图 1-24 所示。不要单击"卸载程序"，否则到不了目标系统界面。

图 1-24　选择程序

（2）在"程序和功能"下选择"打开或关闭 Windows 功能"，如图 1-25 所示。

（3）进入"Windows 功能"窗口，找到"Internet 信息服务"选项，然后按图 1-26 所示进行设置。

（4）单击"确定"按钮，完成 IIS 的安装。

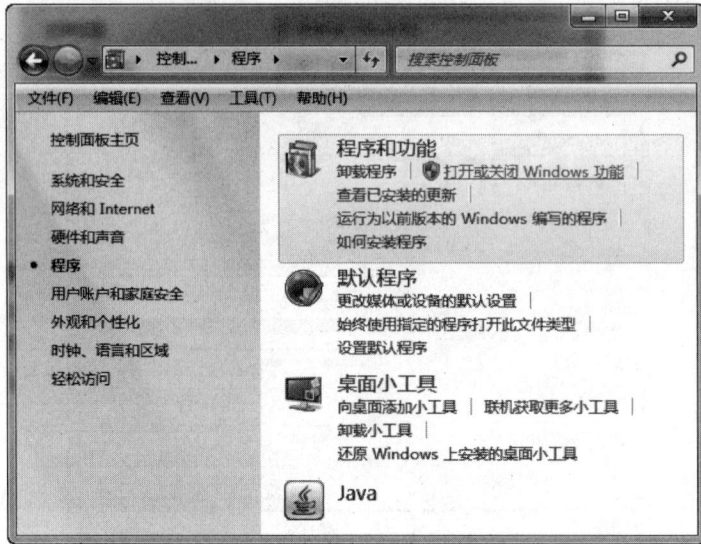

图 1-25　打开或关闭 Windows 功能

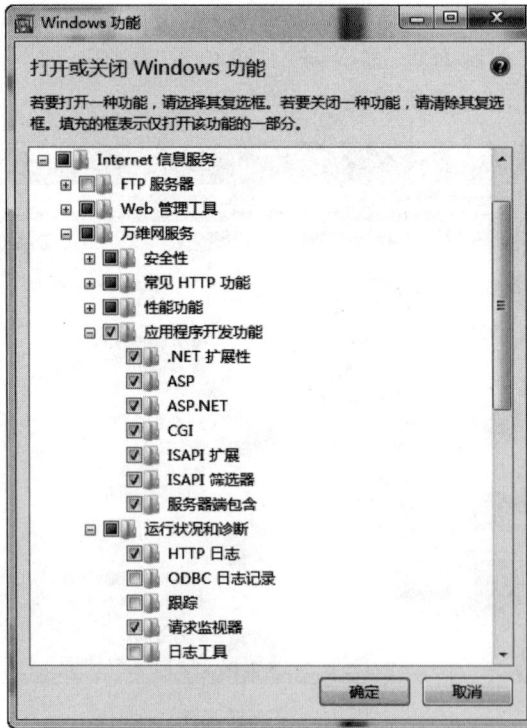

图 1-26　选择功能

安装完成 IIS 后,还需要对 IIS 进行配置,主要步骤如下。

(1) 选择"控制面板"→"系统和安全"→"管理工具"→"Internet 信息服务(IIS)管理器"选项,进入 Internet 信息服务(IIS)管理器界面,如图 1-27 所示。右击"网站",选择"添加网站"命令。

图 1-27　"添加网站"命令

　　（2）打开"添加网站"对话框为网站取名，并选择网站的目录，如图 1-28 所示，可以选择默认端口 80；也可以设置端口为其他的，如 81。单击"确定"按钮，完成添加网站的操作。

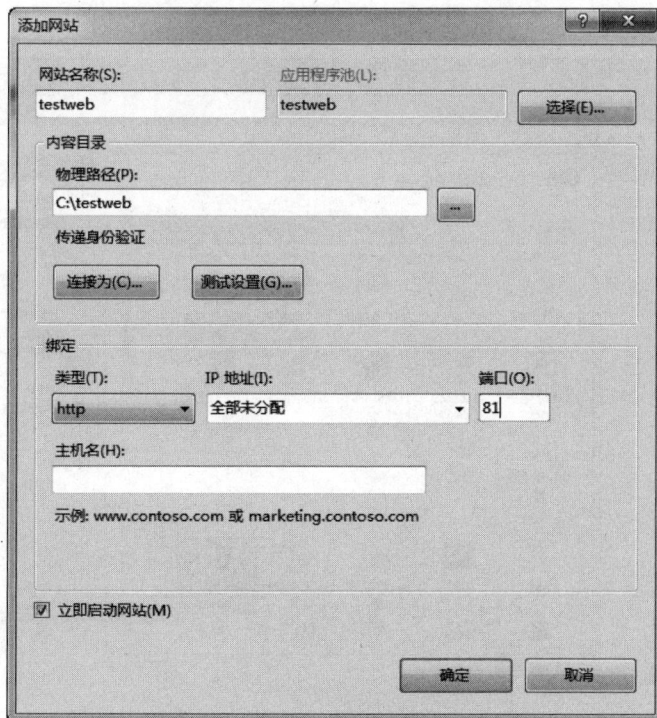

图 1-28　"添加网站"对话框

（3）选择刚才创建的网站 testweb，在右边窗口双击"默认文档"，设置启动页。本网站默认文档为 default.aspx，如图 1-29 所示。

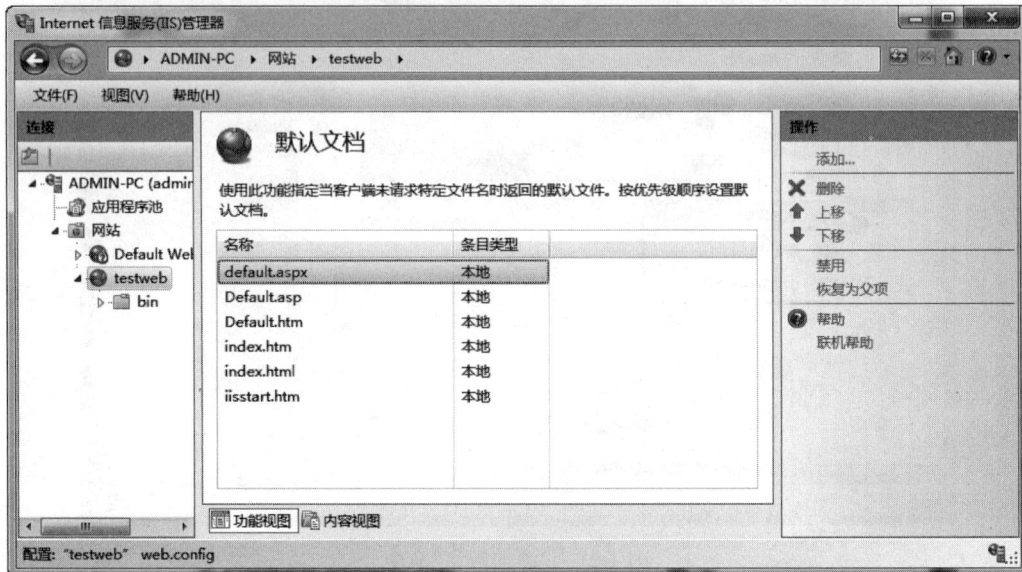

图 1-29　设置默认文档

（4）双击"应用程序池"上面的 IIS 根目录，然后选择右边的"ISAPI 和 CGI 限制"，如图 1-30 所示。将所有选项都设置成"允许"，如图 1-31 所示。

图 1-30　ISAPI 和 CGI 限制(1)

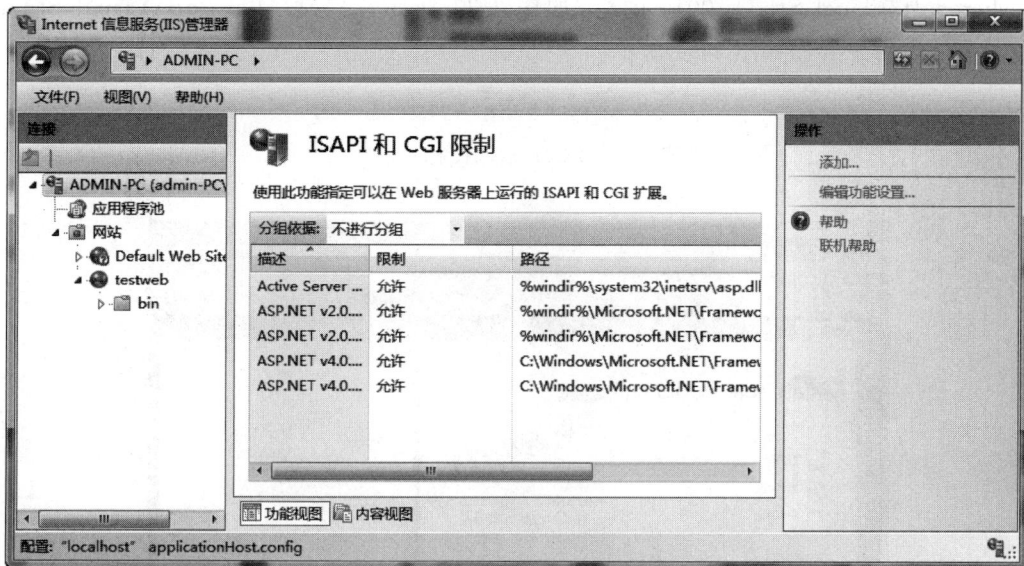

图 1-31　ISAPI 和 CGI 限制(2)

（5）选择"应用程序池"，双击右边窗口的 testweb，将.NET Framework 设置为.NET Framework v4.0.30319，如图 3-32 所示，这样就可以浏览网页。

图 1-32　"编辑应用程序池"对话框

任务 1.2　制作第一个 ASP.NET 网站

1.2.1　新建一个 ASP.NET 网站

1. 启动程序

下面介绍一个最简单的 ASP.NET 网站的编写方法。首先要启动程序，方法是：单击 Microsoft Visual Studio 2010 图标,如图 1-33 所示。启动 Microsoft Visual Studio 2010,运行后的主界面如图 1-34 所示。

∞ Microsoft Visual Studio 2010

图 1-33　启动图标

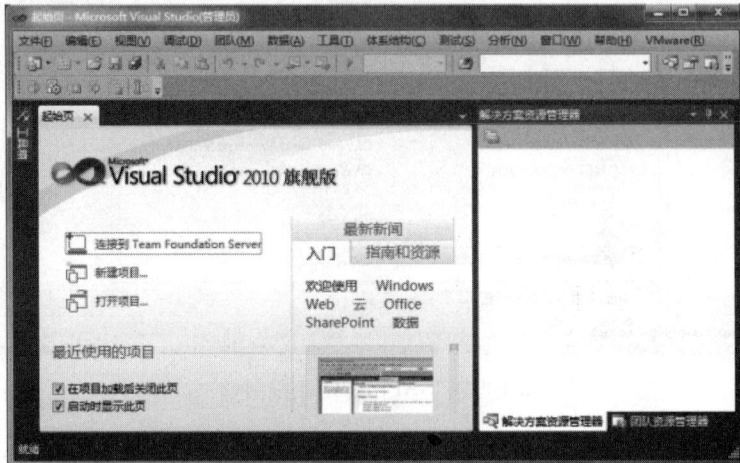

图 1-34　主界面

2. 创建站点

选择"文件"→"新建"→"网站"命令,弹出如图 1-35 所示的对话框,在对话框中选择 "ASP.NET 空网站",确保"已安装的模板"下方的 Visual C♯处于选中状态,在"Web 位置"处选择"文件系统",可以通过单击"浏览"按钮来选择合适的路径。

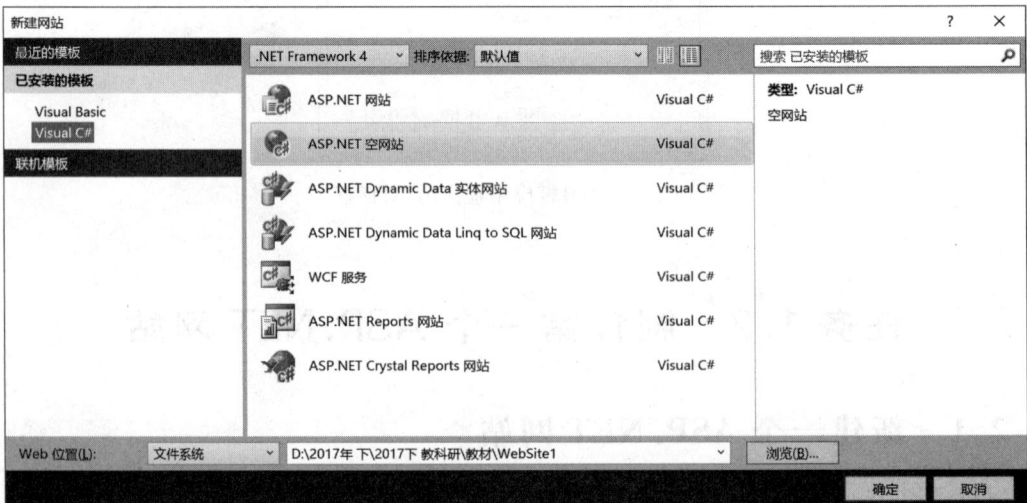

图 1-35　新建网站

注意：如果站点文件夹不存在，会弹出如图 1-36 所示对话框。

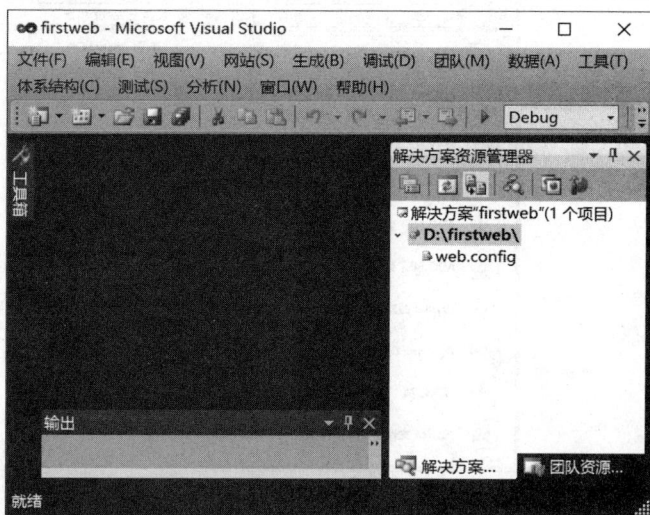

图 1-36　建成的站点

3. 调整界面的布局

为了让编辑的窗口最大化，可以采用如下的方式调整界面的布局。单击图 1-36 中左侧的"工具箱"，可以看到"自动隐藏"按钮 ，如图 1-37 所示，单击该按钮后变成 。然后按住图 1-36 中右侧的"解决方案资源管理器"窗口的标题栏不放，拖到左侧，出现几个按钮，在向左的按钮处 松开鼠标左键即可，调整后的效果如图 1-38 所示。

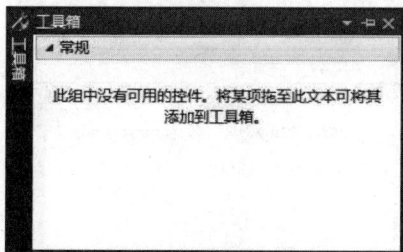

图 1-37　工具箱

图 1-38　调整后的效果

思考：如果不小心关闭了"解决方案资源管理器"窗口、"工具箱"窗口，或者想打开"属性窗口"，该如何操作？

4. 新建第一个网页

在"解决方案资源管理器"窗口中右击 D:\firstweb\，选择"添加新项"命令，在弹出的对话框中选择"Web 窗体"，在"名称"处把默认的文件名修改成 index.aspx，然后单击"添加"按钮，如图 1-39 所示。

图 1-39　添加新项

从"解决方案资源管理器"对话框中可以看到多了一个 index.aspx 文件,右侧的窗口中显示了这个页面的源码,可以修改这个源码,比如,在<div>和</div>标签之间输入"ASP.NET,我来了!",如图 1-40 所示。

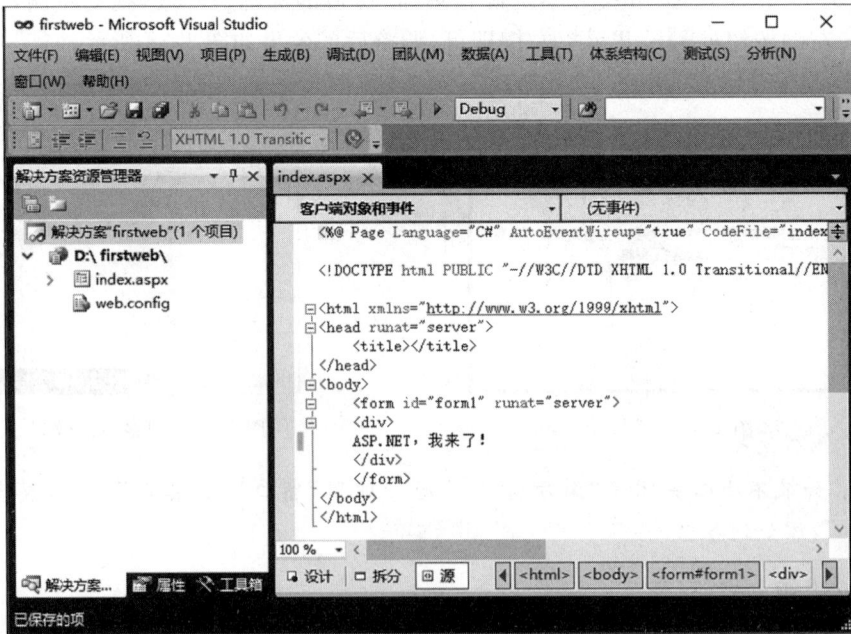

图 1-40　页面源码视图

5. 保存解决方案

解决方案是一个名为.sln 的文件,但站点建立完成后,该文件并没有出现在站点目录中。那么,如何将解决方案保存在站点目录下呢? 方法是:先在"解决方案资源管理器"窗口中选中"解决方案 firstweb(第 1 个项目)",然后在"文件"菜单下选中"firstweb.sln 另存为",弹出"另存文件为"对话框,如图 1-41 所示,在"保存在"下拉菜单中找到站点目录,然后单击"保存"按钮即可,站点目录下就出现了一个 firstweb.sln 文件,如图 1-42所示。

图 1-41　"另存文件为"对话框

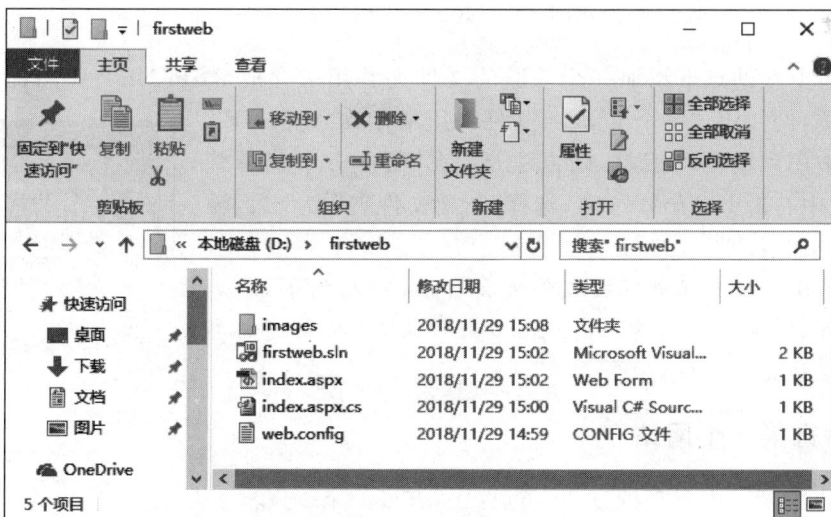

图 1-42　解决方案另存站点目录图

21

6. 添加 ASP.NET 文件夹

ASP.NET 应用程序包含 7 个默认文件夹,分别是 Bin、App_Code、App_GlobalResources、App_LocalResources、App_WebReferences、App_Data、App_Browsers 和主题,每个文件夹都存放着 ASP.NET 应用程序的不同类型资源。例如,Bin 文件夹通常用来存放应用程序所需的所有.dll 文件;App_Code 文件夹通常用来存放应用程序所需的.cs 等类文件。

如果需要在站点下添加一个 ASP.NET 默认文件夹,则方法是:在"解决方案资源管理器"窗口中右击 D:\firstweb\,选择"添加 ASP.NET 文件夹"命令,在其子菜单中可以看到 7 个默认的文件夹,选择指定的命令即可,如图 1-43 所示。

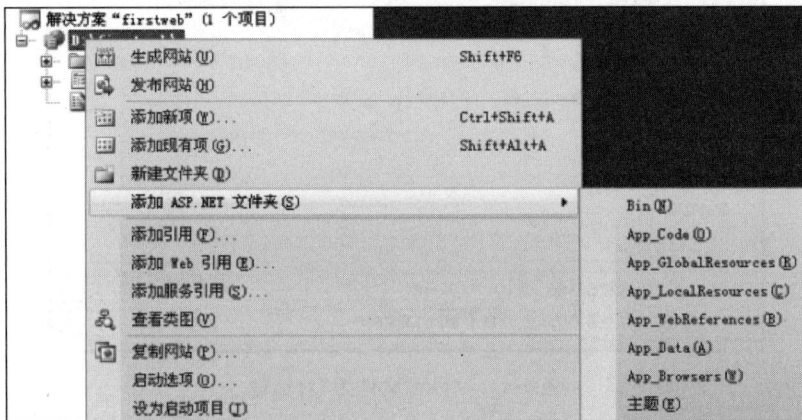

图 1-43　ASP.NET 默认文件夹

如果需要在站点下添加一个普通的文件夹并用来存放 ASP.NET 应用程序的某种类型的资源,例如添加一个 images 文件夹用来存放 ASP.NET 应用程序中用到的图片素材,则方法是:在"解决方案资源管理器"窗口中右击 D:\firstweb\,选择"新建文件夹"命令后,输入 images 文件名即可,如图 1-44 所示。

说明:在操作过程中有些文件夹会自动添加,例如,添加一个类文件时,会自动创建 App_Code 文件夹,并将新建的类文件保存在该文件夹中。

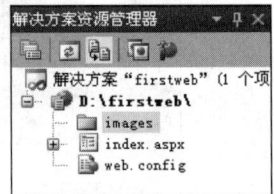

图 1-44　新建文件夹

7. 运行第一个网站

Visual Studio 中有多种方法运行程序,方法如下。
- 执行"调试"→"启动调试"命令。
- 单击工具栏中的"启动调试" ▶ 的按钮。
- 直接按 F5 键。

第一次运行网站时,会弹出"未启用调试"对话框,如图 1-45 所示。在该对话框中有"修改 Web.config 文件以启用调试"和"不进行调试直接运行"两个单选按钮,一般选中前者,然后单击"确定"按钮运行程序,运行结果如图 1-46 所示。

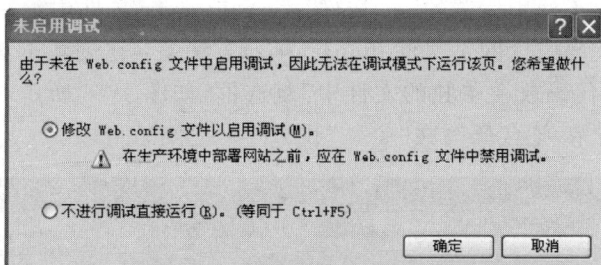

图 1-45　"未启用调试"对话框

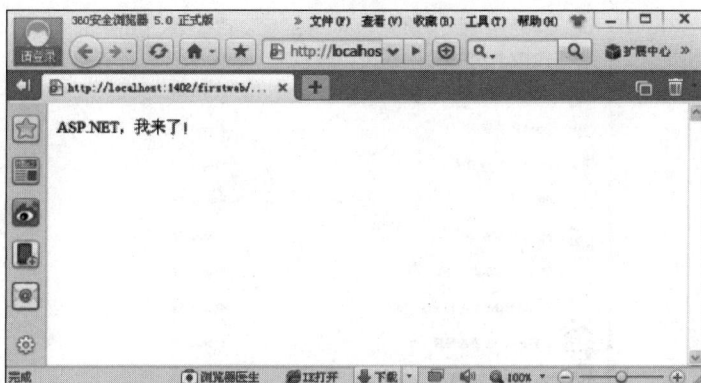

图 1-46　index.aspx 文件的运行结果

调试完毕,停止调试的方法如下。

- 执行"调试"→"停止调试"命令。
- 单击工具栏中"停止调试" 的按钮。
- 直接按 Shift+F5 组合键。

说明:Web.config 文件是放在应用程序根目录下的一个 XML 文件,它包含应用程序的配置信息,比如存放数据库连接字符串、约定应用程序的访问规则和页面授权等。

1.2.2　分析第一个 ASP.NET 网站

1. 代码后置和代码内嵌

代码后置是微软的一项技术,也是我们编写 ASP.NET 常用的编码方式。在"解决方案资源管理器"窗口中可以发现 index.aspx 前面有个加号,单击加号就变成减号,会发现,index.aspx 下方还有一个 index.aspx.cs,index.aspx 和 index.aspx.cs 两个文件相互关联并构成一个页面,如图 1-47 所示。大家可以看到 index.aspx 文件中只有控件和 HTML 代码,而在 index.aspx.cs 文件中有相关的代码。这样做的好

图 1-47　代码后置

23

处是代码和页面内容容易分离，使代码更加清晰。

代码内嵌是可以不使用后置的.cs 文件，完全在.aspx 文件中编写代码。比如，在站点下新建一个新的代码内置网页文件 dmnz.aspx，方法是：在创建页面时，在"添加新项"对话框中不选择"将代码放在单独的文件中"复选框，如图 1-48 所示，然后单击"添加"按钮即可，如图 1-49 所示，把代码写在"<%"和"%>"之间就可以。

图 1-48　代码内嵌

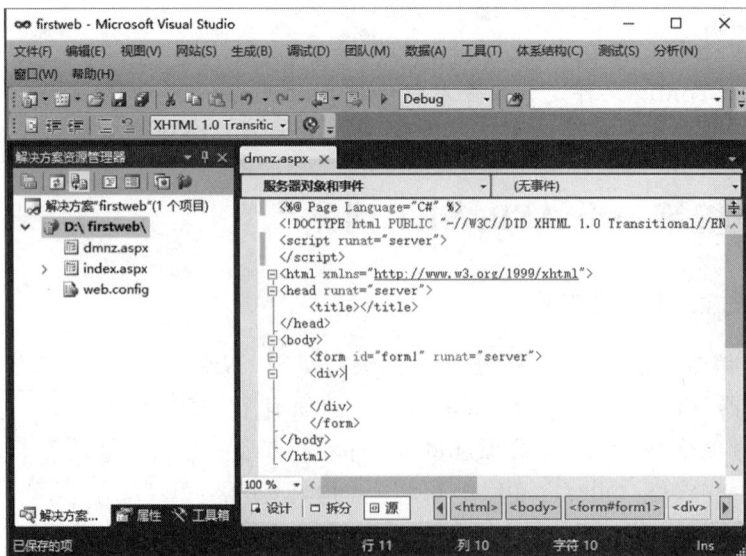

图 1-49　代码中内置源码

2. 命名空间

大家可以看到 index.aspx.cs 中有很多 using，如图 1-50 所示，这是什么？

```
using System;
using System.Collections.Generic;
using System.Linq;
using System.Web;
using System.Web.UI;
using System.Web.UI.WebControls;
```

图 1-50　命名空间

这是用 using 引用的命名空间。什么是命名空间呢？命名空间是.NET 提供的一种组织代码的方法，有了命名空间就可以唯一标识代码了。

在程序中，可以把相互之间有紧密关系的代码放在多个源文件中，只要它们具有相同的命名空间，那么编译器就能把它们联系起来。

命名空间的使用方法有以下 3 种。

1）引用命名空间

引用命名空间的方法是使用关键字 using，在一个程序的开头引用一个命名空间，再使用这个命名空间里的内容时，就不用再写命名空间的名字了。

2）用自定义命名空间组织类

在较大的编程项目中，声明自己的命名空间可以帮助控制类名称和方法名称的范围。自定义命名空间的关键字是 namespace，其后面跟命名空间的名字和命名空间的主体，如下所示。

```
namespace SampleNamespace
{
    class SampleClass
    {
        //类的内容
        public void SampleMethod() {}
    }
}
```

3）使用命名空间

使用命名空间中类的方法是命名空间的名字加上"."再加上要使用的类名。如 using System.Web。System 是一个命名空间，Web 是该命名空间中的类。

3. ASP.NET 运行机制

页面由.aspx 文件和.cs 文件构成，用户访问时，只能访问.aspx 文件（Web 服务器会屏蔽不合适的后缀名请求），ASP.NET 的引擎会编译.aspx 文件和.cs 文件，合并后生成页面类，用户请求经过处理后，返回处理结果，这是第一次请求的处理过程。当第二次请求该页面时，因为该页面类已经存在于内存中了，省去了编译环节，就剩下执行和输出了。Web 服务器将请求提交给 ASP.NET 的处理程序后的过程如图 1-51 所示。

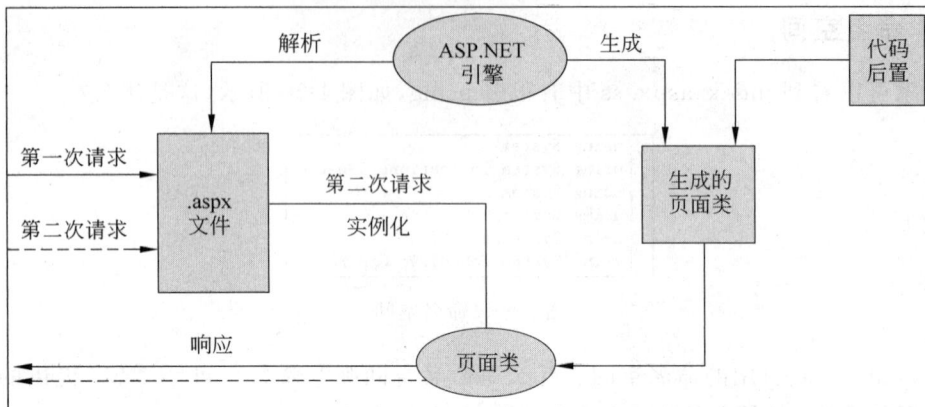

图 1-51　ASP.NET 运行机制

本 章 小 结

现在总结一下本章的内容。主要内容如下。

* ASP.NET 开发环境的搭建和配置。
* 创建一个简单的 ASP.NET 网站的一般步骤。
* 代码后置时有一个.aspx 文件和一个.cs 文件,前者负责显示,后者负责程序的逻辑,程序代码写在.cs 文件中。

练 习 与 实 践

一、实践操作

在 D 盘根目录下新建一个空网站,站点名称为"两位数学号＋姓名首字母",然后完成以下操作。

（1）保存解决方案到站点根目录下。

（2）在站点根目录下添加两个 Web 窗体 myindex.aspx 和 myinformation.aspx。

（3）在站点根目录下添加一个文件夹 mypicture。

（4）在 myindex.aspx 中输入"我一定要学好 ASP.NET!"。

（5）调试并运行"myindex.aspx"页面。

二、简答题

1. 简述代码内嵌和代码后置的区别,以及各自的实现方式。

2. 简述为什么.aspx 页面第一次执行的时间比第二次长。

第 2 章　C# 语言基础

任务 2.1　设计一个加法器

本任务是制作一个加法器，在前面 2 个文本框中输入数字，单击"计算"按钮后，在第 3 个文本框中显示答案，实现两个数的加运算。加法器效果如图 2-1 所示。

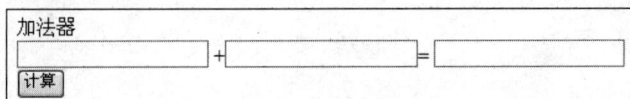

图 2-1　加法器

实现步骤如下。

（1）在 D:\dierzhang\站点下新建 Web 窗体 jfq.aspx。

（2）在窗体 jfq.aspx 的设计窗口中输入文字"加法器"，并按 Enter 键。

（3）添加一个 TextBox 控件（可以采用拖动的方法，也可以采用双击控件的方法），将该控件的 ID 属性修改为 txtAdd1。

（4）在 TextBox 控件的后方添加一个 Label 控件，将该控件的 ID 属性修改为 lblAdd，Text 属性修改为"＋"。

（5）在 Label 控件的后方添加一个 TextBox 控件，将该控件的 ID 属性修改为 txtAdd2。

（6）在 TextBox 控件的后方添加一个 Label 控件，将该控件的 ID 属性修改为 lblEqual，Text 属性修改为"＝"。

（7）在 Label 控件的后方添加一个 TextBox 控件，将该控件的 ID 属性修改为 txtAnswer。

（8）在 TextBox 控件的下方添加一个 Button 控件，将该控件的 ID 属性修改为 btnAdd，Text 属性修改为"计算"。

（9）页面代码如下。

```
<body>
    <form id="form1" runat="server">
    <div>
        加法器<br />
        <asp:TextBox ID="txtAdd1" runat="server"></asp:TextBox>
```

```
        <asp:Label ID="lblAdd" runat="server" Text="+"></asp:Label>
        <asp:TextBox ID="txtAdd2" runat="server"></asp:TextBox>
        <asp:Label ID="lblEqual" runat="server" Text="="></asp:Label>
        <asp:TextBox ID="txtAnswer" runat="server"></asp:TextBox>
        <br />
        <asp:Button ID="btnAdd" runat="server" Text="计算" />
    </div>
    </form>
</body>
```

(10) 双击"计算"按钮后,触发 Click 事件,代码如下。

```
public partial class jfq : System.Web.UI.Page
{
    protected void Page_Load(object sender, EventArgs e)
    {
    }
    protected void btnAdd_Click(object sender, EventArgs e)
    {
        float add1, add2,answer;
        add1=float.Parse(txtAdd1.Text);
        add2=Convert.ToSingle(txtAdd2.Text);
        answer=add1+add2;
        txtAnswer.Text=answer.ToString();
    }
}
```

2.1.1 常量和变量

.NET Framework 运行环境支持多种编程语言,比如 C#、VB.NET 等。在本书采用的是 C#语言,C#读作"CSharp",它是一种面向对象的语言,主要用于开发可以.NET 平台上运行的应用程序。在使用 C#时要注意以下几点。

(1) C#语言区分大小写。

(2) 每个语句由";"结束。

C#是强类型语言,因此变量和常量必须先申明类型后再使用。

1. 常量

常量就是值保持不变的量,常量的声明采用 const 关键字,声明格式如下。

```
const 数据类型 常量表达式;
```

例如,圆周率声明如下。

```
const float PI=3.1415927f;
```

声明后,要用到圆周率,就可以直接使用 PI,而不用写冗长的数字。

2. 变量

变量是指在程序运行过程中其值可以不断变化的量,其声明格式如下。

```
数据类型 变量名称;
```

例如,加法器中,需要声明三个变量来保存"加数 1""加数 2"和加法结果的值,可以采用如下方法实现。

```
float add1, add2,answer;
```

也可以分别进行声明:

```
float add1;
float add2;
float answer;
```

C#语言中变量名称的命名最好能代表一定的含义,并且一般遵循下面的规则。

(1) 变量名称只能由字母、数字和下划线组成;不能包含空格、标点符号、运算符等。

(2) 变量名称不能与 C#中的关键字同名。

(3) 变量名称最好以小写字母开头。

2.1.2 数据类型及转换

C#数据类型可以分为值类型和引用类型:值类型用来储存实际值,引用类型用来储存对实际值的引用。本节重点介绍值类型,C#中常见的数值类型如表 2-1 所示。

表 2-1 常见数值类型

类 型	描 述	变 量 声 明
bool	布尔型	bool a＝true;
int	有符号 32 位整数	int a＝12;
float	单精度浮点型(32 位浮点数)	"float x＝10.5f;"或"float x＝10.5F;"
double	双精度浮点型(64 位浮点数)	"double y＝0.332d;"或"double y＝0.332d;"或"double y＝0.332;"(注意:赋值运算符"＝"右侧的实数被视为 double 类型)
decimal	十进制类型	"decimal a＝20.35m;"或"decimal a＝20.35M;"
string	字符串	"String a＝"love";"(注意:值要用英文的双引号引起来)
char	字符型	"Char a＝'g';"(注意:值要用单引号引起来)

在 C#语言中,很多时候需要在各种数据类型之间进行转换。C#语言中,类型转换

分为两类：隐式转换和显式转换。

1. 隐式转换

隐式转换是指系统默认的，不需要声明也不需要编写代码就能进行的转换。表 2-2 列出了常见的可以进行隐式类型转换的数据类型。

表 2-2　常见的隐式类型转换

源类型	目标类型
int	long、float、double、decimal
char	int、long、float、double、decimal
float	double

说明：从 int 到 float 的转换可能导致精度下降，但不会引起数据错误，也不会影响其数量级。其他的隐式转换不会丢失任何信息。

例如：

```
int i=2;
double x=i;
```

2. 显式转换

显式转换也称作强制类型转换，它需要在代码中明确地声明要转换的类型。表 2-3 列出了常见的需要进行显示类型转换的数据类型。

表 2-3　常见的显示类型转换

源类型	目标类型
int	char、short、string
char	short
float	int、long、decimal、char、short
double	int、long、short、char、decimal
string	int、char、double

说明：可以使用强制类型转换表达式从任何数值类型转换为任何其他的数值类型。

3. 显示转换的方法

（1）强制类型转换

强制类型转换，不能保证数据的正确性，强制类型转换的一般格式如下。

```
(类型名)操作数
```

例如：

```
double x=3.12;
int y=(int)x;
```

说明：(int)x 是直接对 x 去除小数，取其整数部分。

（2）Parse 方法

Parse 方法可以将特定格式的 String 类型数据转换成 int、char、double 等，其使用的格式是：

```
数值类型名称.Parse(字符串型表达式);
```

例如：

```
string x="123";
int y=int.Parse(x);
```

说明：int.Parse(x)是对 x 进行四舍五入后，取整数。

又例如，项目中的代码，"文本框 1"中的文本内容转换成浮点型后赋值给 add1：

```
add1=float.Parse(txtAdd1.Text);
```

说明：*.Parse(String)括号中一定要用 string 类型。

（3）ToString 方法

ToString 方法可将其他数据类型的变量值转换为字符串类型，其使用的格式是：

```
变量名称.ToString();
```

例如：

```
int x=12;
string y=x.ToString();
```

又例如，项目中的代码，浮点型数据 answer 转换成字符串类型后赋值给答案文本框：

```
txtAnswer.Text=answer.ToString();
```

（4）Convert 类

Convert 类位于命名空间 System 中，它提供了一整套方法用于将一个基本数据类型转换为另一个基本数据类型。Convert 类的常用方法及说明如表 2-4 所示。

表 2-4　Convert 类常用方法及说明

方法名称	说　　明
ToBoolean	将指定的值转换为等效的布尔值（bool）
ToChar	将指定的值转换为 Unicode 字符（char）
ToDateTime	将指定的值转换为 DateTime
ToDecimal	将指定的值转换为 Decimal 数（decimal）
ToDouble	将指定的值转换为双精度浮点数（double）
ToSingle	将指定的值转换为单精度浮点数（float）

续表

方法名称	说　明
ToInt16	将指定的值转换为 16 位有符号整数(short)
ToInt32	将指定的值转换为 32 位有符号整数(int)
ToInt64	将指定的值转换为 64 位有符号整数(long)
ToString	将指定的值转换为等效的 String 表示类型(string)

例如：

```
string x="45";
int y=Convert. ToInt32(x);
```

说明：Convert. ToInt32(x)也是对 x 进行四舍五入后,取整数。

又例如,项目中的代码,将第二个文本框中的内容转换成单精度浮点类型后再赋值给 add2。

```
add2=Convert.ToSingle(txtAdd2.Text);
```

任务 2.2　设计一个时间转化器

本任务是制作一个时间转化器,输入以秒为单位的整数时间后,将其转换成小时、分、秒的形式。时间转化器效果如图 2-2 所示。

图 2-2　时间转化器

(1) 在第一个文本框中输入总秒数,单击"转换"按钮后,在下面 3 个文本框中显示答案。页面代码如下。

```
<body>
    <form id="form1" runat="server">
    时间转换器<br />
    请输入总秒数：<asp:TextBox ID="txtTotal" runat="server"></asp:TextBox>
    <br />
    小时数：<asp:TextBox ID="txtHour" runat="server"></asp:TextBox>
    <br />
    分钟数：<asp:TextBox ID="txtMin" runat="server"></asp:TextBox>
    <br />
```

```
秒数： <asp:TextBox ID="txtSec" runat="server"></asp:TextBox>
<br />
<asp:Button ID="btnConverter" runat="server" Text="转换" onclick=
            "btnConverter_Click" />  
<asp:Button ID="btnCancel" runat="server" Text="取消" onclick=
            "btnCancel_Click" />
</form>
</body>
```

（2）双击“转换”按钮后，触发 Click 事件，代码如下。

```
protected void btnConverter_Click(object sender, EventArgs e)
{
    int total, hour, min, sec;
    total=Convert.ToInt32(txtTotal.Text);
    hour=total/3600;
    min=(total %3600)/60;
    sec=(total %3600) %60;
    txtHour.Text=hour.ToString();
    txtMin.Text=min.ToString();
    txtSec.Text=sec.ToString();
}
```

（3）双击“取消”按钮后，触发 Click 事件，代码如下。

```
protected void btnCancel_Click(object sender, EventArgs e)
{
    txtTotal.Text="";
    txtHour.Text="";
    txtMin.Text="";
    txtSec.Text="";
    txtTotal.Focus();
}
```

下面介绍运算符与表达式。

C#语言提供了大量的运算符，参与数据间运算的数据成为操作数，把运算符和操作数按照一定规则链接起来就构成了表达式。

根据运算的类型，常用的运算符可以分为算术运算符、关系运算符、赋值运算符、逻辑运算符等。

根据所作用的操作数个数，运算符可以分为一元运算符、二元运算符和三元运算符。

1. 算术运算符与算术表达式

常见的算术运算符包括＋、－、＊、/、％，它们是二元运算符。用算术运算符把操作数

33

连接起来,符合 C# 语法的表达式称作算术表达式。表 2-5 详细说明了算术运算符与算术表达式。

表 2-5 算术运算符与算术表达式

方 法 名 称	运算符	操作数	表达式	值
加法运算符	＋	二元	1＋2	3
减法运算符	－	二元	5－1	4
乘法运算符	＊	二元	2＊3	6
除法运算符	/	二元	6/2	3
模运算符(也称作求余运算符)	%	二元	7%2 8%3	1 2

说明:模运算符要求运算符两边操作数均为整型;其他几类算术运算符要求运算对象为整型或实型。其中除法运算符如果操作数都是整型,则结果也是整型。

例如,案例中的小时数的求法是:"hour＝total/3600;"。total 值赋值为 3685,除数为 3600,都是整型,则结果也是整型,结果为 1。

2. 关系运算符与关系表达式

关系运算符包括＝＝、！＝、<、>、<＝、>＝,它们都是二元运算符。关系运算符把操作数连接起来,符合 C# 语法的表达式称作关系表达式,表达式的结果只有逻辑值 true 或 false。表 2-6 详细说明了关系运算符与关系表达式。

表 2-6 关系运算符与关系表达式

方法名称	运算符	操作数	表达式	值
相等运算符	＝＝	二元	1＝＝2	false
不等运算符	！＝	二元	5！＝1	true
小于运算符	<	二元	2<3	true
大于运算符	>	二元	6>2	true
小于等于运算符	<＝	二元	6<＝2	false
大于等于运算符	>＝	二元	7>＝7	true

说明:C# 语言中相等运算符是"＝＝",不等运算符是"！＝"。

3. 赋值运算符与赋值表达式

赋值运算符用于为变量、属性、事件等赋值。常见的赋值运算符包括＝、＋＝、－＝、＊＝、/＝、%＝,它们都是二元运算符。赋值运算符把操作数连接起来,符合 C# 语法的表达式称作赋值表达式。表 2-7 详细说明了常见赋值运算符与赋值表达式。

表 2-7　赋值运算符与赋值表达式

方法名称	运算符	操作数	表达式	意 义
赋值	＝	二元	a＝3	将3赋值给a
加赋值	＋＝	二元	a＋＝3	等价于a＝a＋3
减赋值	－＝	二元	a－＝3	等价于a＝a－3
乘赋值	＊＝	二元	a＊＝3	等价于a＝a＊3
除赋值	/＝	二元	a/＝3	等价于a＝a/3
模赋值	％＝	二元	a％＝3	等价于a＝a％3

说明：模赋值要求运算符操作数为整型，值也是整型；其他几类赋值运算符要求操作数次为数值型，值也是数值型。

例如，案例中的"txtTotal. Text＝"";"，就是把"＝"右边的空字符串赋值给 txtTotal. Text。

4. 逻辑运算符与逻辑表达式

逻辑运算符包括 &、^、!、|。逻辑运算符把操作数连接起来，符合 C# 语法的表达式称作逻辑表达式，表达式的结果只有逻辑值 true 或 false。表 2-8 详细说明了逻辑运算符与逻辑表达式。

表 2-8　逻辑运算符与逻辑表达式

方法名称	运算符	操作数	表达式	值
与操作符	&	二元	a&b	a、b都为true，则表达式结果为true，否则结果为false
或操作符	|	二元	a|b	a、b都为false，则表达式结果为false，否则结果为true
非操作符	!	一元	!a	a为true，则表达式结果为false，否则结果为true
异或操作符	^	二元	a^b	a、b都为true或都为false时，则表达式结果为false，否则结果为true
短路与操作符	&&	二元	a&&b	a、b都为true，则表达式结果为true，否则结果为false
短路或操作符	||	二元	a||b	a、b都为false，则表达式结果为false，否则结果为true

说明：运算符"&"和"&&"都表示"与"操作，区别在于，使用"&"进行运算时，不论左边为 true 或 false，右边的表达式都会进行运算；使用"&&"进行运算时，当左边为 false 时，右边的表达式不会进行运算。

运算符"|"和"||"都表示"或"操作，区别在于，使用"|"进行运算时，不论左边为 true 或 false，右边的表达式都会进行运算；使用"||"进行运算时，当左边为 true 时，右边的表达式不会进行运算。

5. 运算符的优先级

当表达式包含多个运算符时，运算符的优先级控制着各个运算符的运算顺序。优先级的顺序可以通过小括号改变。表 2-9 列出了运算符的优先级顺序。

表 2-9 运算符的优先级顺序

优先级	运算符类型	运算符	结合性
高	括号	( )	从左到右
	算术运算符	* 、/、%	从左到右
		+ 、-	从左到右
	关系运算符	<、<=、>、>=	从左到右
		== 、!=	从左到右
	逻辑运算符	& 、&&	从左到右
		|、||	从左到右
低	赋值运算符	= 、+= 、-= 、*= 、/= 、%=	从右到左

例如,案例中的分钟数的求法是"min=(total % 3600)/60;"。括号优先级最高,要先运算括号中的内容,total % 3600=85,再运算 85/60=1;而秒数的求法是"sec=(total % 3600) % 60;",先运算 total % 3600=85,再运算 85%60=25。

任务 2.3 设计一个数字大小比较器

本任务是制作一个数字大小比较器,输入 2 个数字后,比较它们的大小。数字大小比较器效果如图 2-3 所示。

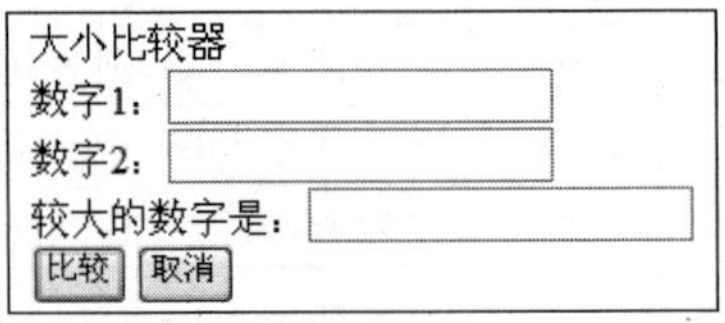

```
大小比较器
数字1: [          ]
数字2: [          ]
较大的数字是: [          ]
[比较] [取消]
```

图 2-3 数字大小比较器

(1) 在第一个和第二个文本框中输入数字,单击"比较"按钮后,在下面第 3 个文本框中显示答案。页面代码如下。

```
<body>
    <form id="form1" runat="server">
    <div>
        大小比较器<br />
        数字 1: <asp:TextBox ID="txtNum1" runat="server"></asp:TextBox>
        <br />
        数字 2: <asp:TextBox ID="txtNum2" runat="server"></asp:TextBox>
        <br />
        较大的数字是: <asp:TextBox ID="txtNum3" runat="server"></asp:TextBox>
        <br />
        <asp:Button ID="btnCompare" runat="server" Text="比较"
```

```
        onclick="btnCompare_Click" />
        <asp:Button ID="btnCancel" runat="server" Text="取消"
        onclick="btnCancel_Click" />
    </div>
    </form>
</body>
```

（2）双击"比较"按钮后，触发 Click 事件，代码如下。

```
protected void btnCompare_Click(object sender, EventArgs e)
{   double a, b;
    a=Convert.ToDouble(txtNum1.Text);
    b=Convert.ToDouble(txtNum2.Text);
    if(a>b)
    {txtNum3.Text=a.ToString();}
    else
    {txtNum3.Text=b.ToString();}
}
```

（3）双击"取消"按钮后，触发 Click 事件，代码如下。

```
protected void btnCancel_Click(object sender, EventArgs e)
{   txtNum1.Text="";
    txtNum2.Text="";
    txtNum3.Text="";
    txtNum1.Focus();
}
```

下面介绍选择语句。

C#提供两种选择语句：一种是条件语句，即 if 语句；另一种是开关语句，即 switch 语句。

1. if 语句

if 语句也称为条件语句，最简单的 if 语句只设置一条选择路径，语法格式如下。

```
if(布尔表达式)
    {语句1;}
else
    {语句2;}
```

当布尔表达式的值为 true 时，执行"语句 1"；表达式的值为 false 时，执行"语句 2"。

说明：如果"语句 1"只有一条语句，可以不使用{}。但为了增加程序的可读性，建议都使用{}。

if 语句的执行流程图如图 2-4 所示。

例如，本任务的案例中，"if(a>b)"表示如果 a>b 成立，就执行语句 1"txtNum3. Text=a. ToString();"；如果 a>b 不成立，就执行语句 2"txtNum3. Text=b. ToString();"。

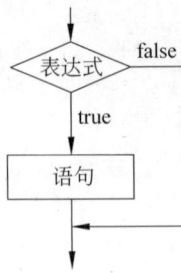

图 2-4 if 语句执行流程图

这样 a 和 b 的大小就比较出来了。

在 if 语句中也可以包含一个或多个 if 语句,称为 if 语句的嵌套,语法格式如下。

```
if(布尔表达式)
{
    if(布尔表达式)
        {语句 1;}
    else
        {语句 2;}
}
else
{
    if(布尔表达式)
        {语句 1;}
    else
        {语句 2;}
}
```

2. switch 语句

在程序中,当判断条件较多时,可以使用 switch 语句。switch 语句是一个控制语句,它能针对某个表达式的值做出判断,决定程序执行哪一段代码。switch 语句的语法格式如下。

```
switch(控制表达式)
{
  case 表达式 1:
    语句 1;
    break;
  case 表达式 2:
    语句 2;
    break;
  case 表达式 3:
    语句 3;
    break;
    ⋮
```

```
   default:
      语句 n;
      break;
}
```

switch 语句的执行流程图如图 2-5 所示。

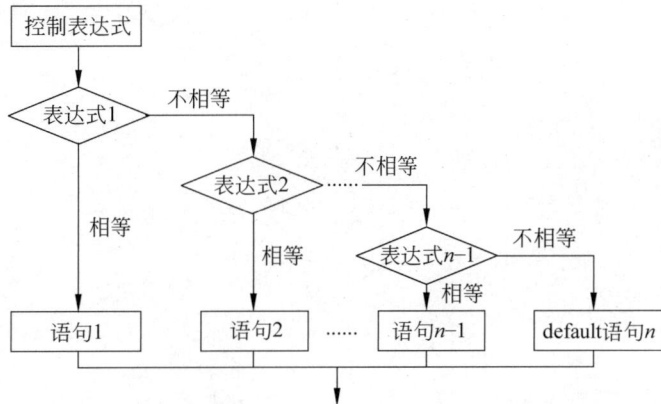

图 2-5　switch 语句的执行流程图

例如,要使用 1～7 个数字表示星期一到星期天,根据输入的数字来输出对应中文格式的星期值,可以通过下面的页面来实现,页面效果如图 2-6 所示。

图 2-6　星期转换器

（1）页面代码

```
form id="form1" runat="server">
<div>
    星期转换器<br />
    数字: <asp:TextBox ID="txtFig" runat="server"></asp:TextBox>
    <br />
    星期: <asp:TextBox ID="txtWeek" runat="server"></asp:TextBox>
    <br />
    <asp:Button ID="btnConvert" runat="server" onclick="btnConvert_Click"
    Text="转换"/>
    < asp:Button ID="btnCancel" runat="server" onclick="btnCancel_Click"
    Text="取消"/>
</div>
</form>
```

（2）后台代码

```
protected void btnConvert_Click(object sender, EventArgs e)
{
    string result;
    float fig;
    fig=float.Parse(txtFig.Text);
    int f=(int)fig;
    switch (f)
    {
        case 1:
            result="星期一";
            break;
        case 2:
            result="星期二";
            break;
        case 3:
            result="星期三";
            break;
        case 4:
            result="星期四";
            break;
        case 5:
            result="星期五";
            break;
        case 6:
            result="星期六";
            break;
        case 7:
            result="星期日";
            break;
        default:
            result="此数字为非法数字!";
            break;
    }
    txtWeek.Text=result;
}
protected void btnCancel_Click(object sender, EventArgs e)
{
    txtFig.Text="";
    txtWeek.Text="";
    txtFig.Focus();
}
```

说明："int f＝(int)fig;"语句的运行结果是把 fig 的值直接取整，不进行四舍五入。但如果这条语句换成"int f＝Convert.ToInt32(fig);"，fig 的值会进行四舍五入取整。

任务 2.4　设计一个 9×9 乘法表

本任务是设计一个 9×9 乘法表页面。9×9 乘法表页面的效果如图 2-7 所示。

```
1*1=1
2*1=2 2*2=4
3*1=3 3*2=6 3*3=9
4*1=4 4*2=8 4*3=12 4*4=16
5*1=5 5*2=10 5*3=15 5*4=20 5*5=25
6*1=6 6*2=12 6*3=18 6*4=24 6*5=30 6*6=36
7*1=7 7*2=14 7*3=21 7*4=28 7*5=35 7*6=42 7*7=49
8*1=8 8*2=16 8*3=24 8*4=32 8*5=40 8*6=48 8*7=56 8*8=64
9*1=9 9*2=18 9*3=27 9*4=36 9*5=45 9*6=54 9*7=63 9*8=72 9*9=81
```

图 2-7　9×9 乘法表

（1）页面代码

```
<div>
    <asp:Label ID="lblInfo" runat="server"></asp:Label>
</div>
```

（2）后台代码

```
protected void Page_Load(object sender, EventArgs e)
{
    for(int i=1; i<=9; i++)
    {
        for(int j=1; j<=i; j++)
        {
            lblInfo.Text=lblInfo.Text+i.ToString()+" * "+j.ToString()+
            "="+(i * j).ToString()+"\t";
        }
        lblInfo.Text=lblInfo.Text+"<br>";
    }
}
```

2.4.1　迭代语句

1. 迭代语句 while

迭代语句 while 语句也称为 while 循环语句，while 语句的语法格式如下。

```
while(条件)
{
    语句块;
}
```

当条件为 true 时,就执行大括号中的语句块,直到条件为 false 为止;当条件为 false 时,就直接跳出 while 循环语句,不执行语句块。while 循环语句的执行流程图如图 2-8 所示。

例如,使用 while 语句,在页面的多行文本框中显示 0~5 这 6 个整数,效果如图 2-9 所示。

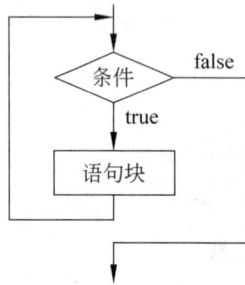

图 2-8　while 语句执行流程图　　　　图 2-9　显示效果

（1）页面代码

```
<form id="form1" runat="server">
<div>
    <asp:TextBox ID="TextBox1" runat="server" Rows="5"
    TextMode="MultiLine"></asp:TextBox>
</div>
</form>
```

（2）后台代码

```
protected void Page_Load(object sender, EventArgs e)
{
    int i=0;
    while(i<6)
    {
        TextBox1.Text=TextBox1.Text+i.ToString()+"\n";
        i++;
    }
}
```

2. 迭代语句 do…while

迭代语句 do…while 语句也称作 do…while 循环语句,do…while 语句的语法格式如下。

```
do
{
    语句块;
}
While(条件);
```

执行大括号中的语句块,再判断条件:当条件为 false 时,就直接跳出 while 循环语句,不再执行语句块;当条件为 true 时,就继续执行大括号中的语句块。do...while 循环语句的执行流程图如图 2-10 所示。

例如,使用 do...while 语句,在页面的多行文本框中显示 0~5 这 6 个整数,效果如图 2-9 所示。

图 2-10　do...while 循环语句的执行流程图

(1) 页面代码

同 while 语句的页面代码。

(2) 后台代码

```
protected void Page_Load(object sender, EventArgs e)
{
    int i=0;
    do
    {
        TextBox1.Text=TextBox1.Text+i.ToString()+"\n";
        i++;
    }
    while(i<6);
}
```

3. 迭代语句 for

迭代语句 for 也称作 for 循环语句,for 语句的语法格式如下。

```
for(标识变量初始值;标识变量判断条件;标识变量值变化)
{
    语句块;
}
```

首先,执行变量的初始值。当变量的判断条件为真时,执行大括号中的语句块,并重新计算变量的值,否则跳出循环。for 循环语句的执行流程图如图 2-11 所示。

例如,使用 for 语句,在页面的多行文本框中显示 0~5 这 6 个整数,效果如图 2-9 所示。

(1) 页面代码
同 while 语句的页面代码。
(2) 后台代码

```
protected void Page_Load(object sender, EventArgs e)
{
    for(int i=0; i<=5; i++)
    {
        TextBox1.Text=TextBox1.Text+i.ToString()+"\n";
    }
}
```

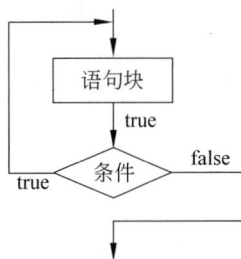

43

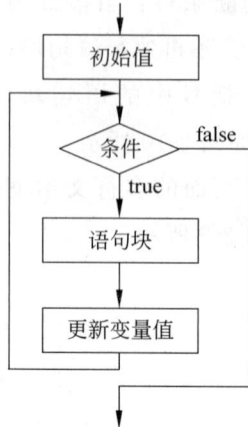

图 2-11　for 循环语句的执行流程图

4. 迭代语句 foreach

迭代语句 foreach 也称作 foreach 循环语句,它是 C♯中独有的循环语句,主要用于访问数组和对象集合中的每个元素以获取所需信息,foreach 语句的语法格式如下。

```
foreach(数据类型 变量 in 集合)
{
    语句块;
}
```

说明：这里的"数据类型"一定要和"集合"中的元素的格式一样。

例如,要求输出一个整数数组中的每一个元素,效果如图 2-9 所示。

（1）页面代码

同 while 语句的页面代码。

（2）后台代码

```
protected void Page_Load(object sender, EventArgs e)
{
    int[] arr={0,1,2,3,4,5};
    foreach(int i in arr)
    {
        TextBox1.Text=TextBox1.Text+i.ToString()+"\n";
    }
}
```

2.4.2　跳转语句

跳转语句用于实现循环执行过程中程序流程的跳转。

1. 跳转语句 break

break 语句用于跳出当前的循环语句,执行后面的代码。在 switch 语句、while 语句、do…while 语句、for 语句、foreach 语句中都可以使用。break 语句主要的作用有以下两个。

- 控制传递给终止语句后面的语句。
- 终止最近的封闭循环。

例如,前面案例的 switch 语句中使用了 break 语句。

再比如,有一个长度为 20 的数组,这个数组具体存放的数据未知,需要在数组中检索有没有 100 这个整数,如果有,在页面上提示用户。如果不加 break 语句,也是完全可以实现的,但要把整个数组遍历一遍,循环次数可能会很多。如果加上 break 语句,找到需要的信息后就跳出循环,这样会减少循环的次数,节省 CPU 时间(这个案例可以在任务 2.5 完成后试着去实现)。

2. 跳转语句 continue

continue 语句用于立即终止本次循环,执行下一次循环。

例如,把 1~50 中不能被 3 整除的数字取出来,效果如图 2-12 所示。

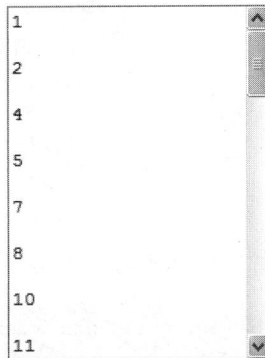

图 2-12　显示不能被 3 整除的数字

(1)页面代码

```
<form id="form1" runat="server">
<div>
    <asp:TextBox ID="txtInfo" runat="server" Rows="15" TextMode="MultiLine">
    </asp:TextBox>
</div>
</form>
```

(2)后台代码

```
protected void Page_Load(object sender, EventArgs e)
{
    //定义一个字符串变量来存放不能被 3 整除的数
    string re="";
    //从 1~50 进行扫描
    for(int i=1; i<=50; i++)
    {
        //如果能被 3 整除,则跳过,进行下一个数字的扫描
        if(i %3==0)
        {
            continue;
        }
```

```
        //把不能被 3 整除的数存放到字符串变量 re 中
        re=re+i.ToString()+"\n\r";
    }
    txtInfo.Text=re;
}
```

任务 2.5　设计一个学生成绩评定器

本任务将制作一个学生成绩评定器,将班级所有的学生成绩输入后,计算出平均成绩。学生成绩评定器效果如图 2-13 所示。

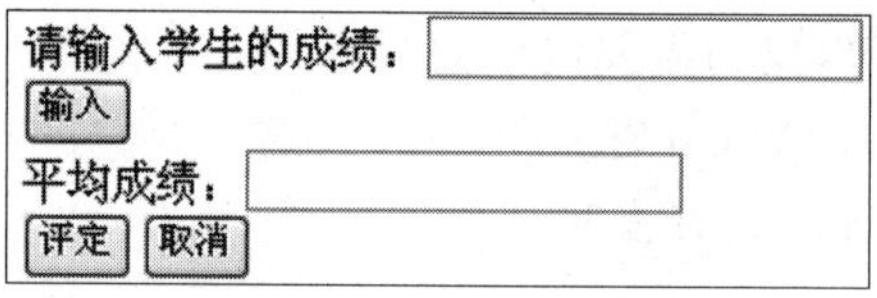

请输入学生的成绩：[　　　　　　]
[输入]
平均成绩：[　　　　　　]
[评定][取消]

图 2-13　学生成绩评定器

后台代码如下。

```
public partial class xscjpdq : System.Web.UI.Page
{
    protected void Page_Load(object sender, EventArgs e)
    {
    }
    static int i=0;
    static float[] stuScore=new float[100];
    protected void btnInput_Click(object sender, EventArgs e)
    {
        stuScore[i]=Convert.ToSingle(txtScore.Text);
        i++;
        txtScore.Text="";
        txtScore.Focus();
    }
    protected void btnEva_Click(object sender, EventArgs e)
    {
        float stuScoreSum=0;
        for(int j=0; j<=i;j++)
        {
            stuScoreSum=stuScore[j]+stuScoreSum;
        }
        float avgStuScore=stuScoreSum/i;
        txtAvg.Text=Convert.ToString(avgStuScore);
    }
    protected void btnCan_Click(object sender, EventArgs e)
    {
```

```
        txtScore.Text="";
        txtAvg.Text="";
        txtScore.Focus();
        //采用 Array.Clear(Array,Int32,Int32)方法清空数组 stuScore,其中有 i 个元素
        Array.Clear(stuScore, 0, i);
        //重置参数 i 的值为 0,让清空后的数组再次输入内容时索引号为 0
        i=0;
    }
}
```

代码解析如下。

语句块 1:

```
static int i=0;
static float[] stuScore=new float[100];
```

设置静态整型变量 i 和声明静态单精度型浮点数组 stuScore[100]。因为 C#中没有全局变量,在此使用静态变量实现类似全局变量的功能。

语句块 2:

```
stuScore[i]=Convert.ToSingle(txtScore.Text);
i++;
txtScore.Text="";
txtScore.Focus();
```

单击"输入"按钮,将"请输入学生的成绩:"文本框中的值赋值给数组 stuScore[i]并保存起来,且 i 的值增加 1,txtScore 文本框中的内容被清空并获得焦点。

语句块 3:

```
float stuScoreSum=0;
for(int j=0; j<=stuScore.Length -1;j++)
{
    stuScoreSum=stuScore[j]+stuScoreSum;
}
float avgStuScore=stuScoreSum/i;
txtAvg.Text=Convert.ToString(avgStuScore);
```

使用 for 语句遍历数组 stuScore[j]中所有的元素,并把数组中所有的值相加后保存在变量 stuScoreSum 中,再求平均值。

为什么需要采用数组呢? 举个例子,一个班级有 45 名学生,如果要记录这 45 名同学的数学成绩,采用前面所学的方法,程序得先声明 45 个变量来分别记住每位同学的数学成绩,这样太麻烦。在 C#中可以使用一个数组来记住这 45 名同学的数学成绩。

数组是一组具有相同数据结构的元素组成的有序的数据集合,数组中的每个数据被称作元素。

数组可以分为一维数组、多维数组(含二维数组)和交错数组,本任务主要讲解一维数组和二维数组。

1. 一维数组

一维数组是最基本的数组类型,声明一维数组的语法格式如下。

```
type[] arrayName;
```

例如:

```
int[] score;
```

2. 二维数组

二维数组声明的语法格式如下。

```
type[,] arrayName;
```

例如:

```
int[,] arr;
```

3. 数组的初始化

声明一个数组变量时,可以不对其初始化,也可以在声明时进行初始化。在对数组进行初始化时必须使用 new 运算符。下面举例说明。

(1) 一维数组的声明及初始化

方法 1(将大括号中的值初始化给相应数组):

```
int[] arr1=new int[4]{1,2,3,4};
```

上述代码也可以分为 2 条语句来描述:

```
int[] arr1;
arr1=new int[4]{1,2,3,4};
```

方法 2(将数组的值都初始化为 0):

```
int[] arr2=new int[4];
```

此处声明了一个长度为 4 的数组。

例如,"static float[] stuScore=new float[100];"语句就是采用第二种方法对一维数组进行了初始化。

(2) 二维数组的声明及初始化

方法 1:

```
int[,] arr2=new int[,]{{1,2},{3,4},{5,6},{7,8}};
```

在初始化数组时可以省略 new 运算符和数组的长度,例如上述语句可以等价为:

```
int[,] arr2={{1,2},{3,4},{5,6},{7,8}};
```

方法 2:

```
int[,] arr2=new int[3,4];
```

表明这个二维数组的第一维长度是 3,第二维长度是 4;可以用图 2-14 所示的图例 (int xx[,])进行描述。

xx[0,0]	xx[0,1]	xx[0,2]	xx[0,3]
xx[1,0]	xx[1,1]	xx[1,2]	xx[1,3]
xx[2,0]	xx[2,1]	xx[2,2]	xx[2,3]

图 2-14　二维数组图例

4. 数组的应用

在 C#中,为了方便获取数组的长度,提供了 Length 属性,在程序中可以通过"数组名.Length"的方式获取数组的长度(即元素的个数)。

对数组进行访问时,只能对数组的单个元素进行访问,不能对整个数组的全部元素进行访问。数组元素的访问形式如下。

```
数组名[下标]
```

这个下标即数组的索引号,数组中最小的索引号为 0,最大的索引号为"数组名.Length-1"。

例如:

```
int[] arr={1,2,3,4,5,6};
int s;
s=arr[2]+ arr[3];
```

执行代码后,s 的值为 7;因为 arr[2]值为 3,arr[3]值为 4。

又比如,前面案例中"j<=stuScore.Length-1"规定了变量 j 的遍历数组的范围不能超过数组的最大索引号。

5. 数组的常用方法

(1) Clear()方法

Clear()方法可以将数组指定元素清空,其语法结构如下。

```
Array.Clear(Array,Int32,Int32);
```

其中第一个参数是数组名;第二个参数是要清除的元素在数组的起始索引位置;第三个参数是从起始位置开始要清除的元素的个数。

例如,本任务中,单击"取消"按钮时,需要清空数组中的值,方法如下。

```
Array.Clear(stuScore, 0, i);
```

又比如,要将一个数组中索引为 2~9 的 8 个元素的值清空,代码如下。

```
int[] arr=new int[12];
Array.Clear(arr,2,8);
```

(2) IndexOf()方法

IndexOf()方法用来查找指定的元素值的索引。其语法结构如下。

```
Array.IndexOf(Array,Int32);
```

其中第一个参数是数组名;第二个参数是需要返回的指定值在数组中的索引,如果数组中没有该值,则返回"-1"。

例如,返回一个整型数组中值为 85 的索引值,代码如下。

```
int[] arr=new int[5]{12,13,34,69,85};
int index1=Array.IndexOf(arr,85);        //返回 4
int index1=Array.IndexOf(arr,75);        //返回-1
```

任务 2.6 设计一个员工类

本任务是设计一个员工类(Staff)。Staff 类有员工编号和员工部门属性,其中员工编号属性以整型表示,员工部门属性以字符串类型表示。Staff 类其他 3 个属性:姓名、性别和年龄继承于人类(Person),其中姓名和性别属性以字符串类型表示,年龄属性以整型表示。Staff 类和 Person 类都能显示出相关信息。在页面上输入员工的信息后,调用员工类,在页面上显示员工的基本信息,效果如图 2-15 所示,单击"确定"按钮后效果如图 2-16 所示。

实现步骤如下。

(1) 在站点 D:\dierzhang\下新建 Web 窗体 yglei. aspx。

(2) 在窗体 yglei. aspx 的设计窗口中输入文字"员工类的调用",并按 Enter 键。

(3) 在窗体 yglei. aspx 的设计窗口中输入文字"请输入员工的工号:",添加一个 TextBox 控件(可以采用拖动的方法,也可以采用双击控件的方法。余同),将该控件的 ID 属性修改为 txtId,并按 Enter 键。

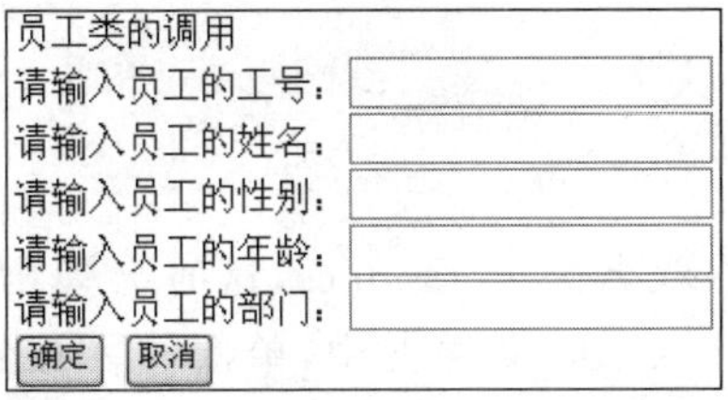

图 2-15　员工类的调用效果图 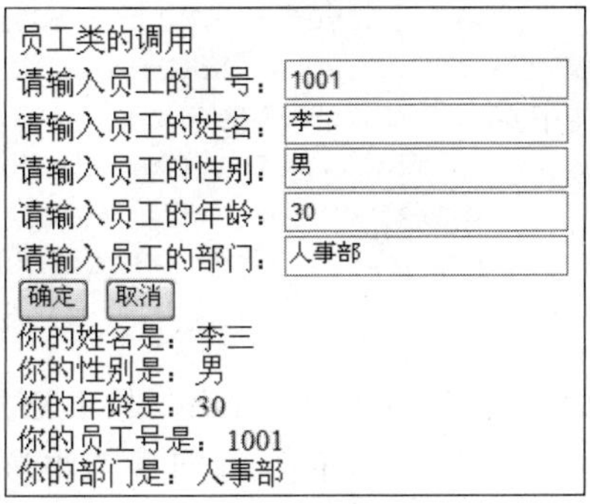　　　　图 2-16　员工类的调用信息展示图

（4）在窗体 yglei. aspx 的设计窗口中输入文字"请输入员工的姓名："，添加一个 TextBox 控件，将该控件的 ID 属性修改为 txtName，并按 Enter 键。

（5）在窗体 yglei. aspx 的设计窗口中输入文字"请输入员工的性别："，添加一个 TextBox 控件，将该控件的 ID 属性修改为 txtSex，并按 Enter 键。

（6）在窗体 yglei. aspx 的设计窗口中输入文字"请输入员工的年龄："，添加一个 TextBox 控件，将该控件的 ID 属性修改为 txtAge，并按 Enter 键。

（7）在窗体 yglei. aspx 的设计窗口中输入文字"请输入员工的部门："，添加一个 TextBox 控件，将该控件的 ID 属性修改为 txtDepartment，并按 Enter 键。

（8）在窗体 yglei. aspx 的设计窗口中添加 2 个 Button 控件，分别修改控件的 ID 属性为 btnConfirm、btnConcel，分别修改控件的 Text 属性修改为"确定"和"取消"，并按 Enter 键。

（9）在窗体 yglei. aspx 的设计窗口中添加 1 个 Label 控件，将该控件的 ID 属性修改为 lblInfo。

（10）页面代码如下。

```
<div>
    员工类的调用<br />
    请输入员工的工号：<asp:TextBox ID="txtId" runat="server"></asp:TextBox>
    <br />
    请输入员工的姓名：< asp:TextBox ID = "txtName" runat = "server"></asp:
    TextBox>
    <br />
    请输入员工的性别：< asp:TextBox ID="txtGender" runat="server"></asp:
    TextBox>
    <br />
    请输入员工的年龄：< asp:TextBox ID ="txtAge" runat ="server"></asp:
    TextBox>
    <br />
    请输入员工的部门：<asp:TextBox
        ID="txtDepartment" runat="server"></asp:TextBox>
    <br />
```

```
    <asp:Button ID="btnConfirm" runat="server" Text="确定"
        onclick="btnConfirm_Click" /> 
    <asp:Button ID="btnCancel" runat="server" Text="取消"
        onclick="btnCancel_Click"/>
    <br />
    <asp:Label ID="lblInfo" runat="server"></asp:Label>
</div>
```

（11）在站点 D:\dierzhang\下添加新项"类"，并取名为 Person.cs，这时会弹出一个对话框，如图 2-17 所示，询问是否将该文件放在 App_Code 文件夹中，单击"是"按钮，即可在站点下自动建立一个 App_Code 文件夹。

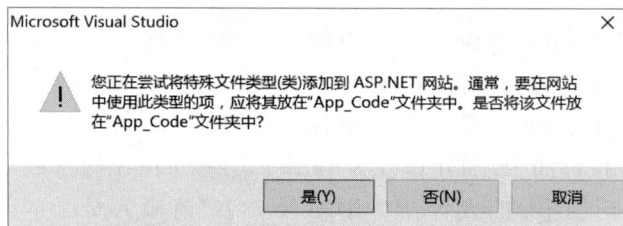

图 2-17　确认 App_Code 文件夹是否建立提示框

Person.cs 中代码如下所示。

```
public class Person
{
    //姓名字段
    private string name; .
    //性别字段
    private stringgender;
    //年龄字段
    private int age;
    //员工姓名属性
    public string Name
    {
        get { return name; }
        set { name=value; }
    }
    //员工性别属性
    public string Gender
    {
        get { return gender; }
        set { gender=value; }
    }
    //员工年龄属性
    public int Age
    {
```

```
        get { return age; }
        set { age=value; }
    }
    //员工信息显示方法
    public virtual string Show()
    {
        return "你的姓名是："+Name+"<br/>"+"你的性别是："+Gender+"<br/>"+"你
        的年龄是："+Age.ToString();
    }
}
```

（12）在站点 D:\dierzhang\下添加新项"类"，并取名为 Staff.cs。

```
public class Staff:Person
{
    //工号字段
    private string id;
    //部门字段
    private string department;
    //员工工号属性
    public string Id
    {
        get{return id;}
        set{id=value;}
    }
    //员工部门属性
    public string Department
    {
        get{return department;}
        set{department=value;}
    }
    //员工信息显示方法
    public override string Show()
    {
        return "你的姓名是："+Name+"<br/>"+"你的性别是："+Gender+"<br/>"+"你
        的年龄是："+Age.ToString()+"<br/>"+"你的员工号是："+Id+"<br/>"+"你
        的部门是："+Department;
    }
}
```

（13）双击"确定"按钮，增加一个 btnConfirm_Click 事件，代码如下。

```
Staff staff1=new Staff();
//将属性 Id 赋值为"txtId.Text"
staff1.Id=txtId.Text;
staff1.Name=txtName.Text;
staff1.Gender=txtGender.Text;
staff1.Age=int.Parse(txtAge.Text);
```

```
staff1.Department=txtDepartment.Text;
lblInfo.Text=staff1.Show().ToString();
```

(14) 双击"取消"按钮,增加一个 btnCancel_Click 事件,代码如下。

```
txtId.Text="";
txtName.Text="";
txtGender.Text="";
txtAge.Text="";
txtDepartment.Text="";
txtId.Focus();
```

注意:类文件的名字和需要调用该类的网页名字不能一模一样,否则类调用会失败。比如,在本任务中不能把 yglei.aspx 需要调用的类文件名字设为 yglei.cs,这样调用时会失败。

2.6.1　面向对象编程概述

面向对象编程(Object-Oriented Programming,OOP)是一种计算机编程架构,其本质是任何事物都是对象,它是以对象为基础,以事件等来驱动对象执行处理的程序设计技术。

面向对象编程有类和对象这两个核心概念。

2.6.2　类和对象

1. 类

类(Class)是一种数据类型,即引用类型的数据,它是 C#中功能最强大的数据类型。

类的本质是对一类事物的描述,这一类事物具有共同的特征。例如,哺乳动物都具有体温恒定、会哺乳的共同特征,对哺乳动物这一类动物进行概括,它们有共同点,我们就可以把哺乳动物当作一个类。又比如本任务中,人都有姓名、性别、年龄的共同特征,可以把人定义成一个类。

类有自己的属性和方法,属性就是用来描述这个类与其他类相区别的特性,方法是用来描述这个类所具有的能力。从词义学的角度来说,属性更偏向名词的范畴,方法更偏向动词的范畴。比如,哺乳动物具有"体温恒定"的共同属性,具有"会哺乳"的能力。但也有一些类,只有属性或只有方法。

在 C#中,类使用 class 关键字来声明,语法结构如下。

```
[类修饰符] class 类名[:基类]
{
//类体(字段、属性和方法等)
}
```

该语法结构[]中的内容表示可选。

例如,本任务中定义人这个类的伪代码是:

```
public class Person
{
    属性:有姓名、性别、年龄;
    方法:会展示自己的姓名、性别和年龄;
}
```

C♯的定义类的语法结构中,类修饰符有 public、protected、private、internal、abstract、sealed、new 等,一个类声明可以包含多个类修饰符,但不能重复。本任务介绍常见的几个类修饰符。

(1) public

public 修饰符表示这个类可以进行公有访问,任何人访问它都不受限制,都可以对它修饰的对象进行操作。

(2) private

private 修饰符表示这个类可以进行私有访问,对它的访问有一定的限制,只限于本类成员访问,子类和实例都不能访问。

(3) protected

protected 修饰符表示这个类可以进行保护访问,对它的访问也有一定的限制,只限于本类和子类访问,实例不能访问。

(4) internal

internal 修饰符表示这个类可以进行内部访问,对它的访问也有一定的限制,只限于本项目内访问,其他位置不能访问。

2. 对象

类是一系列具有相同性质的对象的抽象,以学生为例,所有学生都有学号、姓名、性别、年龄、所属专业、联系电话等,将这些共同的特征和一些方法定义在一个模板中就构成了学生类,如果这个学生类中指定了具体的值,如“01,李四,男,20,计算机应用技术,13888888888”,这就是学生类的一个具体实例,或者叫对象。

对象是类的一个具体实例,类和对象是密切相关的,没有脱离对象的类,也没有不依赖类的对象。

例如,“书”是一种类,它是所有书籍的总称。而“一本名为《ASP. NET 动态网站项目开发实用教程(C♯版)》的书”则是“书”这个类的一个对象,它是具体存在的一本书。

例如,“一个男孩小明”是“人”这个类的一个具体对象;“iPhone 7 手机”是“手机”这个类的一个具体对象。

又例如,本任务中,staff1 就是 Staff 员工类的一个具体对象。

C♯中的对象是把类实例化,“类的实例”与“类的对象”含义相同。C♯中在类定义完成后,使用 new 运算符来创建类的对象(或者说把类实例化),计算机会为对象(或实例)分配内存空间,并返回对该对象(或实例)的引用。创建类的对象语法格式如下。

```
类名 对象名=new 类名([参数表]);
```

其中[参数表]是可选的,这种方法是在声明对象的同时实例化。也可以用如下方法创建类的对象。

```
类名 对象名;
对象名=new 类名([参数表]);
```

这种方法是先声明对象,再实例化对象。

例如,假设学生类(Student)创建完成后,创建学生类的对象的方法如下。

```
Student stu1=new Student();
```

或者

```
Student stu1;
stu1=new Student();
```

3. 字段

类的字段也称作类的成员变量,它是与对象或类相关联的变量,它的主要作用是保存与类有关的一些数据,习惯上将字段的声明放在类体中的最前面。

C#中,字段声明的格式与普通变量的声明格式基本相同,字段声明的语法结构如下。

```
[访问修饰符] 数据类型 字段名
```

例如,为学生类(Student)添加学生基本信息的字段,方法如下。

(1) 在站点 D:\dierzhang\下新建类 Student.cs。

(2) 在 Student.cs 中定义 4 个字段,即 id、name、age 和 gender,分别用于保存学生的学号、姓名、年龄和性别,代码如下所示。

```
public class Student
{
    public Student()
    {
        //
        //TODO:在此处添加构造函数逻辑
        //
    }
    public string id;
    public string name;
    public int age;
    public string gender;
}
```

又例如本任务中,Person 类中定义了 3 个字段,分别是 name、sex、age;Staff 员工类中定义了 2 个字段,分别是 id、department。

C#中常用字段的访问修饰符如下。

- public:该修饰符表示这个字段可以进行公有访问,可以被其他任何类或页面访问。
- private:该修饰符表示这个字段可以进行私有访问,对它的访问有一定的限制,只限于含该字段的类。如果声明字段时,没有使用访问修饰符,则默认情况下该字段的访问修饰符是 private。
- protected:该修饰符表示这个字段可以进行受保护的访问,对它的访问也有一定的限制,只限于含该字段的类和该类的派生类。

对象创建后,可以通过对象名和对应的字段名实现对相应对象的字段进行访问,访问对象的字段可以通过"."运算符实现。其语法格式如下。

```
对象名.字段名;
```

例如,有个页面 xueshenglei.aspx 需要调用上述的学生类(Student)中的字段,可以采用如下方法。

(1) 在站点 D:\dierzhang\下新建 Web 窗体 xueshenglei.aspx。

(2) 在 xueshenglei.aspx 中添加一个 Label 控件,并修改其 ID 值为 lblInfo。

(3) 在 xueshenglei.aspx.cs 中的 Page_Load 事件中写上如下代码。

```
protected void Page_Load(object sender, EventArgs e)
{
    Student stu1=new Student();
    stu1.id="01";
    stu1.name="小红";
    stu1.age=20;
    stu1.gender="女";
    lblInfo.Text="学号是: "+stu1.id+"<br>"+"姓名是: "+stu1.name+"<br>"+
        "年龄是: "+stu1.age.ToString()+"<br>"+"性别是: "+stu1.gender;
}
```

(4) 调试并运行 xueshenglei.aspx,页面如图 2-18 所示。

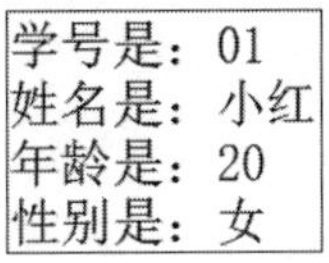

4. 属性

属性可以说是 C#语言的一个创新。属性可以为类字段提供保护,以避免字段在对象不知道的情况下被更改。C#通过属性特性读取和写入字段(成员变量),而不直接读取和写入字段,以此来提供对类中字段的保护。

学号是:	01
姓名是:	小红
年龄是:	20
性别是:	女

图 2-18 调用学生类

属性是 C#面向对象技术中封装性的体现。属性可用于在类内部进行字段的封装。类字段一般定义为私有的(Private)或者受保护的(Protected),不允许外界访问。因此,若需要访问类中的私有的(Private)或者受保护的(Protected)的字段,可以通过属性给外界提供访问私有或受保护字段的途径,经常通过访问器进行访问,即借助于 get 和 set 访问器对属性的值进行设置或访问(即读写)。get 方法没有参数;有一个隐含的参数 value。属性的 get 访问器都通过 return 来读取属性的值,set 访问器都通过 value 来设置属性的值。

C#中,属性声明的语法结构如下。

```
访问修饰符 数据类型 属性名
{
    get{return 字段名;}
    set{字段名=value;}
}
```

在属性的访问声明中,如果只有 set 访问器,表明该属性是只写的;如果只有 get 访问器,则表明该属性是只读的;既有 set 访问器,又有 get 访问器,表明该属性是可读可写的。

访问对象的属性(间接调用 get、set)的方式如下。

```
对象.属性=值(调用 set)
变量=对象.属性(调用 get)
```

当对象的属性在赋值符号(等号)的左侧时,是对属性进行赋值,也就是执行 set 访问器,把等号右侧的值保存到属性对应的字段中。当对象的属性在赋值符号(等号)的右侧时,是对属性进行读取,也就是执行 get 访问器,得到属性对应字段的当前值。

在 Visual Studio 2010 中,利用已经声明的字段和 IDE 功能,可以通过快捷方式把字段快速地封装成属性。操作方法如下。

选中"public string gender;"并右击,在弹出的快捷菜单中选择"重构"→"封装字段"命令,如图 2-19 所示,在弹出的"封装字段"对话框中单击"确定"按钮,如图 2-20 所示。再在弹出的"预览引用更改-封装字段"对话框中单击"应用"按钮,如图 2-21 所示。

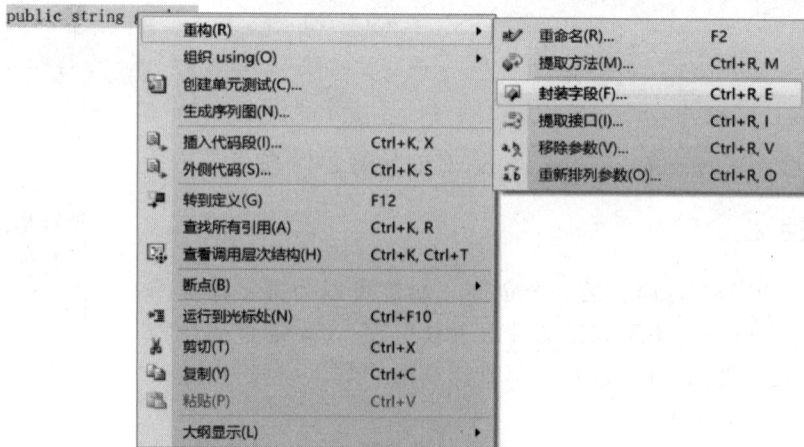

图 2-19 "封装字段"命令

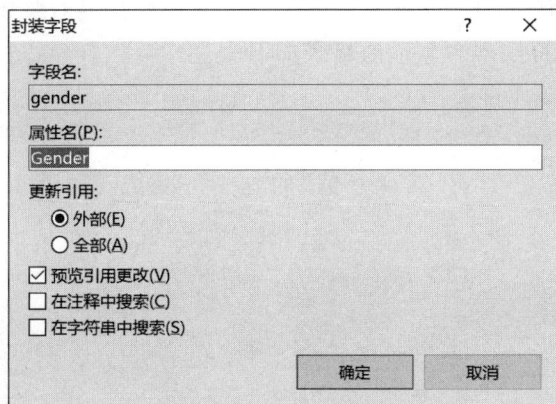

图 2-20　"封装字段"对话框

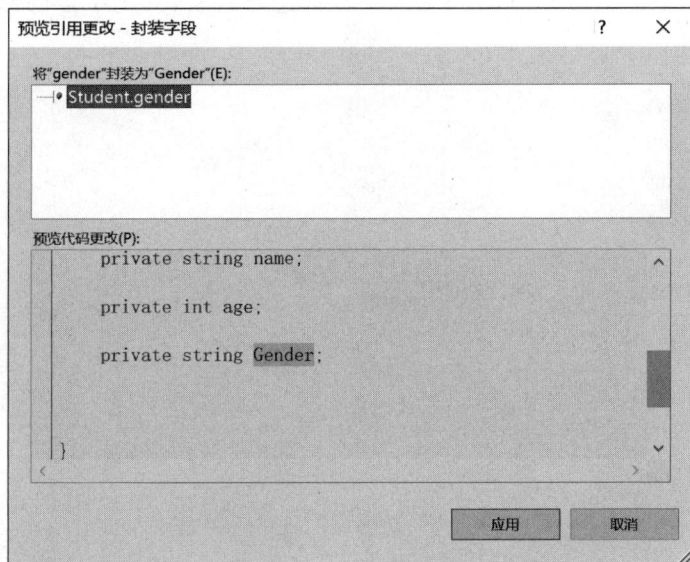

图 2-21　"预览引用更改 - 封装字段"对话框

这样在学生类(Student)中的"public string gender;"代码的下方会增加一段代码,如下所示。

```
public string Gender
{
    get { return gender; }
    set { gender=value; }
}
```

这个 Gender 就是属性,是对字段 gender 的封装。

上面生成的这段代码也可以自己手工输入完成。只不过采用上述的"重构"→"封装字段"命令的方法更加快捷。

对象创建后,可以通过对象名和对应的属性名实现对相应对象属性访问,访问对象的字段可以通过".'运算符实现。其语法格式如下。

对象名.属性名;

例如本任务中,通过"对象.属性＝值"的方法可以访问属性 Id、Name、Sex、Age 和 Department,代码如下。

```
staff1.Id=txtId.Text;
staff1.Name=txtName.Text;
staff1.Sex=txtSex.Text;
staff1.Age=int.Parse(txtAge.Text);
staff1.Department=txtDepartment.Text;
```

假设接下来,把学生类(Student)中的字段都进行封装,并把字段的修饰符都修改成 private,则代码如下。

```
public class Student
{
    public Student()
    {
        //
        //TODO：在此处添加构造函数逻辑
        //
    }
    private string id;
    public string Id
    {
        get { return id; }
        set { id=value; }
    }
    private string name;
    public string Name
    {
        get { return name; }
        set { name=value; }
    }
    private int age;
    public int Age
    {
        get { return age; }
        set { age=value; }
    }
    private string gender;
```

```
public string Gender
{
    get { return gender; }
    set { gender=value; }
}
}
```

然后在 xueshenglei. aspx. cs 中会发现,代码中字段名都有红色的波浪线,如图 2-22 所示。

```
Student stu1 = new Student();
stu1.id = "01";
stu1.name = "小红";
stu1.age = 20;
stu1.Gender = "女";
lblInfo.Text = "学号是:" + stu1.id + "<br>" + "姓名是:" + stu1.name + "<br>" + "年龄是:" + stu1.age.ToString() +
"<br>" + "性别是:" + stu1.Gender;
```

图 2-22　学生类页面代码

图 2-22 中红色波浪线显示的部分说明是有错误的,那么错在哪儿了? 接下来在 xueshenglei. aspx. cs 中的"stu1. Gender＝"女";"代码下方输入"stu1.",从图 2-23 中发现,学生类(Student)中的 id、name、age 和 gender 字段都没有显示出来,而只显示了 Id、Name、Age 和 Gender 属性。原因是学生类(Student)中的所有的 4 个字段都采用 private 修饰符,表明这些字段只能在学生类(Student)中被访问,不能在类外访问。而这些学生类(Student)中的 Id、Name、Age 和 Gender 属性因为是 public 修饰符,所以这 4 个属性可以进行公有访问。

如何调用学生类呢? 方法如下。

(1) 在站点 D:\dierzhang\ 下新建 Web 窗体 xslei . aspx。

(2) 在窗体 xslei. aspx 的设计窗口中输入文字"请输入学号:",添加一个 TextBox 控件(可以采用拖动的方法,也可以采用双击控件的方法。余同),将该控件的 ID 属性修改为 txtId,并按 Enter 键。

图 2-23　调用学生类的属性

(3) 在窗体 xslei. aspx 的设计窗口中输入文字"请输入姓名:",添加一个 TextBox 控件,将该控件的 ID 属性修改为 txtName,并按 Enter 键。

(4) 在窗体 xslei. aspx 的设计窗口中输入文字"请输入年龄:",添加一个 TextBox 控件,将该控件的 ID 属性修改为 txtAge,并按 Enter 键。

(5) 在窗体 xslei. aspx 的设计窗口中输入文字"请输入性别:",添加一个 TextBox 控件,将该控件的 ID 属性修改为 txtGender,并按 Enter 键。

(6) 在窗体 yglei. aspx 的设计窗口中添加 2 个 Button 控件,分别修改控件的 ID 属性为 btnConfirm、btnConcel,分别将控件的 Text 属性修改为"确定"和"取消",并按 Enter 键。

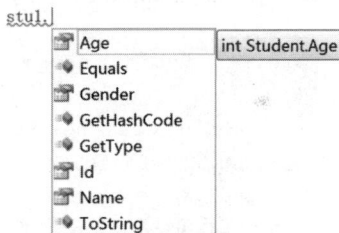

（7）在窗体 yglei.aspx 的设计窗口中添加 1 个 Label 控件，将该控件的 ID 属性修改为 lblInfo。

（8）页面代码如下。

```
<form id="form1" runat="server">
<div>
    请输入学号：<asp:TextBox ID="txtId" runat="server"></asp:TextBox>
    <br />
    请输入姓名：<asp:TextBox ID="txtName" runat="server"></asp:TextBox>
    <br />
    请输入年龄：<asp:TextBox ID="txtAge" runat="server"></asp:TextBox>
    <br />
    请输入性别：<asp:TextBox ID="txtGender" runat="server"></asp:TextBox>
    <br />
    <asp:Button ID="btnSubmit" runat="server" Text="提交" onclick=
"btnSubmit_Click" /> 
    <asp:Button ID="btnCancel" runat="server" Text="取消" onclick=
"btnCancel_Click" />
    <br />
    <asp:Label ID="lblInfo" runat="server"></asp:Label>
</div>
</form>
```

（9）在 xslei.aspx.cs 中的 btnSubmit_Click 事件中编写如下代码。

```
protected void btnSubmit_Click(object sender, EventArgs e)
{
    Student stu1=new Student();
    stu1.Id=txtId.Text;
    stu1.Name=txtName.Text;
    stu1.Age=Convert.ToInt32(txtAge.Text);
    stu1.Gender=txtGender.Text;
    lblInfo.Text="学号是："+stu1.Id+"<br>"+"姓名是："+stu1.Name+"<br>"+
        "年龄是："+stu1.Age.ToString()+"<br>"+"性别是："+stu1.Gender;
}
```

（10）在 xslei.aspx.cs 中的 btnCancel_Click 事件中编写如下代码。

```
protected void btnCancel_Click(object sender, EventArgs e)
{
    txtId.Text="";
    txtName.Text="";
    txtAge.Text="";
    txtGender.Text="";
    txtId.Focus();
}
```

（11）调试并运行 xslei.aspx,页面如图 2-24 所示。

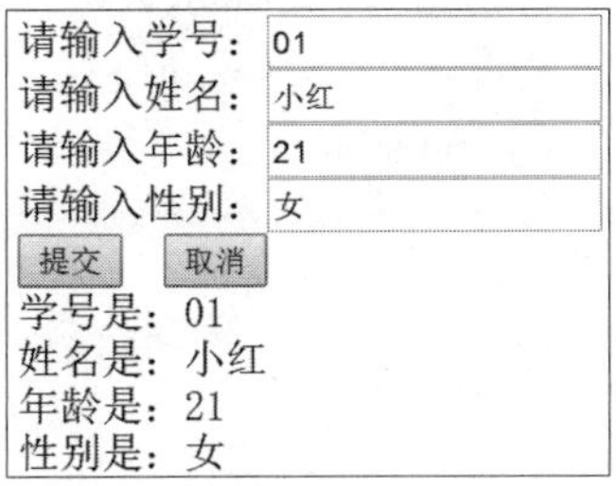

注意:

（1）定义属性时,类型必须与它所访问的字段类型一致。

（2）一般情况下,字段的名称小写,属性的名称与字段名称也用小写,只是首字母要大写。

（3）属性是逻辑字段;属性是字段的扩展,源于字段;属性并不占用实际的内存,字段占用内存的位置及空间。

请输入学号: 01
请输入姓名: 小红
请输入年龄: 21
请输入性别: 女
[提交] [取消]
学号是: 01
姓名是: 小红
年龄是: 21
性别是: 女

图 2-24　调用学生类

（4）属性可以被其他类访问,而大部分字段不能直接访问。

（5）属性可以对接收的数据范围作限定,而字段不能。

为什么不直接放一个 public 字段,而非要做一个 private 字段＋public 属性? 为什么要对类的字段进行保护呢?

上述的学生类（Student）有 4 个字段,即 id、name、age 和 gender,都是 public 修饰符修饰的,可以进行公有访问,在页面 xueshenglei.aspx 中是可以直接通过"对象名.字段名"进行访问的。如果将"stu1.gender＝"女";"修改成"stu1.gender＝"香菇";","stu1.age＝"20";"修改成"stu1.age＝"3000";",在语法结构上是没有问题的,但是不符合现实生活中的情况。

如何解决这个问题呢? 可以对类中字段采用 private 或 protected(通常采用 private)进行修饰,让字段在类的外部不能被访问,再来将类的字段封装成属性,然后通过属性对敏感字段进行有效的约束。

例如,新建一个类"学生类 1"（Student1）,对 id 字段约束为"学号的长度为 8",对 name 字段约束为"姓名必须以字母开头",对 age 字段约束为"年龄必须为 0～150",对 gender 字段约束为"性别必须是男或者女"。并给"学生类 1"（Student1）增加一个方法 show(),返回学号、姓名、年龄和性别的值。方法如下。

（1）在站点 D:\dierzhang\下新建类 Student1.cs,代码如下。

```
public class Student1
{
    public Student1()
    {
        //
        //TODO:在此处添加构造函数逻辑
        //
    }
    private string id;
    public string Id
    {
        get { return id; }
        set
        {
            //学号长度为 8
            if(value.Length==8)
```

```
        {
            id=value;
        }
        else
        {
            id="学号长度要为8";
        }
    }
}
private string name;
public string Name
{
    get { return name; }
    set
    {
        //姓名必须以字母开头
        //Char.IsLetter方法 (String, Int32) 中，String 是一个字符串，s 是
            String 中要计算的字符的位置。Char.IsLetter 方法 (String,Int32) 返
            回值的类型是 System.Boolean;如果 String 中位于 Int32 的字符是一个字
            母,则返回值为 true,否则为 false。注意：一个字符串中的字符位置从零开
            始的索引
        if(char.IsLetter(value,0))
        {
            name=value;
        }
        else
        {
            name="姓名必须以字母开头";
        }
    }
}
private int age;
public int Age
{
    get { return age; }
    set
    {
        //年龄必须为 0~150
        if(value>0 && value<=150)
        {
            age=value;
        }
        else
        {
            //年龄不是 0~150 时,给 age 赋值为 0
            age=0;
        }
    }
}
```

```
    private string gender;
    public string Gender
    {
        get { return gender; }
        set
        {
            //性别必须是"男"或"女"
            if(value=="男" || value=="女")
            {
                gender=value;
            }
            else
            {
                gender="性别必须是"男"或"女"";
            }
        }
    }
    //定义 show()方法
    public string show()
    {
        return "学号是: "+Id+"<br>"+"姓名是: "+Name+"<br>"+"年龄是: "+
            Age.ToString()+"<br>"+"性别是: "+Gender;
    }
}
```

（2）在站点 D:\dierzhang\下新建 Web 窗体 xsl.aspx，其中页面代码如下。

```
<form id="form1" runat="server">
学号: <asp:TextBox ID="txtId" runat="server"></asp:TextBox>
<br />
姓名: <asp:TextBox ID="txtName" runat="server"></asp:TextBox>
<br />
年龄: <asp:TextBox ID="txtAge" runat="server"></asp:TextBox>
<br />
性别: <asp:TextBox ID="txtGender" runat="server"></asp:TextBox>
<br />
<asp:Button ID="btnConfirm" runat="server" onclick="btnConfirm_Click"
    Text="确定" />
<asp:Button ID="btnCancle" runat="server" Text="取消" onclick="btnCancle_
Click" />
<br />
<br />
<asp:Label ID="lblInfo" runat="server"></asp:Label>
</form>
```

（3）在 xsl.aspx.cs 的 btnConfirm_Click 事件中，代码如下。

65

```
protected void btnConfirm_Click(object sender, EventArgs e)
{
    Student1 stu=new Student1();
    stu.Id=txtId.Text;
    stu.Name=txtName.Text;
    stu.Age=Convert.ToInt32(txtAge.Text);
    stu.Gender=txtGender.Text;
    lblInfo.Text=stu.show().ToString();
}
```

（4）在 xsl.aspx.cs 的 btnConfirm_Click 事件中，代码如下。

```
protected void btnCancle_Click(object sender, EventArgs e)
{
    txtId.Text="";
    txtName.Text="";
    txtAge.Text="";
    txtGender.Text="";
    txtId.Focus();
}
```

（5）调试并运行 xsl.aspx 时，如果在除了年龄之外的 3 个文本框中都输入 11，年龄框中输入 1111，则会在 Label 框中给出错误的提示或值，页面效果如图 2-25 所示。

（6）调试并运行 xsl.aspx 时，如果在 4 个文本框中都按规则输入相应的值，页面效果如图 2-26 所示。

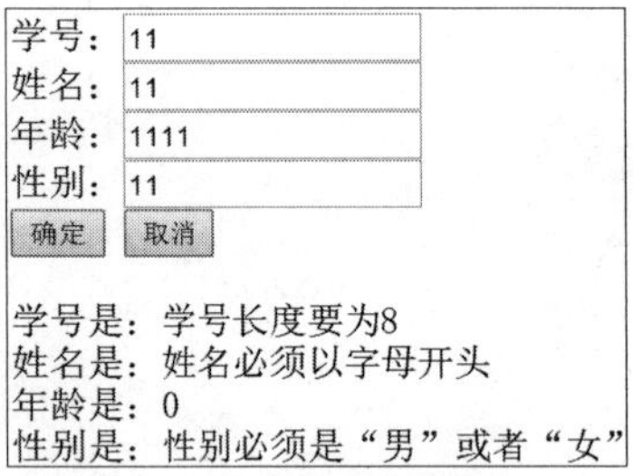

图 2-25　给出错误的值 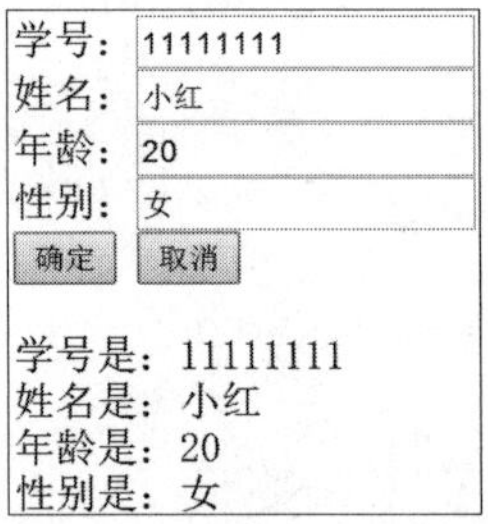　　　　　图 2-26　正确显示输入的信息

5. 方法

方法是类成员，它通过一系列的语句的组织来完成某种功能，用来描述类能够"做什么"，并为类或类的对象提供某方面的行为。

C# 中，方法声明的语法结构如下。

```
[访问修饰符] 返回值类型 方法名([参数列表])
{
    //方法体
}
```

其中,方法的返回值类型可以是任何一种 C♯ 的数据类型。

另外,调用一个 C♯ 方法,可以采用如下语法格式。

```
对象.方法名(参数列表);
```

每个方法被调用时,都必须包含一对圆括号,即使调用一个无参数的方法。

例如,本任务中通过以下语句来调用 Show 方法:

```
lblInfo.Text=staff1.Show().ToString();
```

如果一个方法有两个或者更多的参数,那么在定义参数时,必须用逗号进行分隔。

例如,定义一个求面积的类(Area),类中有两个方法:一个是求三角形的面积;另一个是求圆的面积。

(1) Area.cs 中的代码如下。

```
public class Area
{
    public Area()
    {
        //
        //TODO：在此处添加构造函数逻辑
        //
    }
    public double tangleArea(double l, double h)
    {
        double s;
        s=l * h/2;
        return s;
    }
    public double circleArea(double r)
    {
        double s;
        s=3.14 * r * r;
        return s;
    }
}
```

(2) 在站点 D:\dierzhang\ 下新建 Web 窗体 qiumianji.aspx,其中页面代码如下。

```
<form id="form1" runat="server">
  <div>
    请输入底长：<asp:TextBox ID="txtLen" runat="server"></asp:TextBox>
    <br />
    请输入高：<asp:TextBox ID="txtHeight" runat="server"></asp:TextBox>
    <br />
    请输入半径：<asp:TextBox ID="txtRadius" runat="server"></asp:TextBox>
    <br />
```

```
    <asp:Button ID="btnCount" runat="server" Text="计算"
        onclick="btnCount_Click" />
 
    <asp:Button ID="btnCancel" runat="server" Text="取消"
        onclick="btnCancel_Click" />
    <br />
    <asp:Label ID="lblInfo" runat="server"></asp:Label>
</div>
</form>
```

（3）在 qiumianji.aspx.cs 的 btnCount_Click 事件中,代码如下。

```
protected void btnCount_Click(object sender, EventArgs e)
{
    Area mj=new Area();
    double a=Convert.ToDouble(txtLen.Text);
    double b=Convert.ToDouble(txtHeight.Text);
    double c=Convert.ToDouble(txtRadius.Text);
    lblInfo.Text="三角形的面积是："+mj.tangleArea(a,b)+"<br>"+"圆的面积是：
        "+mj.circleArea(c);
}
```

（4）在 qiumianji.aspx.cs 的 btnCancel_Click 事件中,代码如下。

```
protected void btnCancel_Click(object sender, EventArgs e)
{
    txtLen.Text="";
    txtHeight.Text="";
    txtRadius.Text="";
    txtLen.Focus();
}
```

（5）运行 qiumianji.aspx,界面如图 2-27 所示。

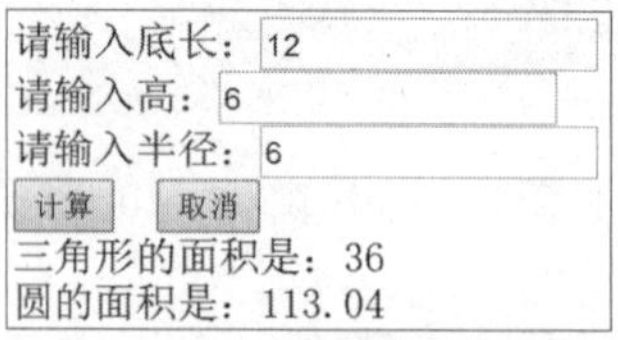

图 2-27　调用面积类的结果

2.6.3　封装、继承和多态

面向对象的编程方式具有封装、继承和多态等特点。

1. 封装

类是方法和属性的集合,为了实现一个功能定义类后,该类的属性和方法就形成了一个独立的单位,人们在使用这个类时不需要了解这个类中每句代码的含义,只需要通过这个类对外提供的接口来实现某个功能即可,这就是类的封装性。也就是说,封装就是要把代码进行模块化,具有代码出错率低、代码重用性高等特点。

例如,在使用手机时,普通用户不需要知道手机内部每个零部件的具体作用或这个零部件是如何设计的,只需要打开手机的电源开关,然后发短信、打电话、使用 APP 等,这就是封装性的体现。

2. 继承

在现实生活中,我们常常会听到类似这样的话:"你儿子和你长得好像!""你和你妈妈长得好像!",实际上是我们遗传了(或者说继承了)父母的 DNA。

在 C#中,所谓继承,就是子类(也称作"派生类")有父类(也称作"基类")的所有功能。继承还有如下特点。

(1) C#中类的继承是可以传递的,就如爸爸跟爷爷某些地方长得很像,儿子跟爸爸的某些地方也很像。

(2) 子类可以对父类进行扩展,比如在子类中可以添加新的方法。就比如可以用"汽车类"来描述一辆普通汽车所共有的和必需的所有方法和属性,在定义"宝马汽车类"时,除了继承"汽车类"的所有属性和方法之外,还可以定义宝马汽车个性化的属性和方法。

(3) 类中的所有元素都可以被继承,除了构造函数和析构函数。

例如,可以将"哺乳动物"看成一个父类,"哺乳动物"具有"体温恒定"的属性,然后再定义"大象"这样一个子类时,就可以不用再定义"大象"类的"体温恒定"这个属性,可以继承父类——"哺乳动物"类的"体温恒定"属性。

在 C#中,创建继承父类的子类的语法格式如下。

```
[访问修饰符] Class 子类名:父类名
{
    //子类成员的定义
}
```

例如,本任务中,子类 Staff 类就继承了父类 Person 类,Staff 类继承了 Person 类的字段和属性,Person 类中的字段和属性在 Staff 类中不需要再定义就可以直接使用,继承的方法如下。

```
public class Staff:Person
```

3. 多态

多态简言之就是不同的对象或不同的子类在进行同一个操作时可以有不同的行为。例如,首先定义了一个"车"类,并定义了一个方法"可以移动",又定义两个子类"汽车类"

和"火车类",这两个类通过继承来调用"可以移动"这个方法,但这两个子类的移动行为是完全不同的,一个是在公路上行驶,一个是在铁轨上行驶。

又比如,学校发布了一个"教学业绩考核"的文件精神,学校每个分院就要对文件进行解读,根据自己分院的情况制定出自己分院的"教学业绩考核办法",并在教学业绩考核时参照自己分院的考核办法进行考核。这里每个分院在执行学校的"教学业绩考核"的文件时就有不同的考核形式。"学校的文件"就相当于是一个"父类",而"各个分院的文件"就是"子类",子类继承父类的方法时,会表现出不同的行为。

因此,多态的本质就是通过继承的形式,实现同名但功能不同或形式不同的方法。

一般情况下,子类很少一成不变地继承父类中的所有方法成员,有以下几种情况。

(1)子类中的方法成员可以隐藏父类中同名的方法成员,通过 new 关键字对成员加以修饰。

(2)将父类的方法成员定义为虚方法,在子类中对虚方法进行重写。

重写反映了父类与子类的多态性。重写时有以下几点需要注意。

- 只有在父类中的方法有 virtual 修饰符修饰时,父类的方法才能被重写。
- 子类重写父类的方法时,需要用 override 修饰符来修饰。
- 子类重写的方法与父类的方法名要相同,参数也要相同,返回值也要相同(父类执行的是子类的方法)。

(3)C#中,继承、虚方法和重写方法组合在一起才能实现多态性。

例如,本任务中,父类 Person 中定义方法 Show()时,就给它添加了 virtual 修饰符(虚方法);在子类 Staff 类中再定义方法 Show()时,就采用了重写的方法,通过 override 修饰符来实现。

Person 类中,可以通过添加 virtual 修饰符来定义方法 Show():

```
public virtual string Show()
{
    return "你的姓名是: "+Name+"<br>"+"你的性别是: "+Sex+"<br>"+"你的年龄是: "
        +Age.ToString();
}
```

Staff 类中,通过添加 override 修饰符来重写方法 Show():

```
public override string Show()
{
    return "你的姓名是: "+Name+"<br>"+"你的性别是: "+Sex+"<br>"+"你的年龄是: "
        +Age.ToString()+"<br>"+"你的员工号是: "+Id+"<br>"+"你的部门是: "
        +Department;
}
```

这里需要说明的一点是:一个方法在使用 virtual 修饰符后,就不允许同时使用 override、static、abstract 修饰符来修饰。

- virtual:表示虚的意思,它只能用来修饰方法和属性,用它修饰过的方法可以被子类重写。

- override：表示覆盖的意思，不能与 new、static、virtual 修饰符同时使用，并且重写方法只能用于重写基类中的虚方法。
- abstract：表示抽象的意思，它可以修饰类、方法和属性，用它修饰的类只能被继承而不能被实例化，用它修饰的方法只能被实现而不能被调用。
- static：表示静态的意思，它可以修饰方法，用它修饰的方法为静态方法，否则为非静态方法。类的静态方法中不能直接访问类的非静态成员，而只能访问类的静态成员，类的非静态方法可以访问类的所有成员和方法，因为静态方法属于类，而非静态方法属于类的实例。因此，静态方法中没有隐含的 this，也就是说不能通过 this 获得调用该方法的对象。

2.6.4　构造函数和析构函数

构造函数和析构函数是类中比较特殊的两种成员函数，主要用来对对象进行初始化和回收对象资源。一般对象的生命周期从构造函数开始，以析构函数结束。

1. 构造函数

构造函数是在创建给定类型的对象时执行的类方法，其功能主要是用来开辟内存和初始化类内变量。每个类都显式或隐式地包含一个构造函数，即使开发者没有显式声明，编译器也会自动为其提供一个默认的构造函数；如果显式声明了构造函数，系统将不再提供默认的构造函数。

比如建立员工类(Staff)时，会自动在类体中添加一个构造函数 Staff()，如下所示。

```
public Staff()
{
    //
    //TODO：在此处添加构造函数逻辑
    //
}
```

建立人的类(Person)时，会自动地在类体中添加一个构造函数 Person()，代码如下所示。

```
public Person()
{
    //
    //TODO：在此处添加构造函数逻辑
    //
}
```

构造函数有以下几个特征。

- 构造函数具有与类相同的名称。
- 构造函数不能有返回类型；它可以带参数，也可以不带参数。

71

- 构造函数通常是公有的(public)。
- 构造函数在创建对象时被自动调用,不能显式调用。
- 构造函数的代码通常只进行对象初始化工作。
- 构造函数不能被显式调用。

2. 析构函数

析构函数的主要作用是在对象使用完成后,调用析构函数来释放对象。一个类中只能有一个析构函数。析构函数具有以下几个特征。

- 析构函数与类名相同,但在类名前加"～"符号。
- 析构函数不接受任何参数,也不返回任何值。
- 析构函数不能使用任何访问限制修饰符。
- 析构函数的代码只用于销毁对象的工作。
- 析构函数不能被显式调用。

析构函数一般不用写,编译器在编译程序时会自动加上析构函数。.NET Framework 类库有垃圾回收功能,当某个类的实例被认为不再有效,并符合析构条件时,.NET Framework 的垃圾回收功能会自动调用该类的析构函数进行垃圾回收。

一般不建议程序员自己去写析构函数,因为 C# 中操作内存很麻烦,容易产生内存溢出,使程序崩溃。

2.6.5 关键字 static

在 C# 中定义了一个 static 关键字,它可以用来修饰字段、属性、方法和类等。用 static 关键字修饰的字段称为静态字段,用 static 关键字修饰的属性称为静态属性,用 static 关键字修饰的方法称为静态方法,用 static 关键字修饰的类称为静态类。

1. 静态字段

静态字段不属于任何对象,只属于类,只能通过"类名.静态字段名"的方式来访问。

例如,某个单位中的员工都有共同的单位名称,则不需要在每个员工对象所占用的内存空间中都定义一个字段来存储这个单位名称,而只需要定义一个静态字段来表示单位名称,让所有员工共享即可。要实现这一功能,需要使用以下方法。

(1) 在站点 D:\dierzhang\下新建 company.cs 类,在类中定义一个静态字段 companyName,并赋值,用来保存公司名称。company.cs 类代码如下。

```
public class company
{
    public company()
    {
```

```
        //
        //TODO:在此处添加构造函数逻辑
        //
    }
    public static string companyName="远大教育公司";
}
```

（2）在站点 D:\dierzhang\下新建 companylei.aspx,在 Page_Load 中编写代码,调用类中的静态字段,代码如下。

```
protected void Page_Load(object sender, EventArgs e)
{
    company staff1=new company();
    company staff2=new company();
    Response.Write("员工 1 的单位名称是:"+company.companyName+"<br>");
    Response.Write("员工 2 的单位名称是:"+company.companyName);
}
```

说明：在 companylei.aspx 中无法采用实例来调用静态字段 companyName,即不能采用 staff1.companyName 的方法来调用字段,只能采用"类名.静态字段名"的方式来访问,即 company.companyName。

2. 静态属性

静态属性可以读写静态字段的值,在使用静态属性时,可以通过"类名.静态属性名"的方法来调用。

同样要实现"静态字段"中的功能,可以采用以下方法来实现。

（1）在站点 D:\dierzhang\下新建 company1.cs 类,在类中定义一个静态字段 companyName,并为其赋值,用来保存公司名称。company1.cs 类的代码如下。

```
public class company1
{
    public company1()
    {
        //
        //TODO:在此处添加构造函数逻辑
        //
    }
    private static string companyName="远大教育公司";
    public static string CompanyName
    {
        get { return company1.companyName; }
        set { company1.companyName=value; }
    }
}
```

或者将属性封装成：

```
public static string CompanyName
{
    get { return companyName; }
    set { companyName=value; }
}
```

（2）在站点 D:\dierzhang\下新建 companylei. aspx,在 Page_Load 中编写代码,调用类中的静态字段,代码如下。

```
protected void Page_Load(object sender, EventArgs e)
{
    Company1 staff1=new company1();
    Company1 staff2=new company1();
    Response.Write("员工 1 的单位名称是："+company.CompanyName+"<br>");
    Response.Write("员工 2 的单位名称是："+company.CompanyName);
}
```

3. 静态方法

前面介绍的类中的方法都是使用类的实例对象来调用的,这种方法通常称为实例方法。

当我们希望在不创建对象的情况下就调用某个方法,需要在类中定义的方法前加上static 关键字。

静态方法可以使用"类名.方法名"的方式来访问。静态方法在类实例化之前就可以使用。静态方法只能访问类中的静态成员(包括静态字段和静态属性),但不能访问实例成员。

静态方法在内存中有固定的位置,所以一个程序不要有太多的静态方法。静态方法的特点如下。

- 静态方法是不属于特定对象的方法。
- 静态方法可以访问静态成员变量。
- 静态方法不可以直接访问实例变量,可以在实例函数调用的情况下,实例变量作为参数传给静态方法。
- 静态方法也不能直接调用实例方法,可以间接调用,首先要创建一个类的实例,然后通过这一特定对象来调用静态方法。

4. 静态类

当类中所有成员(包括字段和属性)都是静态时,可以把这个类声明成静态类。

静态类与非静态类基本相同,但存在一个区别:静态类不能实例化。也就是说,不能使用 new 关键字创建静态类的实例。因为没有实例变量,所以要使用类名本身来访问静态类的成员。静态类的特点如下所示。

- 仅包含静态成员。
- 无法实例化。

- 静态类的本质,是一个抽象的密封类,所以不能被继承,也不能被实例化。
- 不能包含实例构造函数。
- 如果一个类下面的所有成员,都需要被共享,那么可以把这个类定义为静态类。
- 静态类不能有实例构造函数。

例如:

(1) 在站点 D:\dierzhang\ 下新建 jtlei. cs 类,在类中定义一个静态字段 name,并为其赋值,用来保存姓名。jtlei. cs 类的代码如下。

```
public static class jtlei
{
    private static string name="王小燕";
    public static string showname()
    {
        return "我的名字是: "+name;
    }
}
```

(2) 在站点 D:\dierzhang\ 下新建 jingtailei. aspx,在 Page_Load 中编写代码,调用静态类中的静态方法,代码如下。

```
protected void Page_Load(object sender, EventArgs e)
{
    Response.Write(jtlei.showname().ToString());}
```

2.6.6　转义字符

转义字符的意思是具有特殊的含义,字符的含义已经与原字符的含义不同。例如,项目中\n\r 就表示的含义是换行按 Enter 键。转义字符有以下特点。

- 以“\”开头,后面有一个或几个字符。“\”会改变紧随其后的字符的原有含义。
- 一般用来表示字符难以描述的控制代码,如换行、按 Enter 键等。
- 如果要输出字符“\”,不是把它当成转义字符来用,需要在字符串前加上“@”符号。例如,@D:\dierzhang\App_Code 中,@就是用来消除转义的,或者写成“D:\\dierzhang\\App_Code”也可以。

C#中常见的转义字符如表 2-10 所示。

表 2-10　C#中常见的转义字符

转义字符	含　义	转义字符	含　义
\\	\	\v	垂直 Tab
\n	换行符	\'	'
\r	按 Enter 键符	\"	"
\t	横向 Tab		

说明：在文本框(TextBox)中换行通常使用\n,在 Label 中换行通常使用
代表按 Enter 键符。

在平时使用计算机时,已经习惯了按 Enter 键和换行一次搞定,按一个 Enter 键,则既是按 Enter 键,又是换行。那么 C# 中\r、\n 和\r\n 有哪些区别?

* \n 是换行,英文是 new line,它也称作软按 Enter 键,在 Windows 中表示换行且回到下一行的最开始位置。
* \r 是按 Enter 键,英文是 carriage return,它也称作软空格,相当于 Windows 里的\n 的效果。
* \r\n 表示按 Enter 键换行。\r 和\n 一般一起用,用来表示键盘上的 Enter 键,也可只用\n。

注意：在 Label 框中显示的内容需要换行时需要用到"
",在 TextBox 中显示的内容需要换行时可以用\n 或\r\n。

2.6.7 代码的规范性

1. 命名规范

标识符的命名首先一定要尽量做到见名知意,其次程序界主流的命名方法有两种,分别如下。

(1) Camel 命名法

Camel 命名法也叫驼峰命名法,它有以下两种形式。

* 大小写字母混合命名,这种方法比较常见,比如项目中的 txtId、txtName 等。
* 用下划线分隔单词,单词全部小写,比如 txt_id。

(2) Pascal 命名法

Pascal 命名法和 Camel 命名法很像,其区别在于 Pascal 命名法要求首字母大写。

说明：程序界有不成文的两条约定,一条是类和方法的每个单词首字母大写;另一条是变量或属性的第一个单词的首字母小写,其他单词的首字母大写。

2. 注释

在编写代码时,养成加注释是一个很好的习惯,这样便于自己和别人读懂程序。在 C# 中,常见的注释方法有以下两种。

(1) //注释内容

这种注释方法叫作单行注释,比较常见,也很方便,添加的方法有以下两种。

* 自己在注释的内容前添加"//"符号。
* 在 Visual Studio 程序窗口的"文本编辑器"工具栏中单击▣,给选中的代码行添加单行注释;单击▣,使选中的代码行的单行注释取消。

(2) /*注释内容*/

这种注释方法叫作多行注释,也叫块注释。

本 章 小 结

本章中以下内容是需要掌握的。

- 变量和常量。
- 数据类型及转换。
- 运算符和表达式。
- 条件语句。
- 迭代语句。
- 数组的定义和使用。
- 类的定义和使用。

练 习 与 实 践

一、实践操作

1. 设计一个大小比较器,比较三个数字的大小,效果如图 2-28 所示。

2. 设计一个成绩评定器,根据学生的成绩进行成绩评定,成绩大于等于 90 分,评定为"优秀";成绩大于等于 80 分,评定为"良好";成绩大于等于 70 分,评定为"中等";成绩大于等于 60 分,评定为"及格";否则为"不及格"。成绩评定器效果如图 2-29 所示。

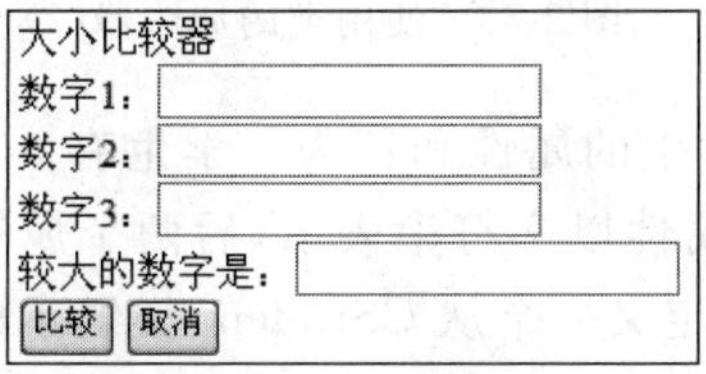

```
大小比较器
数字1: [            ]
数字2: [            ]
数字3: [            ]
较大的数字是: [            ]
[比较] [取消]
```

图 2-28　大小比较器

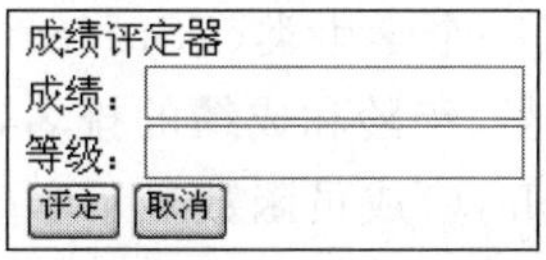

```
成绩评定器
成绩: [       ]
等级: [       ]
[评定] [取消]
```

图 2-29　成绩评定器

3. 利用迭代语句,计算 $1+2+3+\cdots+100$ 的和,在页面中的 Label 标签中显示出来。

4. 利用迭代语句,计算 $1!+2!+3!+\cdots+10!$ 的和,在页面中的 Label 标签中显示出来。

5. 设计一个素数判定器,判断一个数是否是素数(素数又称为质数,是指一个在大于 1 的自然数中,除了 1 和此整数自身外,不能被其他的自然数整除的数)。效果如图 2-30 所示。

6. 定义一维数组并赋值,再在页面的"排序前的数组"后的多行文本框(Rows="16")中显示这个数组;然后编写代码,对数组中的数字进行排序后,在页面的"排序后的数组"后的多行文本框(Rows="16")中显示这个数组,效果如图 2-31 所示。

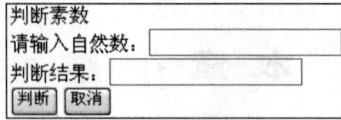

图 2-30　素数判定器

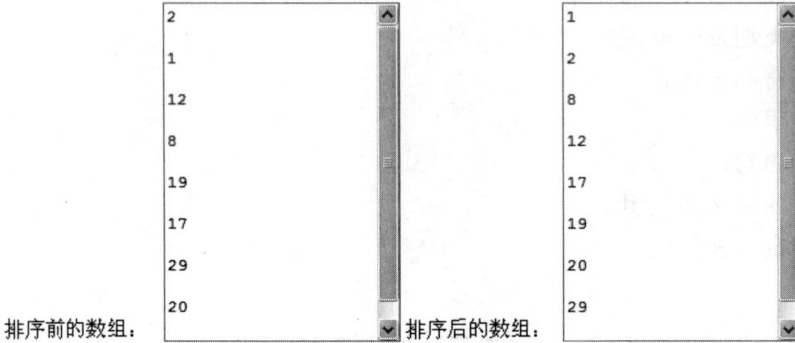

图 2-31　排序数组效果图

7. 设计一个使用类的加法器,当页面上输入第一个和第二个加数时,调用 Add 类,在结果框中显示结果,效果如图 2-32 和图 2-33 所示。

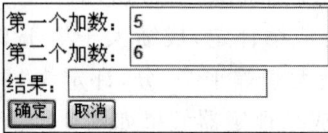

图 2-32　使用类的加法器(1)　　　　图 2-33　使用类的加法器(2)

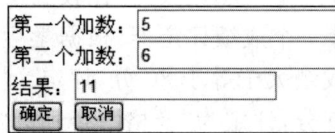

8. 定义一个学生类(CStudent),用来描述学生的属性和行为。学生有 5 个属性:姓名、籍贯、学号、年龄和成绩的排名,其中前三个属性以字符串表示,后两个属性用整型表示。用 Display()成员函数显示学生的信息。再定义一个从 CStudent 类继承的子类导师类(CMaster),子类 CMaster 中有导师的信息,并能显示出来。单击"确定"按钮后,在其下方的 Label 框中显示信息,效果如图 2-34 和图 2-35 所示。

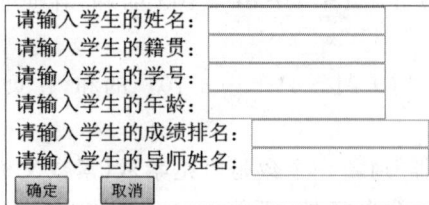

图 2-34　学生类的调用(1)

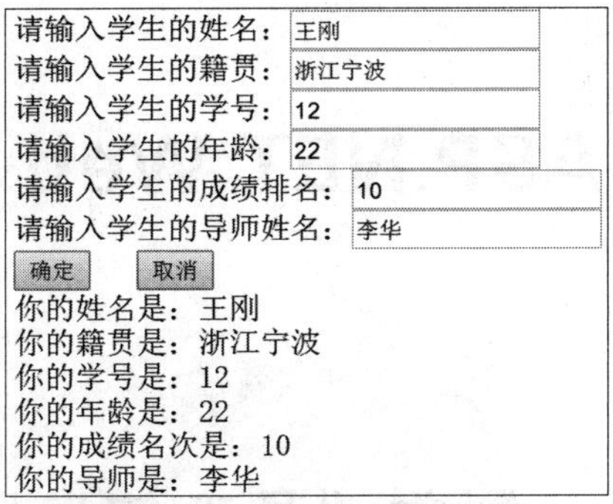

请输入学生的姓名：	王刚
请输入学生的籍贯：	浙江宁波
请输入学生的学号：	12
请输入学生的年龄：	22
请输入学生的成绩排名：	10
请输入学生的导师姓名：	李华

确定　　取消

你的姓名是：王刚
你的籍贯是：浙江宁波
你的学号是：12
你的年龄是：22
你的成绩名次是：10
你的导师是：李华

图 2-35　学生类的调用（2）

二、简答题

1. 在任务 1 的"设计一个加法器"中，为何要进行数据的类型转换？

2. While 语句与 do...while 语句有什么区别呢？

3. 跳转语句 break 与跳转语句 continue 的区别是什么？

4. 在子类中对虚方法进行重写时应注意哪几点？

第 3 章 ASP.NET Web 常用控件

任务 3.1 制作 "员工信息登记表"

"员工信息登记表"案例采用几种常见的控件完成，用户在登记表中可以输入信息，要求单击"提交"按钮后，显示用户输入的内容。"员工信息登记表"的效果如图 3-1 所示。

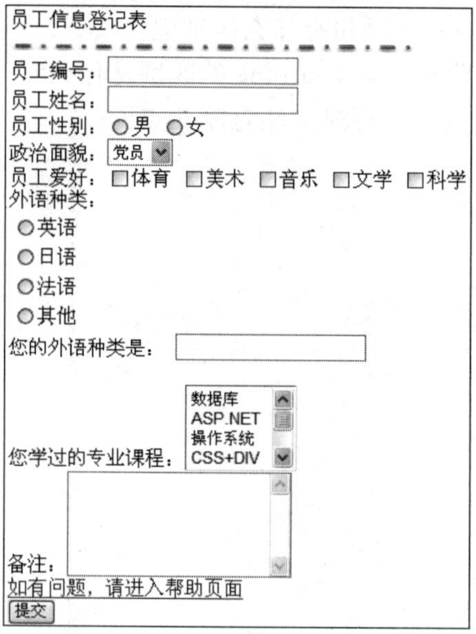

图 3-1 "员工信息登记表"的效果图

实现步骤如下。

（1）在站点 D:\disanzhang\ 下新建 Web 窗体 ygxxb. aspx，在站点根目录下添加 images 文件夹，并把 line. png 文件添加到该文件夹中。

（2）在窗体中添加一个 Label 控件（可以采用拖动的方法，也可以采用双击控件的方法），该控件的 ID 属性修改为 lblInfo，Text 属性修改为"员工信息登记表"。

（3）在 Label 控件的下方添加一个 Image 控件，该控件的 ID 属性修改为 imgLine，ImageUrl 属性修改为～/images/line. png。

（4）在 Image 控件下方，添加文字"员工编号："。并在其后添加 TextBox 控件，修改控件的 ID 属性为 txtId，按照同样的方法添加"员工姓名"，其 TextBox 控件的 ID 属性是

txtName。

（5）在"员工姓名"下方添加文字"员工性别："，在其后添加两个 RadioButton 控件，并分别设置 ID 属性为 rbtnMan、rbtnWoman。分别修改 Text 属性为"男"和"女"，再分别设置 GroupName 属性为 sex。

（6）在"员工性别"的下方添加文字"政治面貌："。在其后添加 DropDownList 控件，设置其 ID 属性为 DropPolitical。单击 DropDownList 控件右上方的 ▷ 按钮，在弹出的"DropDownList 任务"菜单中选择"编辑项"命令，如图 3-2 所示，则弹出"ListItem 集合编辑器"对话框，如图 3-3 所示。在该对话框中单击"添加"按钮，在 Text 属性处输入"党员"，Value 属性也自动变成"党员"，如图 3-4 所示。采用同样的方法添加"团员"和"群众"这 2 项。

图 3-2　选择"编辑项"命令

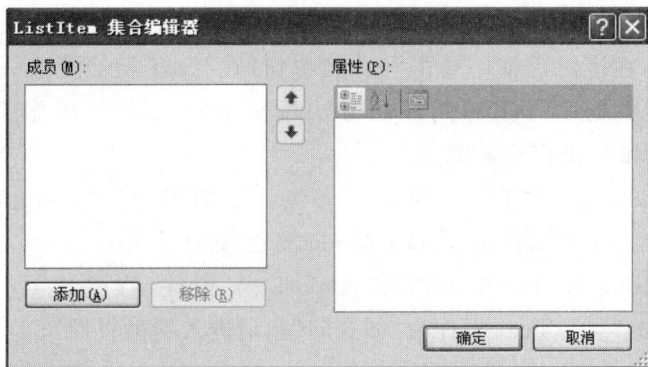

图 3-3　"ListItem 集合编辑器"对话框

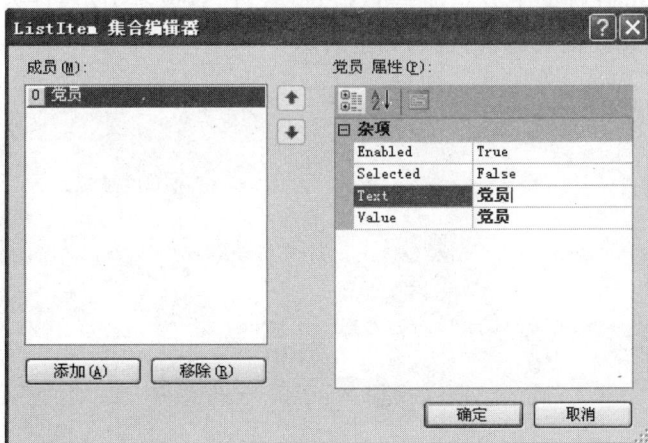

图 3-4　在 ListItem 集合编辑器中添加新项

（7）在"政治面貌"的下方添加文字"员工爱好："。在其后添加 5 个 CheckBox 控件，分别修改其 ID 属性为 chkSports、chkArts、chkMusic、chkLiterature、chkScience，分别修改其 Text 属性为"体育""美术""音乐""文学""科学"。

　　(8) 在"员工爱好"的下方添加文字"外语种类："，在其后添加 RadioButtonList 控件，并修改其 ID 属性为 radlForeign。单击 RadioButtonList 控件右上方的 ▷ 按钮，在弹出的"RadioButtonList 任务"菜单中选择"编辑项"命令，弹出"ListItem 集合编辑器"对话框。在该对话框中单击"添加"按钮，在 Text 属性处输入"英语"，Value 属性也自动变成"英语"；采用同样的方法添加"日语""法语"和"其他"这 3 项。

　　(9) 在"外语种类"的下方添加一个 Panel 控件，修改其 ID 属性为 pnlForeign，修改 Visible 属性值为 False，目的是让 Panel 控件在页面刚开始运行时为不可见；然后在 Panel 控件中添加一个 Label 控件，修改其 ID 属性为 lblOther，Text 属性修改为"您的外语种类是："；再在 Panel 控件中添加一个 TextBox 控件，修改其 ID 属性为 txtOther。

　　(10) 在 Panel 控件的下方添加文字"您学过的专业课程"，在其后添加 ListBox 控件，修改其 ID 属性为 lstCourse，修改其 SelectionMode 属性为 Multiple，单击 ListBox 控件右上方的 ▷ 按钮，在弹出的"ListBox 任务"菜单中选择"编辑项"命令，弹出"ListItem 集合编辑器"对话框，在该对话框中单击"添加"按钮，在 Text 属性处输入"数据库"，Value 属性也自动变成"数据库"；采用同样的方法添加 ASP.NET、操作系统、CSS＋DIV、Flash、PhotoShop 和 C 语言这 6 项。

　　(11) 在 ListBox 控件的下方添加文字"备注："。在其后添加 TextBox 控件，修改其 ID 属性为 txtNote，Rows 属性为 5，TextMode 属性为 MultiLine。

　　(12) 在 TextBox 控件的下方添加 HyperLink 控件，修改其 ID 属性为 hlkpage，NavigateUrl 属性为"＃"，Text 属性为"如有问题，请进入帮助页面"。

　　(13) 在 HyperLink 控件的下方添加一个 Button 控件，修改其 ID 属性为 btnSubmit，Text 属性为"提交"。

　　(14) 在 Button 控件的下方添加一个 Label 控件，修改其 ID 属性为 lblConclusion。

(15) "员工信息登记表"页面代码如下所示。

```
<form id="form1" runat="server">
<div>
<asp:Label ID="lblInfo" runat="server" Text="员工信息登记表"></asp:Label>
<br />
<asp:Image ID="imgLine" runat="server" ImageUrl="~/images/line.png" />
<br />
员工编号: <asp:TextBox ID="txtId" runat="server"></asp:TextBox>
<br />
员工姓名: <asp:TextBox ID="txtName" runat="server"></asp:TextBox>
<br />
员工性别: <asp:RadioButton ID="radMan" runat="server" Text="男"
          GroupName="sex"/>
          <asp:RadioButton ID="radWoman" runat="server" Text="女"
          GroupName="sex"/>
<br />
```

```
政治面貌：<asp:DropDownList ID="DropPolitical" runat="server"
        AutoPostBack="True">
          <asp:ListItem>党员</asp:ListItem>
          <asp:ListItem>群众</asp:ListItem>
          <asp:ListItem>团员</asp:ListItem>
        </asp:DropDownList>
<br />
员工爱好：<asp:CheckBox ID="chkSports" runat="server" Text="体育" />
        <asp:CheckBox ID="chkArts" runat="server" Text="美术" />
        <asp:CheckBox ID="chkMusic" runat="server" Text="音乐" />
        <asp:CheckBox ID="chkLiterature" runat="server" Text="文学" />
        <asp:CheckBox ID="chkScience" runat="server" Text="科学" />
<br />
外语种类：<asp:RadioButtonList ID="radlForeign" runat="server"
        AutoPostBack="True" onselectedindexchanged="radlForeign_
          SelectedIndexChanged">
          <asp:ListItem>英语</asp:ListItem>
          <asp:ListItem>日语</asp:ListItem>
          <asp:ListItem>法语</asp:ListItem>
          <asp:ListItem>其他</asp:ListItem>
        </asp:RadioButtonList>
        <asp:Panel ID="pnlForeign" runat="server" Visible="False">
          <asp:Label ID="lblOther" runat="server" Text="您的外语种类是：">
          </asp:Label>
          <asp:TextBox ID="txtOther" runat="server"></asp:TextBox>
        </asp:Panel>
<br />
您学过的专业课程：
    <asp:ListBox ID="lstCourse" runat="server" SelectionMode="Multiple">
      <asp:ListItem>数据库</asp:ListItem>
      <asp:ListItem>ASP.NET</asp:ListItem>
      <asp:ListItem>操作系统</asp:ListItem>
      <asp:ListItem>CSS+DIV</asp:ListItem>
      <asp:ListItem>Flash</asp:ListItem>
      <asp:ListItem>PhotoShop</asp:ListItem>
      <asp:ListItem>C 语言</asp:ListItem>
    </asp:ListBox>
<br />
备注：<asp:TextBox ID="txtNote" runat="server" Rows="5" TextMode=
    "MultiLine">
    </asp:TextBox>
<br />
<asp:HyperLink ID="hlkpage" runat="server" NavigateUrl="#">如有问题，请进入
帮助页面
</asp:HyperLink>
<br />
<asp:Button ID="btnSubmit" runat="server" Text="提交" onclick="btnSubmit_
Click" />
```

```
<br />
<asp:Label ID="lblConclusion" runat="server"></asp:Label>
</div>
</form>
```

（16）双击 RadioButtonList 控件，增加 SelectedIndexChanged 事件，并在页面代码中补充设置 RadioButtonList 控件的 AutoPostBack 属性值为 True，表示当选中单选按钮列表中的某项时，触发 SelectedIndexChanged 事件。当 RadioButtonList 控件选中"其他"选项时，Visible 属性值为 True。代码如下。

```
protected void radlForeign_SelectedIndexChanged(object sender, EventArgs e)
{
    //获取外语种类信息
    if(radlForeign.SelectedItem.Text=="其他")
    {
        pnlForeign.Visible=true;
    }
    else
    {
        pnlForeign.Visible=false
    }
}
```

（17）单击"提交"按钮后，增加 OnClick 事件，代码如下。

```
protected void btnSubmit_Click(object sender, EventArgs e)
{
    //获取选择的性别
    string sex="";
    if(radMan.Checked==true)
    {
        sex="男性";
    }
    else
    {
        sex="女性";
    }
    //获取政治面貌信息
    string Political="";
    Political=DropPolitical.SelectedItem.Text;
    //获取员工爱好信息
    string msg="";
    if(chkSports.Checked==true)
    {
        msg=msg+chkSports.Text+" ";
    }
```

```
if(chkArts.Checked==true)
{
    msg=msg+chkArts.Text+" ";
}
if(chkMusic.Checked==true)
{
    msg=msg+chkMusic.Text+" ";
}
if(chkLiterature.Checked==true)
{
    msg=msg+chkLiterature.Text+" ";
}
if(chkScience.Checked==true)
{
    msg=msg+chkScience.Text+" ";
}
//获取外语种类信息
string foreign="";
if(radlForeign.SelectedItem.Text=="其他")
{
    foreign=txtOther.Text;
}
else
{
    foreign=radlForeign.SelectedItem.Text;
}
//获取学过的专业课程
string course="";
for(int i=0; i<=lstCourse.Items.Count -1;i++)
{
    if(lstCourse.Items[i].Selected)
    {
        course=course+lstCourse.Items[i].Text+"  ";
    }
}
//获取整体的信息
lblConclusion.Text="您的员工编号是: "+txtId.Text+"<br>"+"您的员工姓名是: "
+txtName.Text+"<br>"+"您的性别是: "+sex+"<br>"+"您的政治面貌是: "+
Political+"<br>"+"您的爱好是: "+msg+"<br>"+"您的外语种类是: "+foreign+
"<br>"+"您学过的专业课程是: "+course+"<br>"+"您的备注是: "+txtNote.Text+
"<br>";
}
```

任务 3.2　熟悉常用控件

3.2.1　文本类型的控件

1. Label 控件

Label 控件又称标签控件,是最简单的控件,可以用来显示固定的文本内容,或根据程序的逻辑判断显示动态的文本。

控件属性的设置通常通过"属性"面板("属性"面板可以通过"视图"菜单打开)来进行设置。Label 控件的常用属性及说明如表 3-1 所示。

表 3-1　Label 控件的常用属性及说明

属　性	说　明
ID	控件的 ID 名称,控件的唯一标识
Text	控件显示的文本
Width	控件的宽度
Height	控件的高度
Visible	确定控件是否可见。布尔类型,默认值为 True
Font	确定控件中文本的字体样式
Forecolor	确定控件中文本的颜色
Backcolor	确定控件的背景颜色
Enabled	确定控件是否可用。布尔类型,默认值为 True

Label 控件的命名规则是"lbl+特定意义的词汇",比如用来存放年龄的标签 ID 可以命名为 lblAge。更多标签的命名规则可以参见附录 B。

2. TextBox 控件

TextBox 控件又称文本框控件,用于用户输入或显示文本。TextBox 控件的常用属性及说明如表 3-2 所示。

表 3-2　TextBox 控件的常用属性及说明

属　性	说　明
ID	控件的 ID 名称,控件的唯一标识
Text	控件要显示的文本
Width	控件的宽度
Height	控件的高度
Visible	确定控件是否可见。布尔类型,默认值为 True

属　　性	说　　明
TextMode	获取或设置控件的行为模式。其默认值为 SingLine,表示单行文本框;取值为 MultiLine,表示多行文本框;取值为 PassWord,表示密码框,将用户输入的内容用 * 屏蔽
AutoPostBack	布尔类型,默认值为 False,表示用户在 TextBox 控件中按 Enter 键或 Tab 键时,是否执行自动回传到服务器的操作
Rows	多行文本框显示的行数
Columns	文本框的宽度(以字符为单位)
Font	控件中文本的字体样式
Forecolor	控件中文本的颜色
Backcolor	控件的背景颜色
Enabled	确定控件是否可用。布尔类型,默认值为 True

　　TextBox 控件的命名规则是"txt＋特定意义的词汇",比如,用来存放姓名的标签 ID 可以命名为 txtName。

3.2.2　按钮类型的控件

1. Button 控件

　　Button 控件可以分为"提交"按钮控件和命令按钮控件,默认为"提交"按钮控件,即将 Web 页面送回到服务器,Button 控件的常用属性、事件及说明如表 3-3 所示。

表 3-3　Button 控件的常用属性、事件及说明

属性或事件	说　　明
ID	控件的 ID 名称,控件的唯一标识
Text	控件要显示的文本
Width	控件的宽度
Height	控件的高度
PostBackUrl	布尔类型,默认值为 False,表示用户在 TextBox 控件中按 Enter 键或 Tab 键时,是否执行自动回传到服务器的操作
CausesValidation	布尔类型,指示在单击按钮控件时是否执行了验证
Click(事件)	它是按钮最常用的事件,按钮被单击时激发该事件

　　Button 控件的命名规则是"btn＋特定意义的词汇"。比如任务中"提交"按钮的 ID 可以命名为 btnSubmit。

　　提示:表 3-3 的第 1 栏中,如果某项在后面括号中有"事件"两字,表示该项为事件,否则为属性。后面表中出现类似情况将不再说明。

2. LinkButton 控件

LinkButton 控件又称为超链接按钮控件,它是以超链接形式显示的按钮控件,在功能上与 Button 控件类似。LinkButton 控件的常用属性及说明如表 3-4 所示。

表 3-4 LinkButton 控件的常用属性及说明

属　　性	说　　明
ID	控件的 ID 名称,控件的唯一标识
Width	控件的宽度
Height	控件的高度
PostBackUrl	布尔类型,默认值为 False,表示用户在 TextBox 控件中按 Enter 键或 Tab 键时,是否执行自动回传到服务器的操作

LinkButton 控件的命名规则是“lbtn ＋特定意义的词汇”。

3. ImageButton 控件

ImageButton 控件又称为图形按钮控件,在功能上和 Button 控件类似。ImageButton 控件的常用属性及说明如表 3-5 所示。

表 3-5 ImageButton 控件的常用属性及说明

属　　性	说　　明
ID	控件的 ID 名称,控件的唯一标识
Width	控件的宽度
Height	控件的高度
PostBackUrl	布尔类型,默认值为 False,表示用户在 TextBox 控件中按 Enter 键或 Tab 键时,是否执行自动回传到服务器的操作
ImageUrl	获取或设置 HyperLink 控件显示的图像的路径
AlternateText	图像无法显示时显示的替换文字

ImageButton 控件的命名规则是“ibtn ＋特定意义的词汇”。

4. HyperLink 控件

HyperLink 控件又称为超链接控件,它与大多数的 Web 服务器控件不同,当该控件被单击时,不会在服务器代码中引发事件,只实现导航的功能。HyperLink 控件的常用属性及说明如表 3-6 所示。

表 3-6 HyperLink 控件的常用属性及说明

属　　性	说　　明
ID	控件的 ID 名称,控件的唯一标识
Text	控件要显示的文本
NavigateUrl	获取或设置单击 HyperLink 控件时链接到的 URL

属　　性	说　　明
Target	获取或设置单击 HyperLink 控件时显示链接到的 Web 页内容的目标窗口或框架
ImageUrl	获取或设置 HyperLink 控件显示的图像的路径

HyperLink 控件的命名规则是"hlk＋特定意义的词汇",比如,HyperLink 控件 ID 可以命名为 hlkpage。

3.2.3　选择类型的控件

1. ListBox 控件

ListBox 控件用来显示一组列表项,用户可以从中选择一项或多项。当列表项的总数超出可以显示的项数,会自动给控件添加滚动条。

ListBox 控件的常用属性及说明如表 3-7 所示。

表 3-7　ListBox 控件的常用属性及说明

属　　性	说　　明
ID	控件的 ID 名称,控件的唯一标识
Items	列表控件项的集合
SelectedIndex	获取或设置列表控件中选定项的最低序号索引
SelectedItem	获取或设置列表控件中索引最小的选中的项
SelectedValue	获取控件中选定选项的值,或选择列表控件中包含指定值的选项
SelectionMode	获取或设置控件的选择格式。属性的默认值为 Single,表示一次只能选择一个;取值为 Multiple 表示一次可以选择多个
Rows	获取或设置控件中显示的行数,默认值为 4 行

ListBox 控件的命名规则是"lst ＋特定意义的词汇"。比如,ListBox 控件 ID 可以命名为 lstCourse。

2. DropDownList 控件

DropDownList 控件是一个可以用下拉框的方式显示选项的控件,该控件只允许用户每次从列表中选择一项,而且只在框中显示选定的选项,它的选项值可以通过 Items 属性输入。DropDownList 控件的常用属性、事件及说明如表 3-8 所示。

表 3-8　DropDownList 控件的常用属性、事件及说明

属性或事件	说　　明
ID	控件的 ID 名称,控件的唯一标识
Items	列表控件项的集合,取回控件中 ListItem 的参数
SelectedIndex	获取或设置列表控件中选定项的最低序号索引
SelectedItem	获取或设置列表控件中索引最小的选中的项

续表

属性或事件	说　　明
SelectedValue	获取控件中选定选项的值,或选择列表控件中包含指定值的选项
AutoPostBack	布尔类型,默认为 False,表示当用户更改列表中的选定内容时,是否执行自动回发到服务器的操作
DataSource	获取或设置对象,数据绑定控件从该对象中检索其数据列表
SelectedIndexChanged	它是 DropDownList 控件最常用的事件,当 DropDownList 控件中选定选项发生改变时触发该事件

DropDownList 控件的命名规则是:"drop＋特定意义的词汇",比如,DropDownList 控件 ID 命名为 dropPolitical。

3. RadioButton 控件和 RadioButtonList 控件

RadioButton 控件又称单选按钮控件,一组单选按钮(2 个以上),用户可以通过给所有的单选按钮分配相同的 GroupName(组名),来强制执行从给出的所有选项集中仅选择一个选项。RadioButton 控件的常用属性、事件及说明如表 3-9 所示。

表 3-9　RadioButton 控件的常用属性、事件及说明

属性或事件	说　　明
Checked	布尔类型,默认值为 False,表示 RadioButton 控件是否被选中
GroupName	获取或设置单选按钮所属的组名
Text	获取或设置与 RadioButton 控件关联的文本
TextAlign	获取或设置与 RadioButton 控件关联的文本标签的对齐方式,默认值是 Right
AutoPostBack	布尔类型,默认值为 False,表示当用户在单击 RadioButton 控件时,是否执行自动回传到服务器的操作
CheckedChanged(事件)	它是 RadioButton 控件最常用的事件,当 RadioButton 控件的选中状态发生改变时触发该事件

RadioButton 控件的命名规则是"rad＋特定意义的词汇",比如 RadioButton 控件 ID 可以命名为 radMan、radWoman。

RadioButtonList 控件又称单选按钮控件组,该控件的数据项是通过控件 ListItem 来进行定义的,该控件还有 SelectedItem 对象,代表该控件中被选中的数据项。另外,该控件还支持动态数据绑定。

例如,下面的案例,RadioButtonList 控件利用代码添加数据项,效果如图 3-5 所示。

(1) 在站点 D:\ygxxdjb\下新建 Web 窗体 radl al. aspx,在界面中添加 RadioButtonList 控件,修改其 ID 属性为 radlForeign。

(2) 在 RadioButtonList 控件下方添加一个 Button

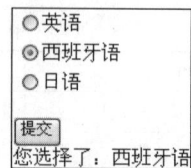

图 3-5　RadioButtonList 控件
动态绑定数据

控件,修改其 ID 属性为 btnSubmit,Text 属性修改为"提交"。

（3）在 Button 控件下方添加一个 Label 控件,修改其 ID 属性为 lblInfor。

（4）界面代码如下。

```
<asp:RadioButtonList ID="radlForeign" runat="server">
</asp:RadioButtonList><br />
<asp:Button ID="btnSubmit" runat="server" onclick="btnSubmit_Click" Text=
"提交" />
<br />
<asp:Label ID="lblInfor" runat="server"></asp:Label>
```

（5）在 radl al. aspx. cs 的 Page_Load 事件中为 RadioButtonList 控件绑定数据,代码如下。

```
protected void Page_Load(object sender, EventArgs e)
{
    if(!IsPostBack)
    {
        radlForeign.Items.Add("英语");
        radlForeign.Items.Add("西班牙语");
        radlForeign.Items.Add("日语");
    }
}
```

（6）单击 Button 控件,增加 OnClick 事件,代码如下。

```
protected void btnSubmit_Click(object sender, EventArgs e)
{
    lblInfor.Text="您选择了: "+radlForeign.SelectedItem.Text;
}
```

（7）运行 radl al. aspx,选择"西班牙语",得到如图 3-5 所示的效果图。

在后续课程里学习数据库绑定控件之后,也可以给 RadioButtonList 控件绑定数据库中的数据。

4. CheckBox 控件

CheckBox 控件又称复选框,可以从一组 CheckBox 控件中选择一项或多项。CheckBox 控件的常用属性、事件及说明如表 3-10 所示。

表 3-10　CheckBox 控件的常用属性、事件及说明

属性或事件	说　　明
ID	控件的 ID 名称,控件的唯一标识
Text	获取或设置与 CheckBox 控件关联的文本
Checked	布尔类型,默认值为 False,表示 CheckBox 控件是否被选中

续表

属性或事件	说　　明
TextAlign	获取或设置与 CheckBox 控件关联的文本标签的对齐方式,默认值是 Right
AutoPostBack	布尔类型,默认值为 False,表示当用户在单击 CheckBox 控件时,是否执行自动回传到服务器的操作
CausesValidation	布尔类型,指示在单击 CheckBox 控件时是否执行了验证操作
CheckedChanged(事件)	它是 CheckBox 控件最常用的事件,当 CheckBox 控件的选中状态发生改变时触发该事件

CheckBox 控件的命名规则是"chk＋特定意义的词汇",比如,CheckBox 控件 ID 可以命名为 chk Sports。

3.2.4　图形显示类型的控件

图形显示类控件主要有 Image 控件。

Image 控件用于在页面上显示图像,Image 控件的常用属性及说明如表 3-11 所示。

表 3-11　Image 控件的常用属性及说明

属　　性	说　　明
ID	控件的 ID 名称,控件的唯一标识
ImageAlign	获取或设置 Image 控件相对于网页上其他元素的对齐方式
AlternateText	在图像无法显示时,显示的替换文字
ImageUrl	获取或设置在 Image 控件中显示的图像的位置

Image 控件的命名规则是"img＋特定意义的词汇"。

3.2.5　文件上传控件

FileUpload 控件的主要功能是向指定的目录中上传文件,该控件包括一个文本框和一个"浏览"按钮。FileUpload 控件的常用属性、方法及说明如表 3-12 所示。

表 3-12　FileUpload 控件的常用属性、方法及说明

属性或方法	说　　明
ID	控件的 ID 名称,控件的唯一标识
HasFile	获取一个布尔值,该布尔值用来表示 FileUpload 控件是否已经包含一个文件
PostedFile	获取一个与上传文件相关的 HttpPostedFile 对象,该对象可以获取上传文件的相关属性,比如该对象的 ContentLength 属性;也可以获得上传文件的大小。而该对象的 ContentType 属性可以获得上传文件的类型;该对象的 FileName 属性,可以获得上传文件在客户端的完整路径
FileName	获取上传文件在客户端的文件名称

续表

属性或方法	说　　明
FileBytes	获取上传文件的字节数组
FileContent	获取指向上传文件的 Stream 对象
SaveAs	它是 FileUpload 控件的核心方法,完整格式为 SaveAs(String filename),其中 filename 是指被保存在服务器中的上传文件的绝对路径。在调用 SaveAs 方法之前,通常先判断 HasFile 属性值是否为 True,为 True 表示 FileUpload 控件中有上传的文件存在

FileUpload 控件的命名规则是"fup+特定意义的词汇",比如,CheckBox 控件 ID 可以命名为 fupPhoto。

FileUpload 控件不会自动上传文件,必须设置相关的事件处理程序来实现文件的上传。例如下面的案例,利用 FileUpload 控件向站点中指定的文件夹 upload 上传文件,没有选择照片时的效果如图 3-6 所示,选择照片并成功上传时的效果如图 3-7 所示。

图 3-6　没有选择照片时的效果

图 3-7　选择照片并成功上传时的效果

(1) 在站点 D:\ygxxdjb\下新建 Web 窗体 ygxxb.aspx,在站点根目录下添加 upload 文件夹。

(2) 在界面中添加文字"员工照片:"。在其后添加 FileUpload 控件,修改其 ID 属性为 fupPhoto,在其后添加说明文字"(照片大小不能超过 1MB)"。

(3) 在 FileUpload 控件下方添加一个 Button 控件,修改其 ID 属性为 btnSubmit,Text 属性设置为"提交"。

(4) 在 Button 控件下方添加一个 Label 控件,修改其 ID 属性为 lblUpload。

(5) 界面代码如下。

```
员工照片:<asp:FileUpload ID="fupPhoto" runat="server" />
        (照片大小不能超过 1MB)<br />
        <asp:Button ID="btnSubmit" runat="server" Text="提交"
           onclick="btnSubmit_Click" /><br />
           <asp:Label ID="lblUpload" runat="server"></asp:Label>
```

(6) 单击 Button 控件,增加 OnClick 事件,代码如下。

```
protected void btnSubmit_Click(object sender, EventArgs e)
{
    //获取上传照片的信息
    if(fupPhoto.HasFile==true)
    {
        string strErr="";
        //获取上传照片的大小
        int filesize=fupPhoto.PostedFile.ContentLength;
        if(filesize>1024 * 1024)
        {
            strErr+="文件大小不能大于 1MB\n";
        }
        if(strErr=="")
        {
            //获取服务器文件的当前路径
            string path=Server.MapPath("~/upload/");
            //把上传文件保存在当前路径的 upload 文件夹中
            fupPhoto.PostedFile.SaveAs(path+fupPhoto.FileName);
            lblUpload.Text="上传成功!";
        }
    }
    else
    {
        lblUpload.Text="请指定上传的文件!";
    }
}
```

3.2.6 容器控件

Panel 容器控件相当于一个储物箱,在页面内为其他控件提供了一个容器,可以将放入其中的一组控件作为一个整体来操作。Panel 容器控件的常用属性及说明如表 3-13 所示。

表 3-13 Panel 容器控件的常用属性及说明

属　　性	说　　明
ID	控件的 ID 名称,控件的唯一标识
Visible	确定控件是否可见。布尔类型,默认值为 True
HorizontalAlign	用于设置控件内容的水平对齐方式
Enabled	确定控件是否可用。布尔类型,默认值为 True

Panel 容器控件的命名规则是"pnl＋特定意义的词汇",比如,Panel 容器控件的 ID

可以命名为 pnlForeign。

本 章 小 结

本章主要学习了文本类型控件、按钮类型控件、选择类型控件、图形显示类型控件、FileUpload 文件上传控件和 Panel 容器控件的使用方法,包括其常用的属性和事件、方法等。重点掌握以下内容。

- Label 控件的常用属性。
- TextBox 控件的常用属性。
- Button 控件的常用属性。
- LinkButton 控件的常用属性。
- ImageButton 控件的常用属性
- HyperLink 控件的常用属性。
- ListBox 控件的常用属性。
- DropDownList 控件的常用属性和事件。
- RadioButton 控件和 RadioButtonList 控件的常用属性和事件。
- CheckBox 控件的常用属性和事件。
- Image 控件的常用属性。
- FileUpload 控件的常用属性和方法。
- Panel 容器控件的常用属性。

练习与实践

一、填空题

1. 使用 TextBox 控件生成多行文本框,需要把 TextMode 属性设为_____。

2. 使用一组 RadioButton 控件,需要把_____属性的值设为同一值。

3. 要使 ListBox 控件的选择行数为多行,需要将_____属性设置为 Multiple。

4. ID 属性值为 btnSubmit 的 Button 控件触发了 Click 事件时,将执行_____事件过程。

二、实践操作

1. 使用 RadioButton 控件模拟考试系统中的单选题。未选择答案时的效果如图 3-8 所示,答案选择错误时的效果如图 3-9 所示,答案选择正确时的效果如图 3-10 所示。

2. 设计一个调查问卷,并且在单击“提交”按钮后获取相关的信息。

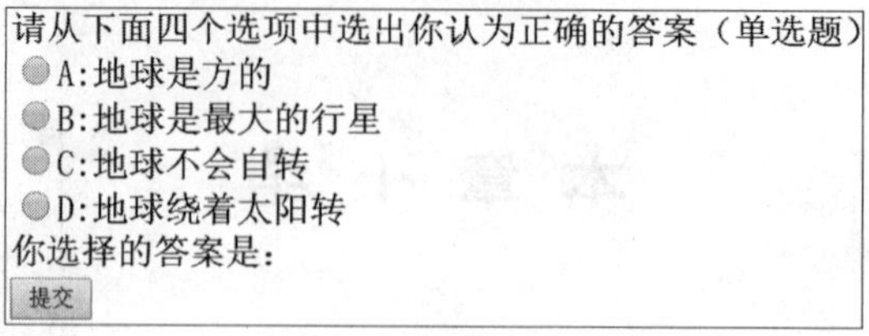

请从下面四个选项中选出你认为正确的答案（单选题）
- A:地球是方的
- B:地球是最大的行星
- C:地球不会自转
- D:地球绕着太阳转
你选择的答案是：
提交

图 3-8　未选择答案时的效果

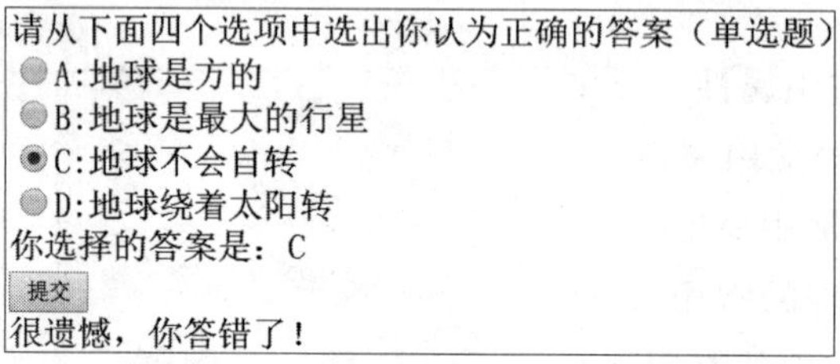

请从下面四个选项中选出你认为正确的答案（单选题）
- A:地球是方的
- B:地球是最大的行星
- C:地球不会自转
- D:地球绕着太阳转
你选择的答案是：C
提交
很遗憾，你答错了！

图 3-9　答案选择错误时的效果

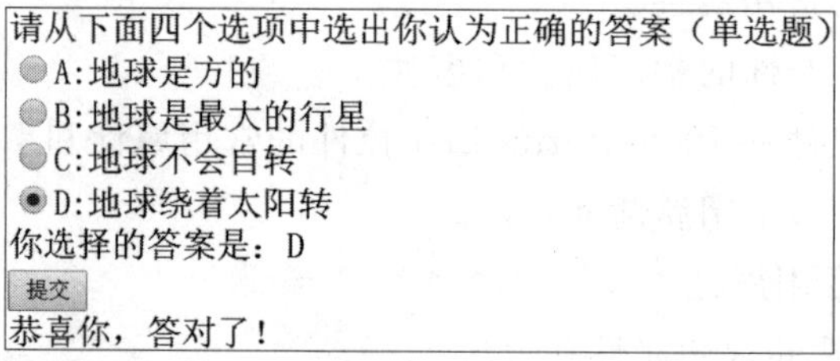

请从下面四个选项中选出你认为正确的答案（单选题）
- A:地球是方的
- B:地球是最大的行星
- C:地球不会自转
- D:地球绕着太阳转
你选择的答案是：D
提交
恭喜你，答对了！

图 3-10　答案选择正确时的效果

3. 设计一个顾客会员表，并且在单击"提交"按钮后获取相关的信息。

4. 自行设计一个学生信息登记表，并且在单击"提交"按钮后获取相关的信息。

第 4 章　数据库与 SQL 语言

任务 4.1　创建新闻发布系统数据库

本任务是使用 SQL Server 2008 创建一个新闻发布系统数据库,数据库名称为 db_News,其中数据库文件和事务日志文件要求如下。

数据库文件:①逻辑名为 db_News;②物理文件名为 db_News.mdf;③初始大小为 50MB;④增长为 1MB。

事务日志文件:①逻辑名为 db_News_log;②物理文件名为 db_News_log.ldf;③初始大小为 10MB;④增长为 10%。

数据库包含 4 个数据表,分别是用户表 tb_UserInfo、管理员表 tb_Admin、新闻信息表 tb_News、评论信息表 tb_Comment。各表的结构如表 4-1～表 4-4 所示。

表 4-1　用户表(tb_UserInfo)的结构

字　段　名	数据类型	长度	允许 NULL 值	说　　明
UserID	int	4	否	用户编号、主键,自动编号
UserName	nvarchar	50	否	用户名
UserPassword	nvarchar	50	否	用户密码
Sex	nchar	2	否	用户性别
Email	nvarchar	50	是	用户 E-mail
QQ	nvarchar	20	是	用户 QQ

表 4-2　管理员表(tb_Admin)的结构

字　段　名	数据类型	长度	允许 NULL 值	说　　明
AdminID	int	4	否	用户编号、主键,自动编号
AdminName	nvarchar	50	否	用户名
AdminPassword	nvarchar	50	否	用户密码

表 4-3　新闻信息表(tb_News)的结构

字　段　名	数据类型	长度	允许 NULL 值	说　　明
NewsID	int	4	否	新闻编号、主键,自动编号
NewsTitle	nvarchar	100	否	新闻标题
NewsContent	ntext		否	新闻内容
NewsDate	datetime	8	否	发布时间

表 4-4　评论信息表(tb_Comment)的结构

字　段　名	数据类型	长度	允许 NULL 值	说　　明
CommentID	int	4	否	评论信息编号、主键,自动编号
CommentContent	ntext		否	评论信息内容
CommentDate	datetime	8	否	评论日期、默认值
NewsID	int	4	否	新闻编号
UserID	int	4	否	用户编号

本任务的实现步骤如下。

(1) 启动 SQL Server 2008 数据库,输入正确的服务器名称,一般本地服务器名称使用 localhost 或".",身份验证选择"Windows 身份验证",单击"连接"按钮,如图 4-1 所示。连接数据库服务器成功后,进入数据库管理界面,如图 4-2 所示。

图 4-1　"连接到服务器"对话框

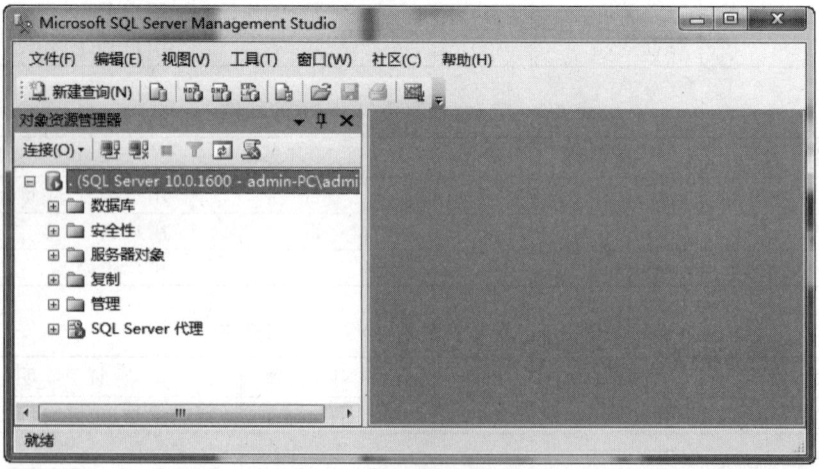

图 4-2　SSMS 管理集成环境

（2）进入新建数据库界面。在 SSMS 的"对象资源管理器"窗口中右击"数据库",选择"新建数据库"命令,打开"新建数据库"对话框,在"数据库名称"的文本框中输入 db_News,单击路径下方的██按钮,把路径均修改为 D:\data,如图 4-3 所示。

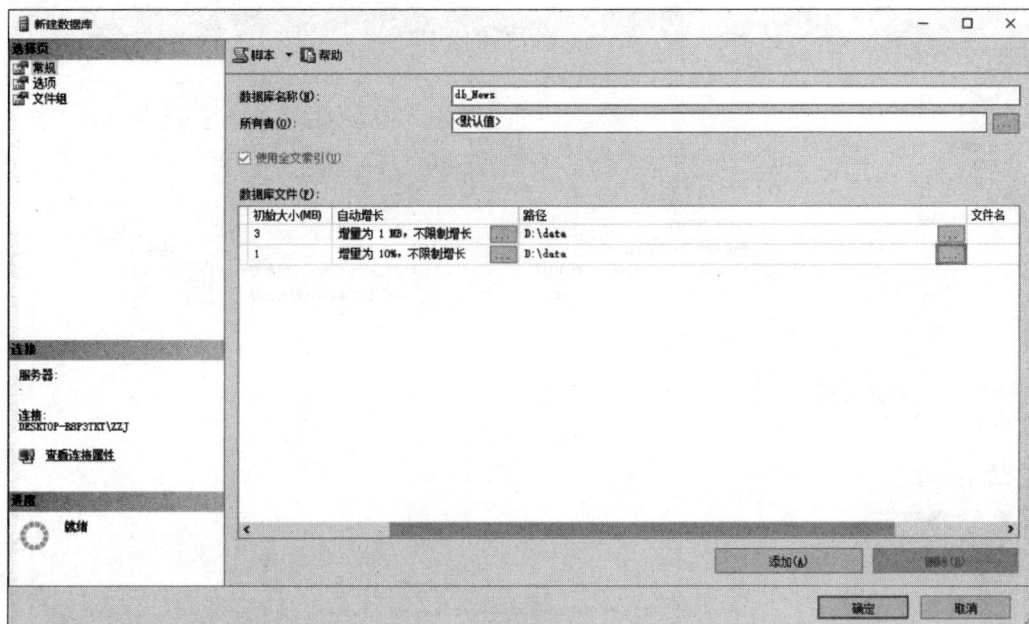

图 4-3　"新建数据库"窗口

说明:

逻辑名称:为了在逻辑结构中引用物理文件,SQL Server 给这些物理文件起了逻辑名称。数据库创建后,T-SQL 语句是通过引用逻辑名称来实现对数据库操作的。其默认值与数据库名相同,也可以更改,但每个逻辑名称是唯一的,与物理文件名称相对应。

物理文件名称:是数据库文件的名称,包括数据文件的具体存放位置。文件夹应该事先建好。数据库文件的存放路径都可以修改。

文件类型:用于标识数据库文件的类型,表明该文件是数据文件还是日志文件。

文件组:表示数据文件隶属于哪个文件组。创建后不能更改。文件组仅适用于数据文件,而不适用于日志文件。

初始大小:表示对应数据库文件所占磁盘空间的大小,单位为 MB,默认值为 3MB。在创建数据库时应适当设置该值,如果初始大小过大则浪费磁盘空间;如果过小则需要自动增长,这样会导致数据文件所占的磁盘空间不连续从而降低访问效率。

自动增长:当数据总量超过初始大小时,需要数据文件的大小能够自动增长。同时也可以设置数据文件的最大值。

（3）完成数据库的创建。设置完成后单击"确定"按钮。在"对象资源管理器"窗口中将产生一个名为 db_News 的节点,新闻发布系统数据库创建完成。

（4）在 SSMS 管理界面中,展开"数据库",右击 db_News 选择"属性",进入"数据库属性-db_News"窗口,选择"文件"选项,按任务要求将数据库文件初始大小改为 50MB,增长为 1MB;事务日志文件的初始大小改为 10MB,增长改为 10%,如图 4-4 所示,单击"确定"按钮,修改完成。

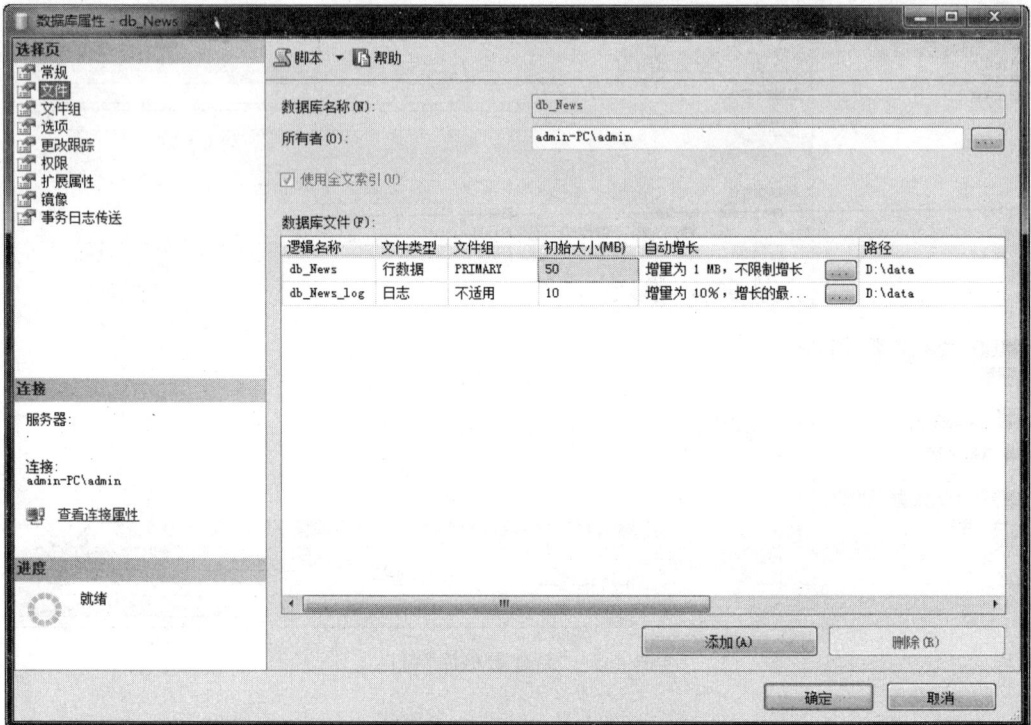

图 4-4　修改数据库属性

　　(5) 新建数据表。创建完成数据库后,就可以在数据库中创建数据表了,首先来创建用户表 tb_UserInfo。在 SSMS 中展开 db_News 数据库节点,右击"表"对象,在打开的快捷菜单中选择"新建表"选项,如图 4-5 所示。

图 4-5　新建表

（6）设置表字段。在打开的设计表对话框中依次添加表的列名、数据类型等属性，如图 4-6～图 4-8 所示。

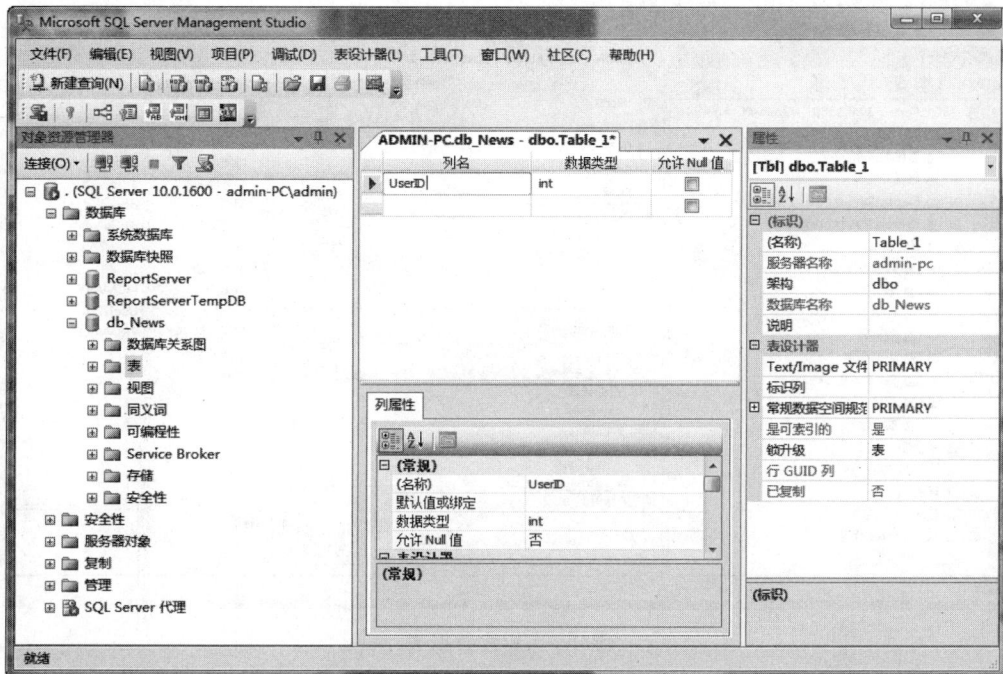

图 4-6 新建数据表

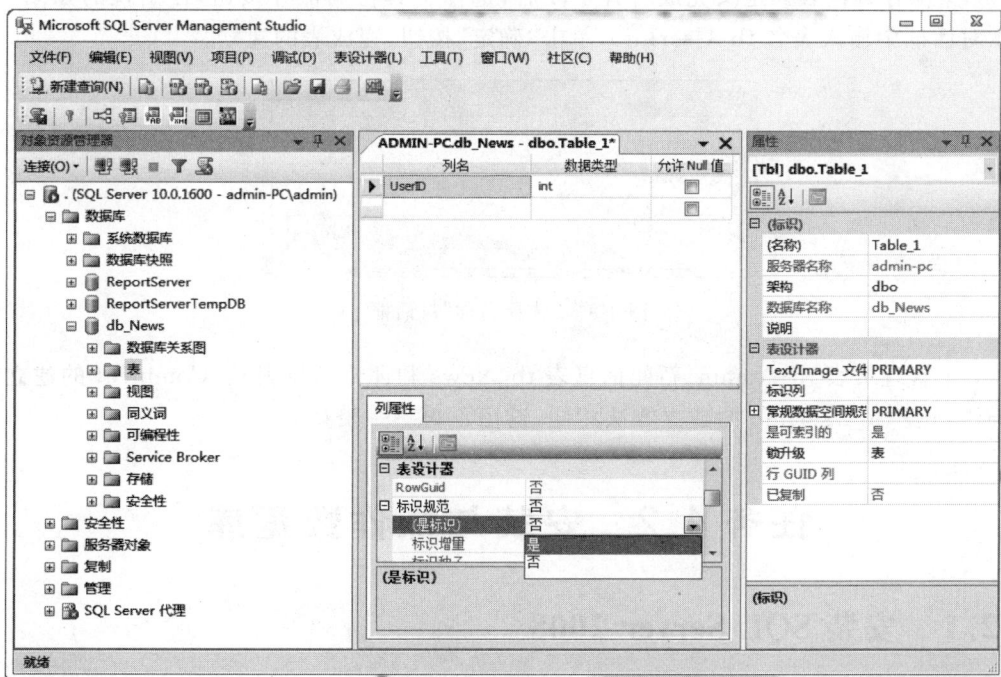

图 4-7 设置字段属性

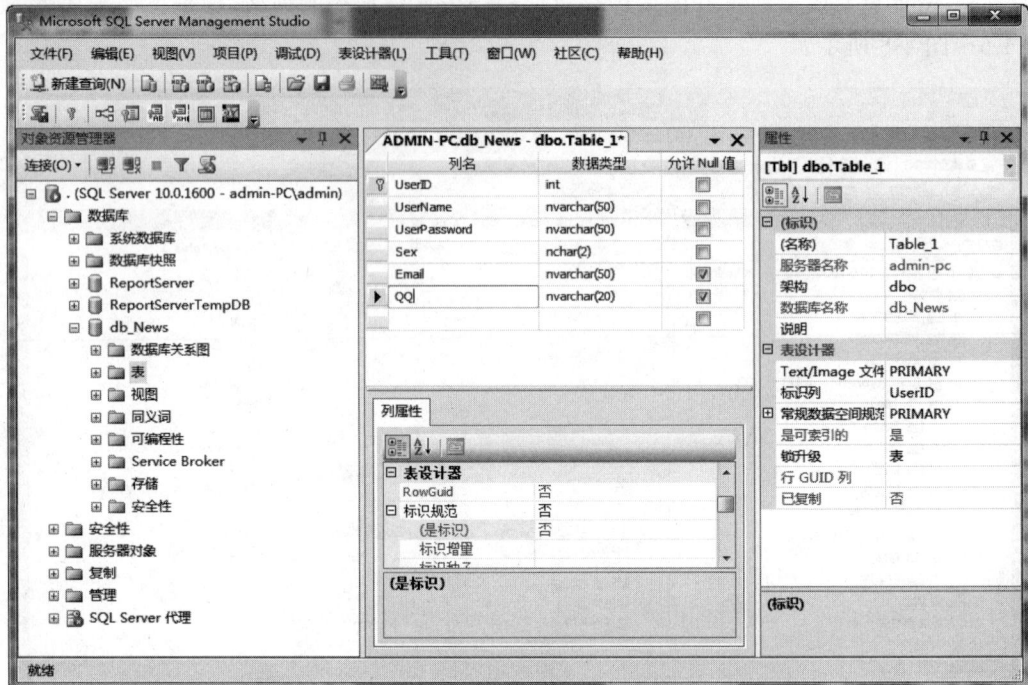

图 4-8 新建数据表

注意：标识增量和标识种子都是 1,选择默认值即可。

（7）保存数据表。定义完成所有字段后,选择工具栏的保存按钮,在出现的如图 4-9 所示对话框中输入表名 tb_UserInfo,单击"确定"按钮,完成表的建立。

图 4-9 "选择名称"对话框

（8）管理员表 tb_Admin、新闻信息表 tb_News 和评论信息表 tb_Comment 的建立方法与用户表 tb_UserInfo 的建立方法相同,这里不再一一赘述。

任务 4.2 安装与操作数据库

4.2.1 安装 SQL Server 2008

要想创建一个基于 SQL Server 2008 数据库,首先必须安装 SQL Server 2008,其安装的方法和步骤如下。

（1）双击 SQL Server 2008 的 . exe 安装文件，进入"SQL Server 安装中心"，如图 4-10 所示。

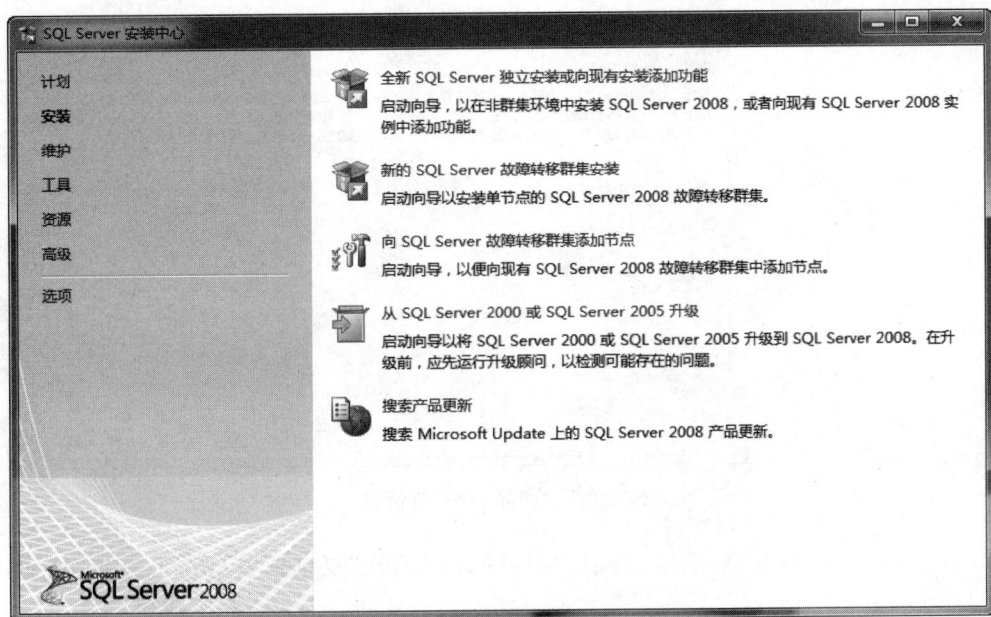

图 4-10　SQL Server 安装中心

（2）选择左侧的"安装"选项，然后单击右侧的"全新 SQL Server 独立安装或向现有安装添加功能"，进入"SQL Server 2008 安装程序"界面，首先是"安装程序支持规则"对话框，操作完成之后，单击"确定"按钮，如图 4-11 所示。

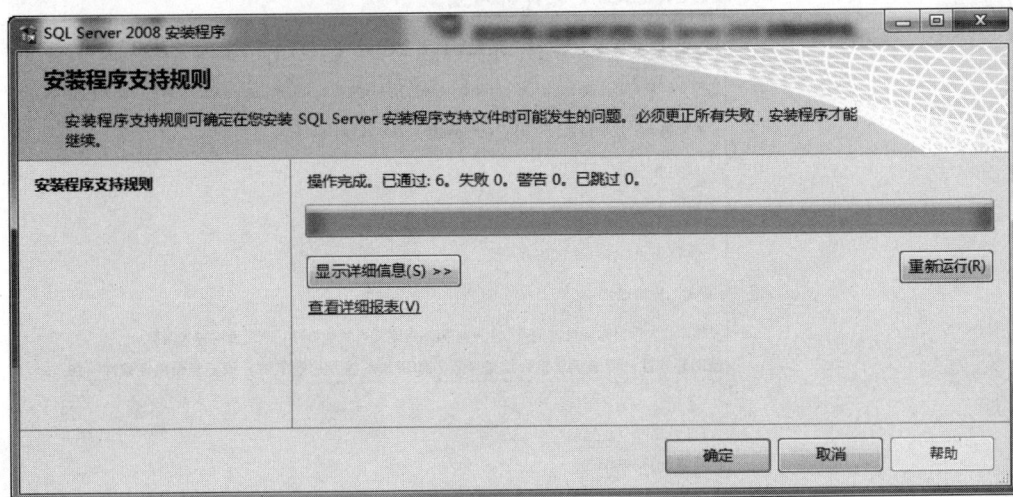

图 4-11　"安装程序支持规则"对话框

（3）进入"产品密钥"对话框，选择合适的版本，单击"下一步"按钮，如图 4-12 所示。

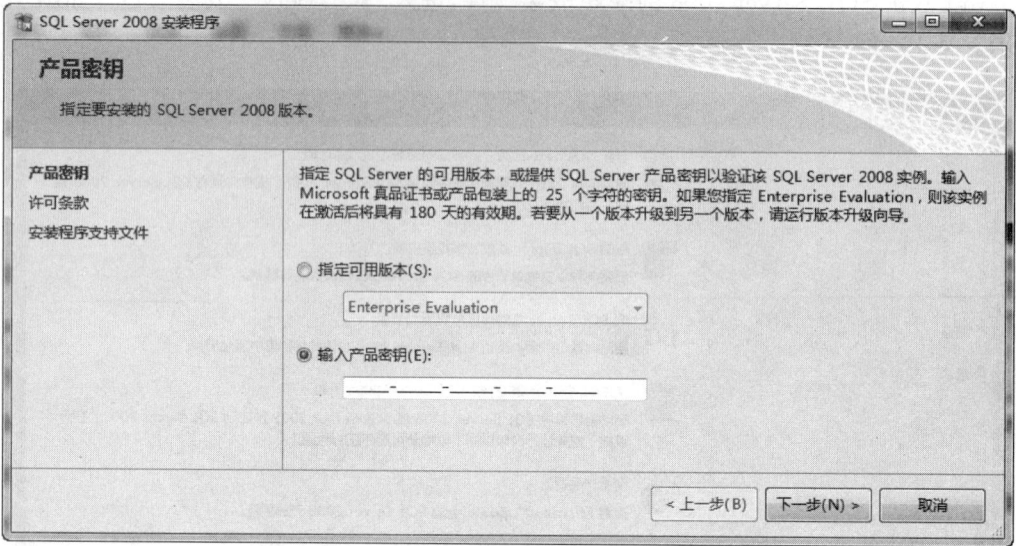

图 4-12 "产品密钥"对话框

（4）进入"许可条款"对话框，选中"我接受许可条款"复选框，单击"下一步"按钮，如图 4-13 所示。

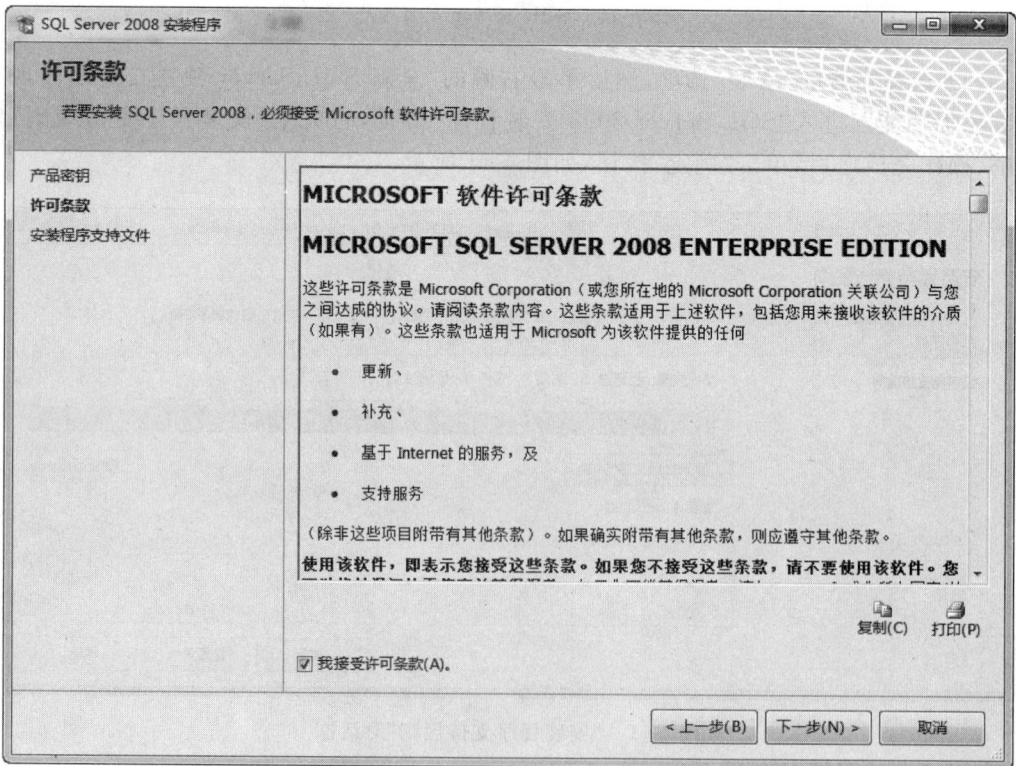

图 4-13 "许可条款"对话框

（5）进入"安装程序支持文件"对话框，单击"安装"按钮，开始安装支持文件，如图 4-14 所示。

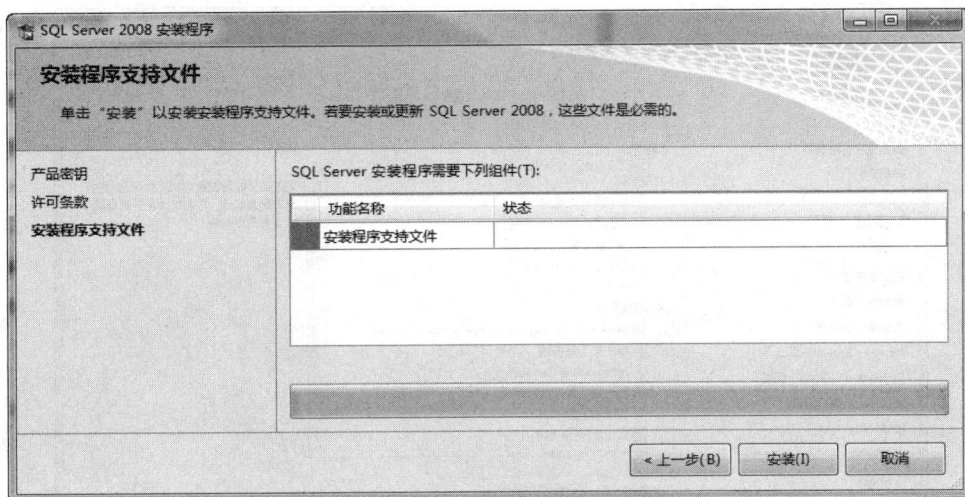

图 4-14　"安装程序支持文件"对话框

（6）安装完成之后，又进入"安装程序支持规则"对话框，单击"显示详细信息"按钮（此时按钮变为"隐藏详细信息"），可以看到详细的规则列表，单击"下一步"按钮，如图 4-15 所示。

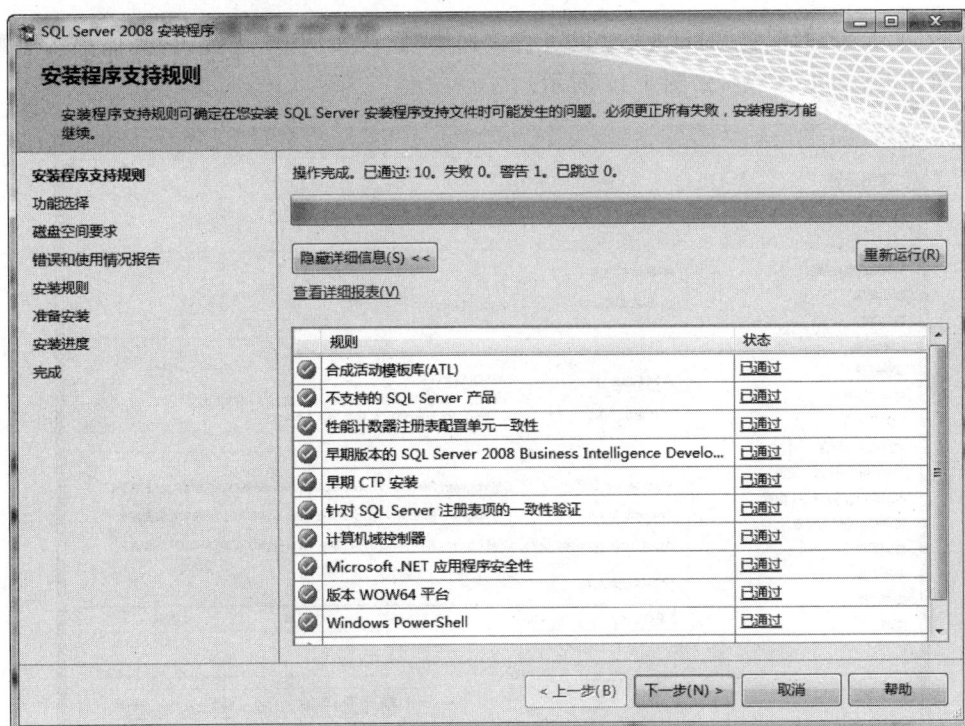

图 4-15　"安装程序支持规则"对话框

（7）进入"功能选择"对话框，这里单击"全选"按钮选择所有选项，也可以选择具体需要的功能，并且可以改变安装位置，设置完成后，单击"下一步"按钮，如图 4-16 所示。

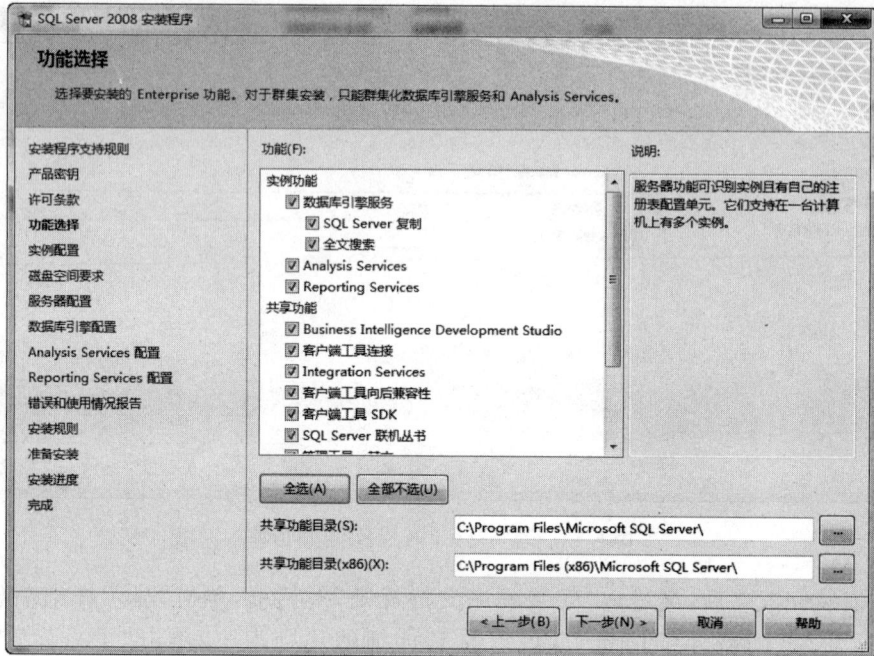

图 4-16 "功能选择"对话框

（8）进入"实例配置"对话框，这里可直接选中"默认实例"单选按钮，其他都按照默认设置，单击"下一步"按钮，如图 4-17 所示。

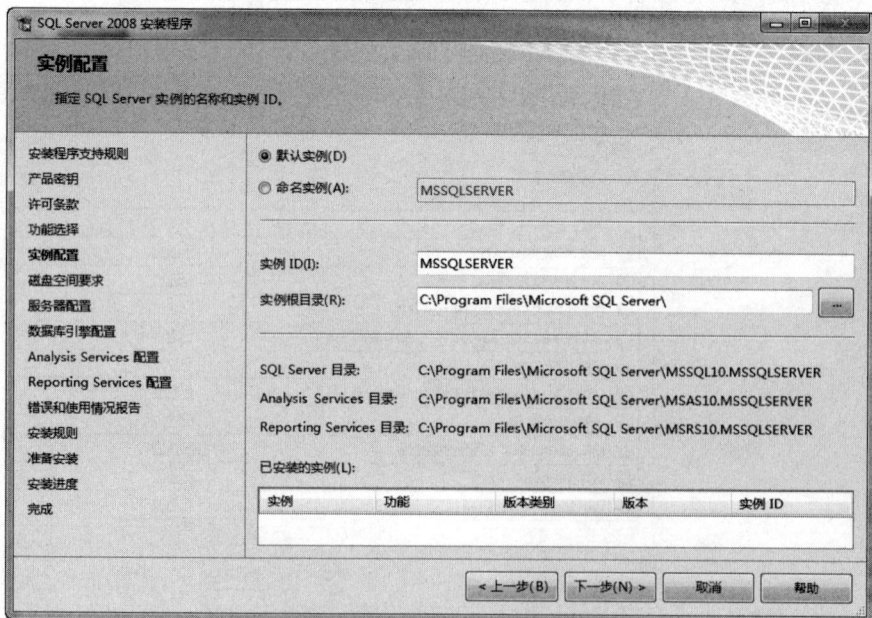

图 4-17 "实例配置"对话框

（9）进入"磁盘空间要求"对话框，显示磁盘的使用情况，可以直接单击"下一步"按钮，如图 4-18 所示。

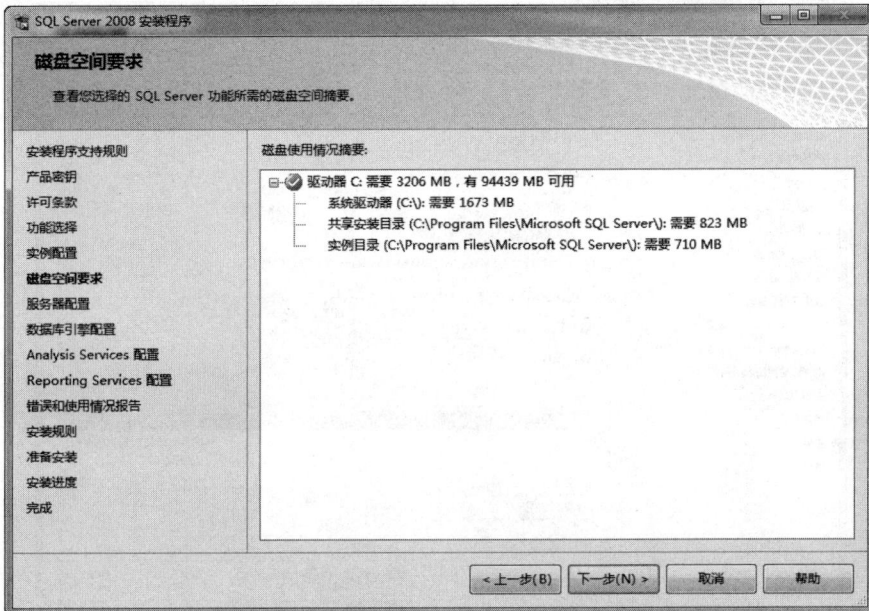

图 4-18　"磁盘空间要求"对话框

（10）进入"服务器配置"对话框，单击"对所有 SQL Server 服务使用相同的账户"按钮，选择 NT AUTHORITY\SYSTEM，然后单击"下一步"按钮即可，如图 4-19 所示。

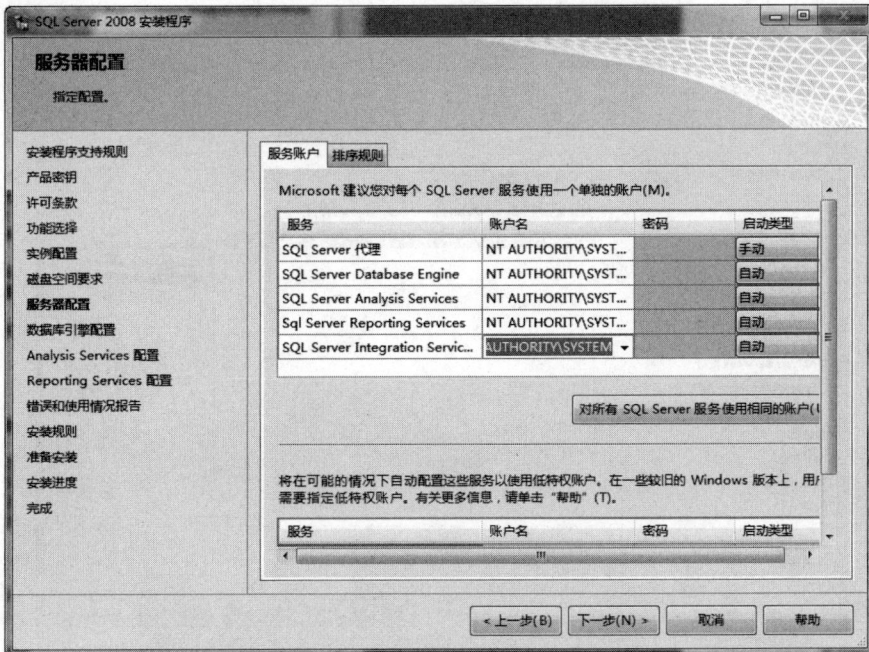

图 4-19　"服务器配置"对话框

（11）进入"数据库引擎配置"对话框，单击"添加当前用户"按钮，指定 SQL Server 管理员，这样管理员就是系统管理员，设置好之后，单击"下一步"按钮，如图 4-20 所示。

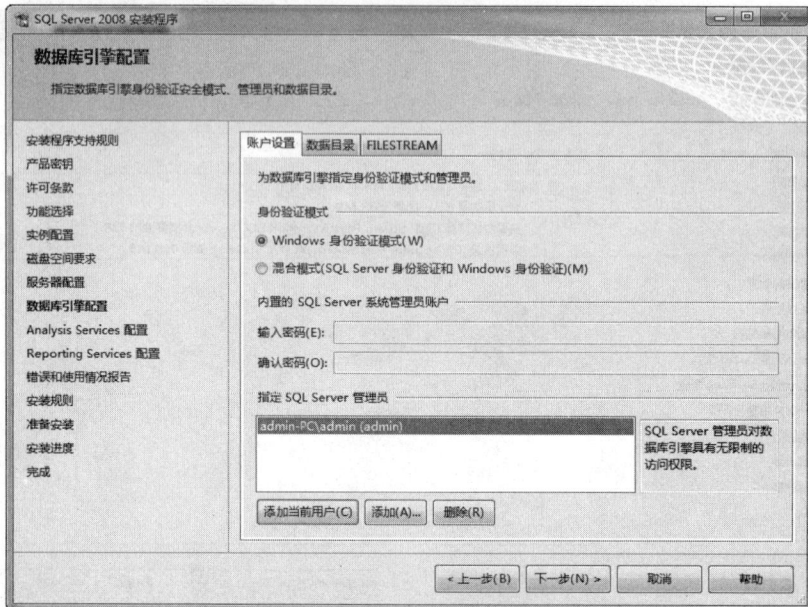

图 4-20　"数据库引擎配置"对话框

（12）进入"Analysis Services 配置"对话框，单击"添加当前用户"按钮，指定 SQL Server 管理员，这样管理员就是系统管理员，设置好之后，单击"下一步"按钮，如图 4-21 所示。

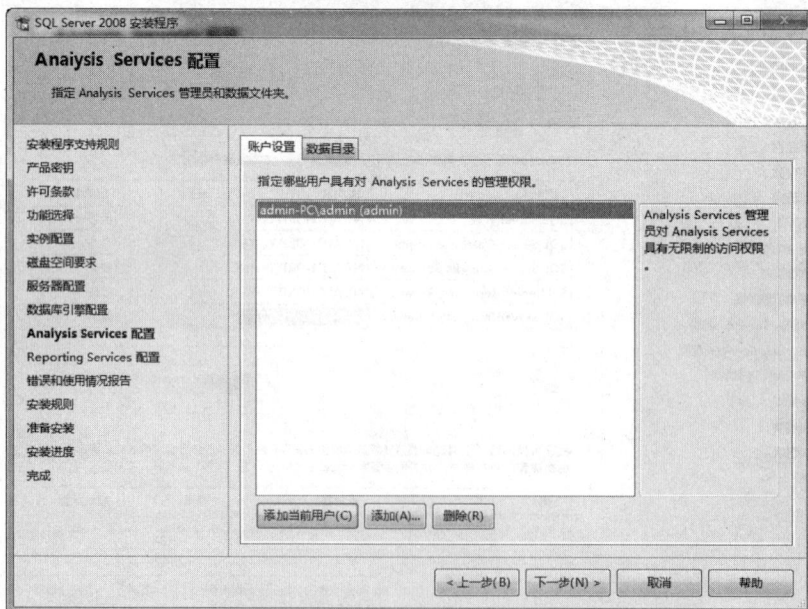

图 4-21　"Analysis Services 配置"对话框

（13）进入"Reporting Services 配置"对话框，直接用默认选择的第一项，单击"下一步"按钮，如图 4-22 所示。

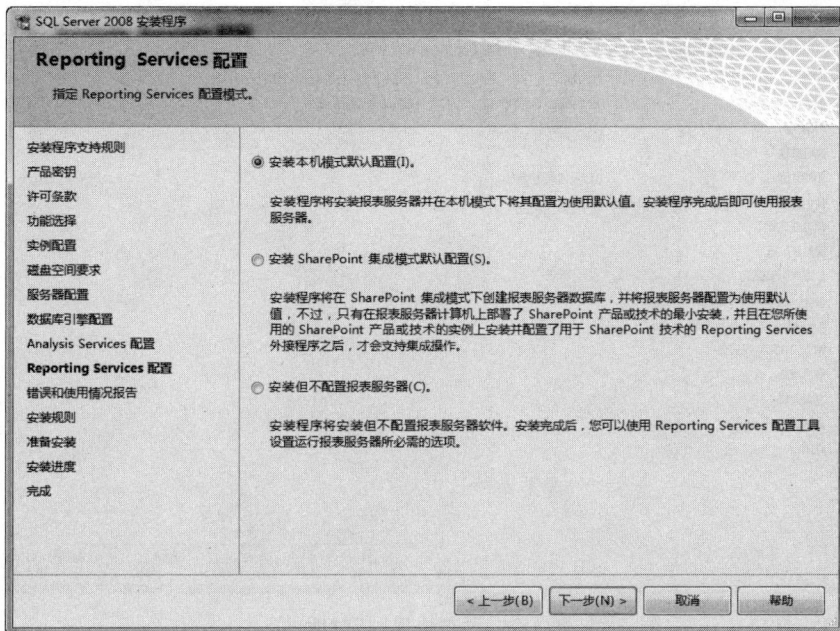

图 4-22　"Reporting Services 配置"对话框

（14）进入"错误和使用情况报告"对话框，可以选择其中一项，将相关内容发送给 Mircosoft 公司。也可以不进行选择，然后单击"下一步"按钮，如图 4-23 所示。

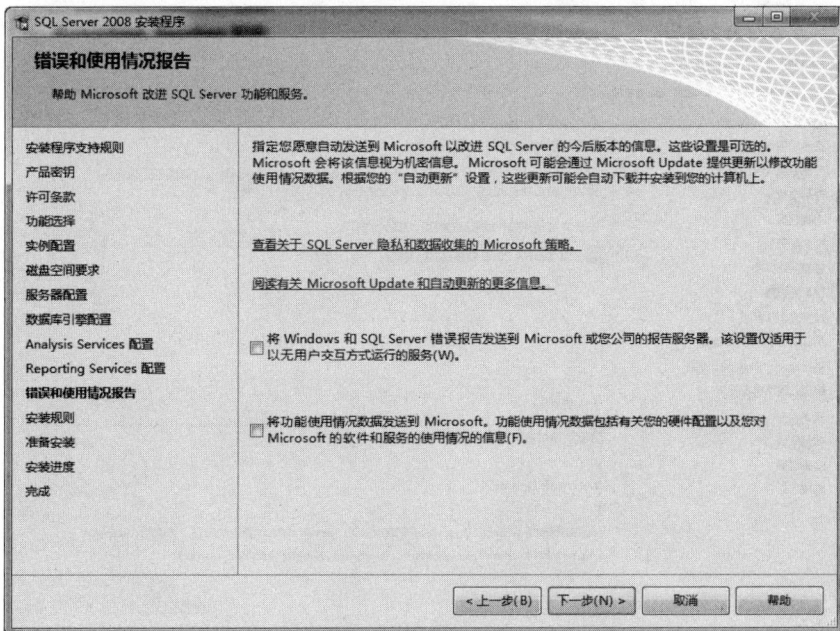

图 4-23　"错误和使用情况报告"对话框

（15）进入"安装规则"对话框，单击"下一步"按钮，如图 4-24 所示。

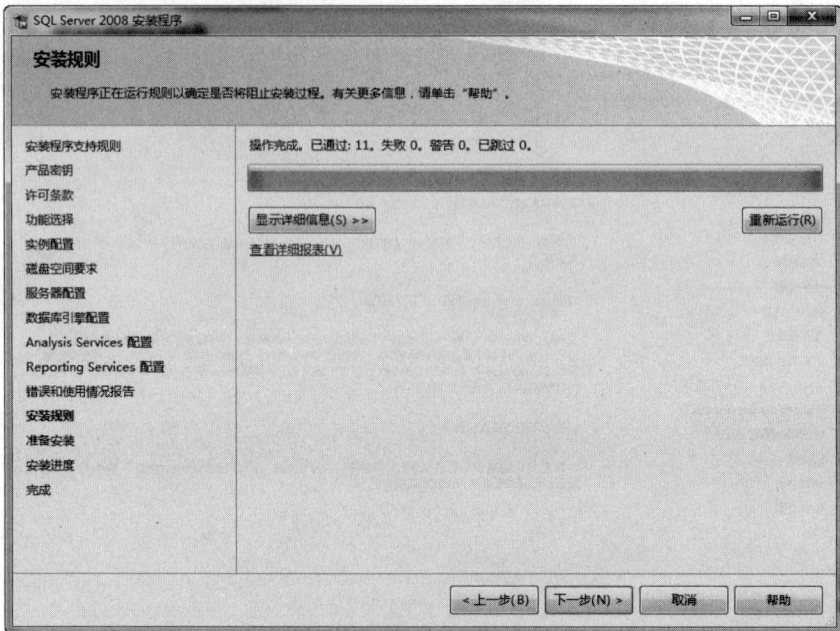

图 4-24 "安装规则"对话框

（16）进入"准备进度"对话框，单击"安装"按钮显示安装进度。安装完成后，会列出具体安装了哪些功能，提示安装过程完成，这时单击"下一步"按钮，可进入"完成"对话框，提示"SQL Server 2008 安装已成功完成"，如图 4-25 所示。

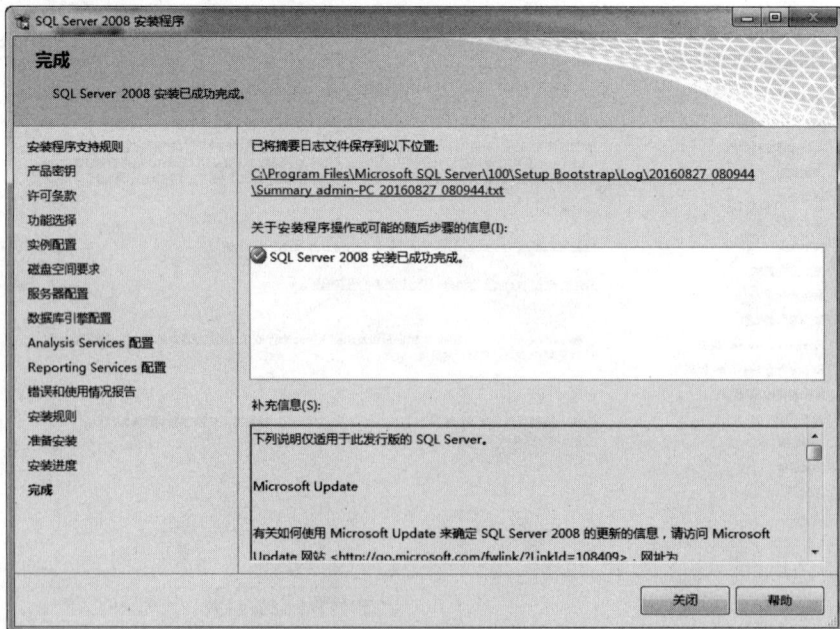

图 4-25 "完成"对话框

4.2.2　操作数据库

数据库创建后,需要对数据库进行维护,主要包括分离数据库、附加数据库、备份数据库和还原数据库。

1. 分离数据库

右击 db_News 节点,选择"任务"→"分离"命令,如图 4-26 所示,进入"分离数据库"窗口,选中"删除连接"和"更新统计信息"选项,单击"确定"按钮,即可完成数据库的分离。

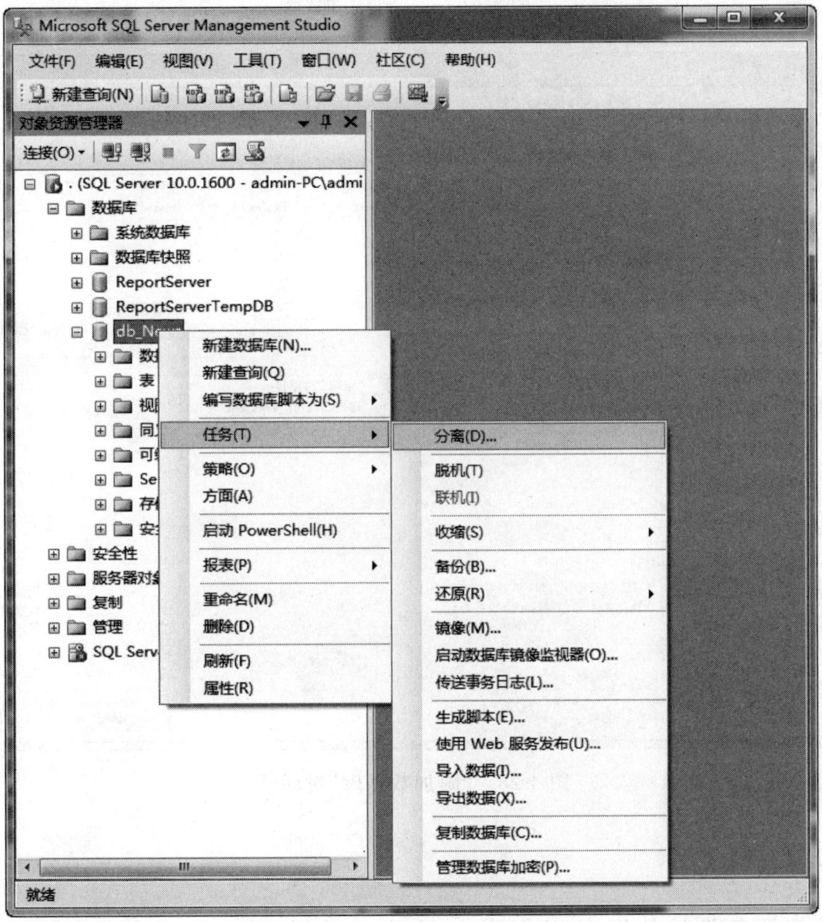

图 4-26　分离数据库

2. 附加数据库

右击"数据库",选择"附加"命令,如图 4-27 所示,进入"附加数据库"窗口。然后单击"添加"按钮,选择 db_News 所在的目录,单击"确定"按钮,进入如图 4-28 所示窗口,单击"确定"按钮即可完成数据库的附加。

111

图 4-27　"附加"命令

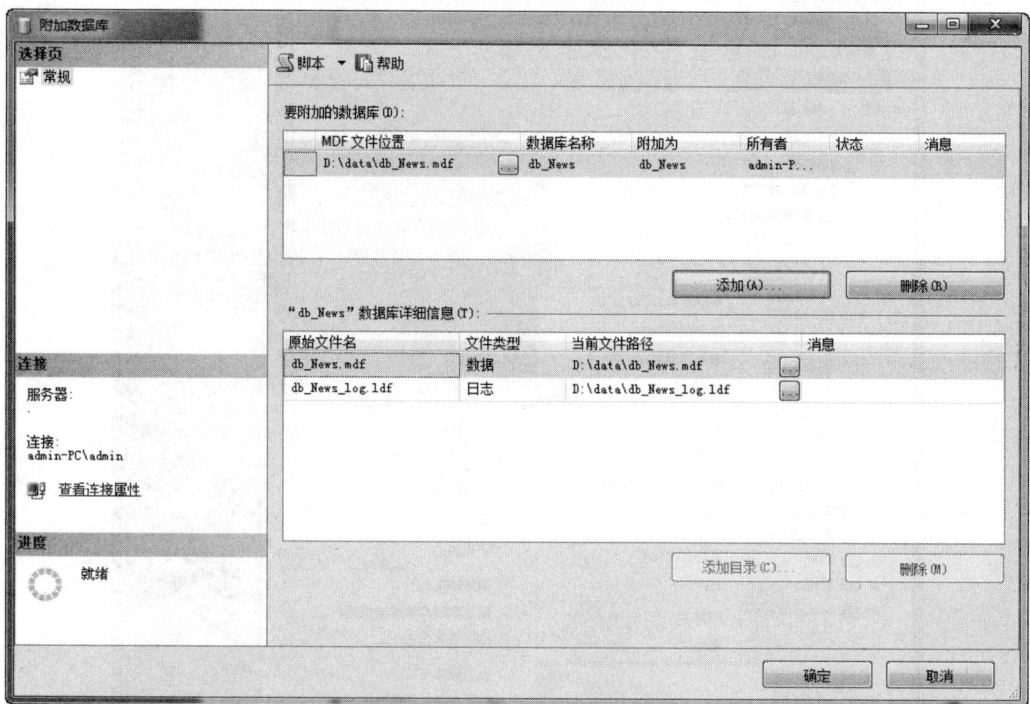

图 4-28　"附加数据库"对话框

3. 备份数据库

（1）选择要备份的数据库 db_News,右击并选择"任务"→"备份"命令,如图 4-29 所示。

（2）在打开的"备份数据库 - db_News"对话框中,先单击"删除"按钮,然后单击"添加"按钮,如图 4-30 所示。

如果想备份到系统默认的路径,先选择好"备份类型",然后单击"确定"按钮,完成数据库的备份。如果想单独指定备份的路径,先选择"删除"按钮,然后单击"添加"按钮。

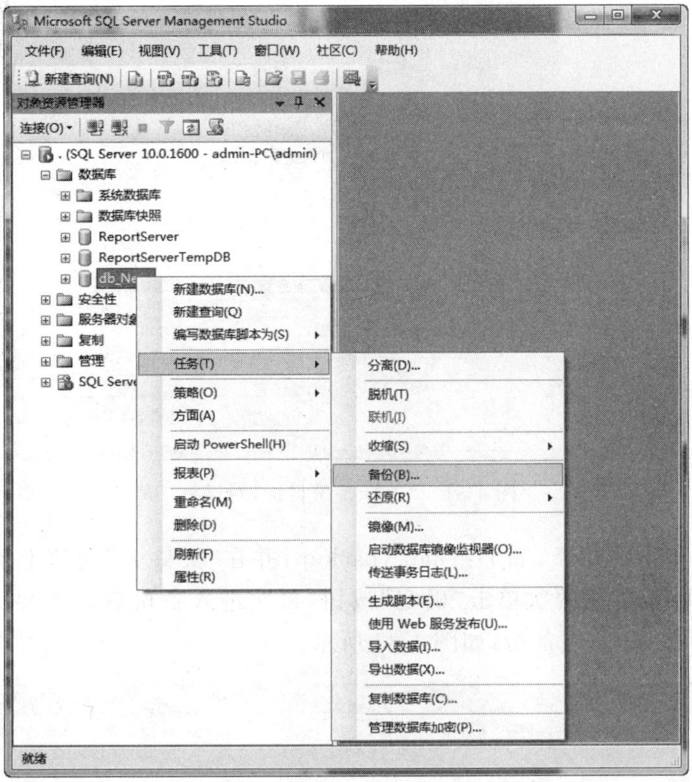

图 4-29　"备份"命令

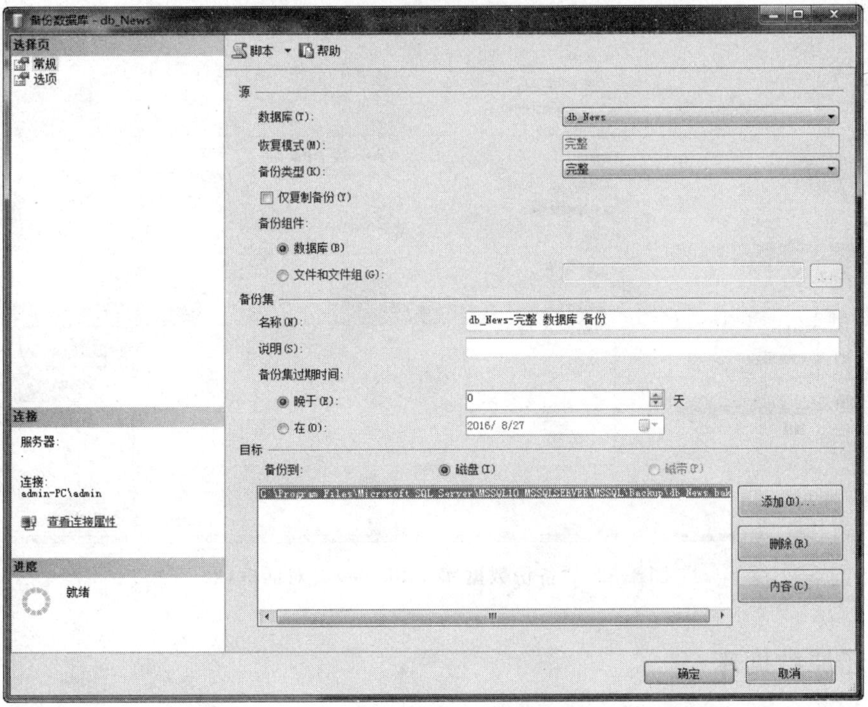

图 4-30　"备份数据库 - db_News"对话框(1)

（3）在弹出的"选择备份目标"对话框中，输入文件名，单击"确定"按钮，如图 4-31 所示。

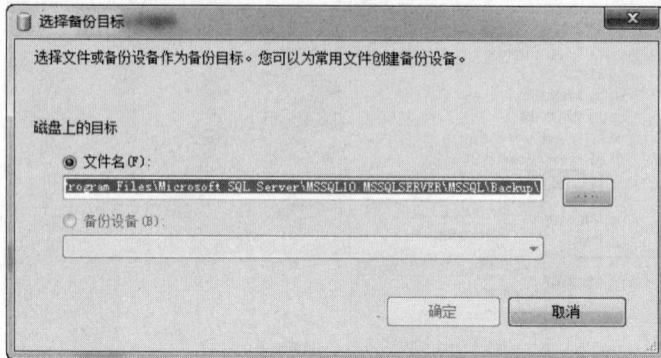

图 4-31　"选择备份目标"对话框

（4）选择好备份的路径，如 D:\data\backup，并在"文件名"处填上备份数据库的名称，如 NewsBackup，连续两次单击"确定"按钮，再次进入备份数据库界面，如图 4-32 所示。单击"确定"按钮，完成备份，如图 4-33 所示。

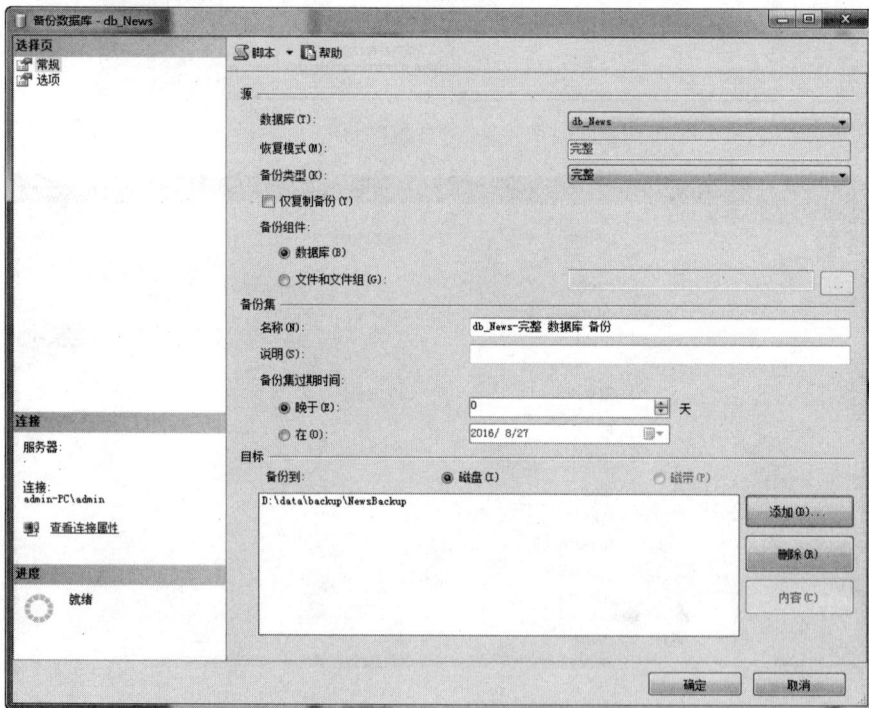

图 4-32　"备份数据库 - db_News"对话框(2)

4. 还原数据库

（1）用户可以在已有数据库基础上进行还原，也可以直接选择"数据库"节点进行还

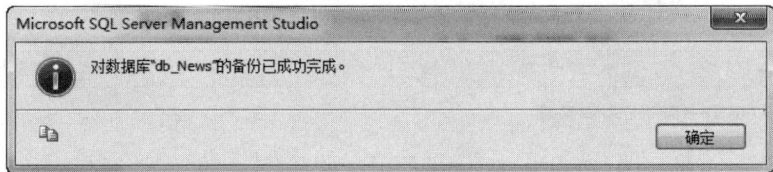

图 4-33　备份完成对话框

原。在"对象资源管理器"中选择"数据库"节点,右击并选择"还原数据库"命令,如图 4-34 所示。

（2）在出现的"还原数据库 - db_News"对话框的"目标数据库"文本框中输入 db_News,然后选择"源设备"单选按钮,然后单击后面的"…"按钮,如图 4-35 所示。

（3）在出现的"指定备份"对话框中,单击"添加"按钮,如图 4-36 所示。

（4）找到数据库备份的路径,选择所要还原的数据库备份文件 NewsBackup(注意在弹出的对话框中的"文件类型"中选择"所有文件"),然后连续两次单

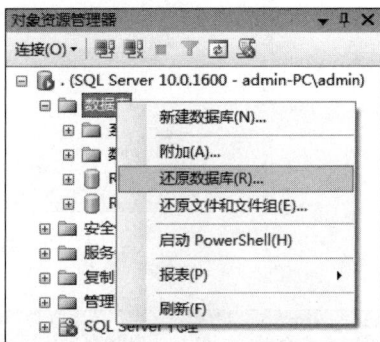

图 4-34　"还原数据库"命令

击"确定"按钮,如图 4-37 所示,选中要还原的备份,单击"确定"按钮完成还原工作。

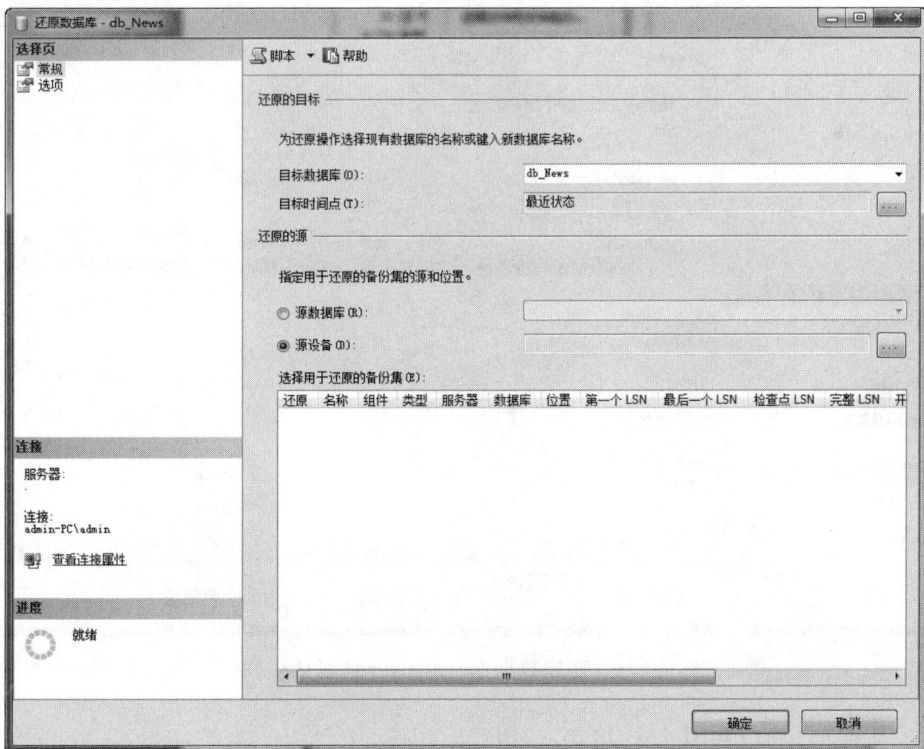

图 4-35　"还原数据库 - db_News"对话框(1)

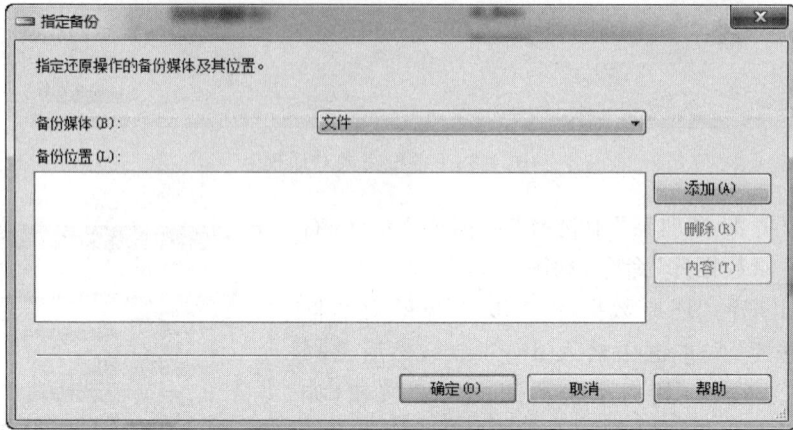

图 4-36 "指定备份"对话框

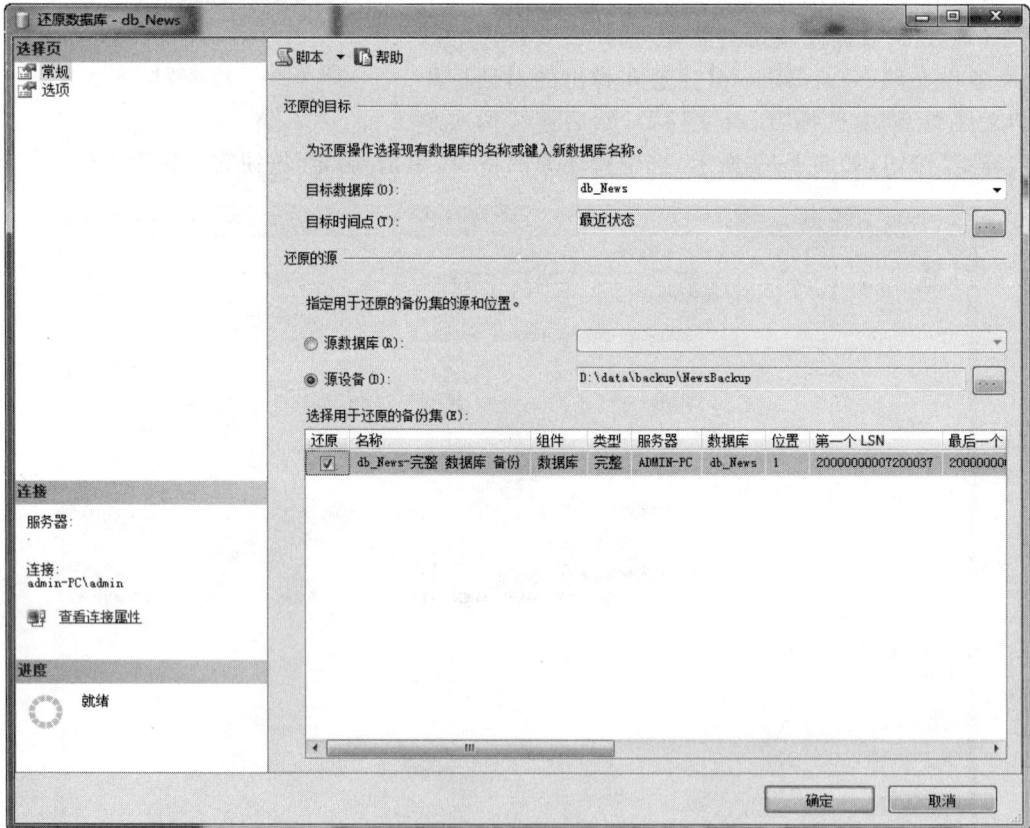

图 4-37 "还原数据库 - db_News"对话框(2)

(5) 还原成功后,如图 4-38 所示。

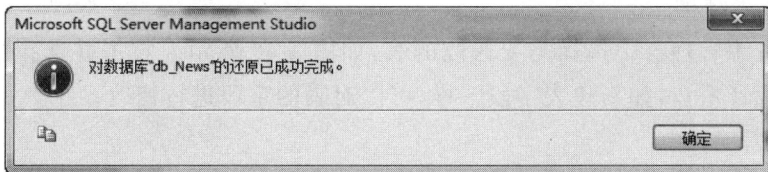

图 4-38　还原数据库完成的提示

任务 4.3　操作数据表

数据表创建好后，还可以对数据表结构进行修改、重命名数据表名和删除数据表等操作。

（1）查看 tb_UserInfo 数据表属性

在"对象资源管理器"中展开 db_News 数据库，右击 tb_UserInfo 数据表，在弹出的快捷菜单中选择"属性"命令，打开"表属性"对话框，就可以查看 tb_UserInfo 数据表属性了，如图 4-39 所示。

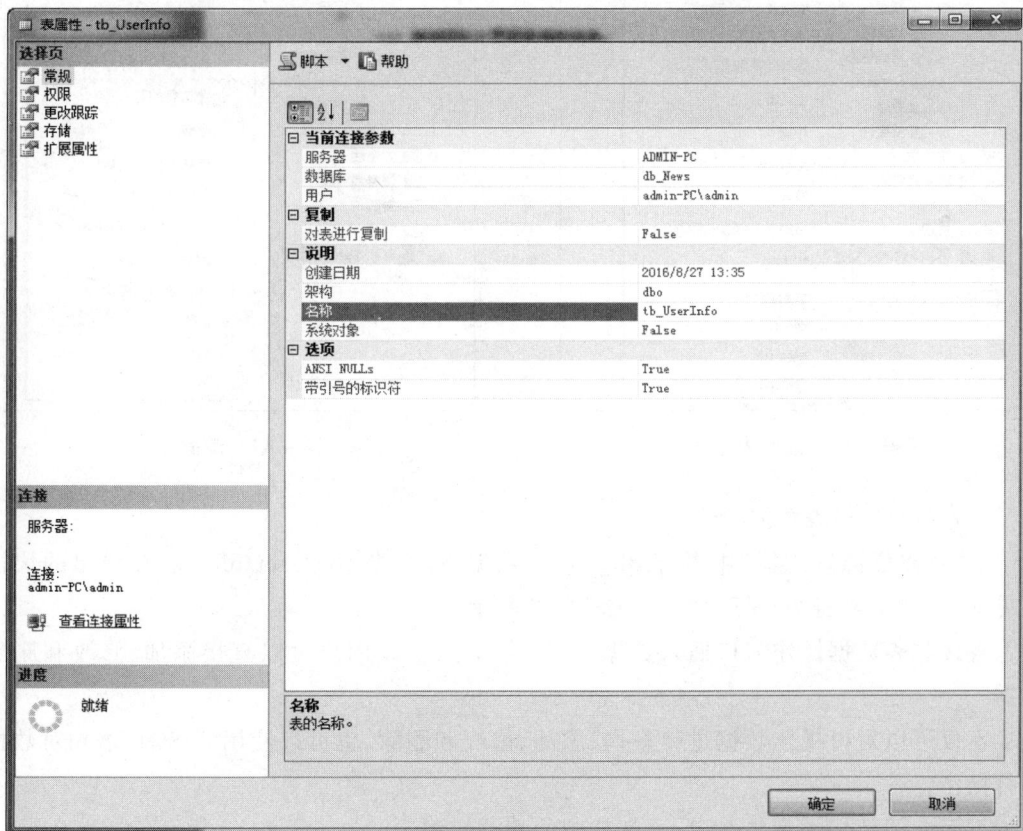

图 4-39　查看表属性

（2）修改表结构

在对象资源管理器中选择需要修改的表，如图 4-40 所示。右击并选择"设计"命令，进入表结构设计窗口，如新建表字段一样，可以对表的字段进行修改。

（3）删除表

对于不需要的表，可以直接删除。如图 4-41 所示，选择要删除的表，右击并选择"删除"命令即可。

图 4-40　修改表结构　　　　　　　　　　图 4-41　删除表

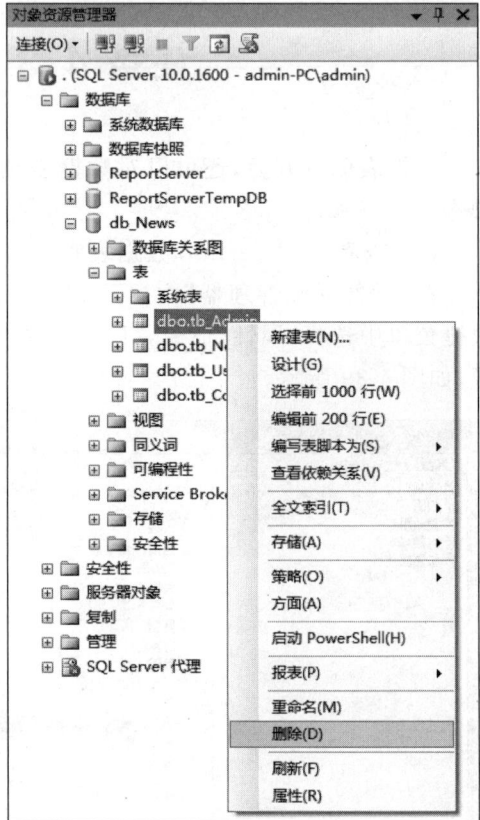

（4）编辑数据表数据

在"对象资源管理器"中展开 db_News 数据库，右击 tb_UserInfo 表，在弹出的快捷菜单中选择"编辑前 200 行"命令，如图 4-42 所示。

直接在表数据操作窗口插入数据，如图 4-43 所示。用户可以直接添加、修改和删除数据。

不仅可以对可视化数据进行查询、添加、修改和删除，也可以使用 T-SQL 语句对数据进行操作。

下面介绍数据类型与 SQL 语言基础的相关知识。

在创建表时，必须为表中的每列指派一种数据类型。下面将介绍 SQL Server 中最常

图 4-42　"编辑前 200 行"命令

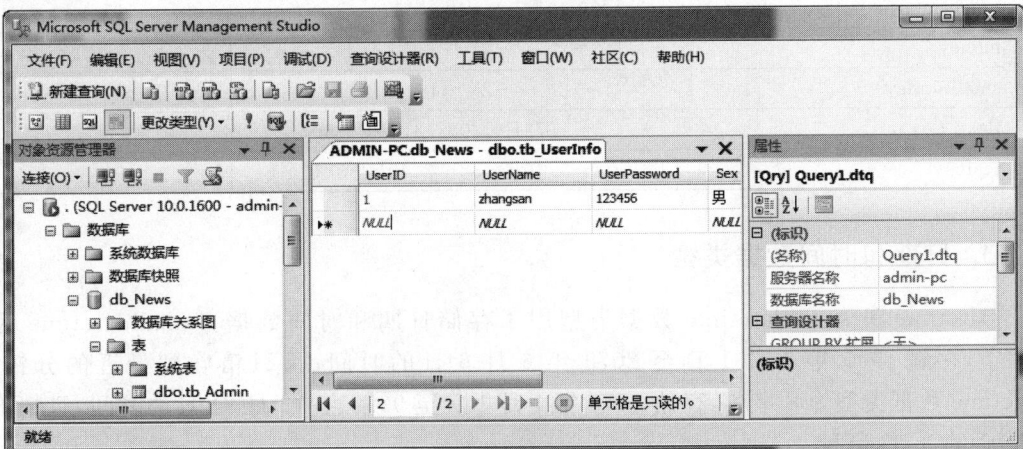

图 4-43　编辑数据表数据

用的一些数据类型。即使创建自定义数据类型,它也必须基于一种标准的 SQL Server 数据类型。

1. 字符类型

字符类型包括 varchar、char、nvarchar、nchar、text 及 ntext,如表 4-5 所示。

表 4-5　字符数据类型

数 据 类 型	长 度	字 节 数
char(n)	1~8000	n 字节
nchar(n)	1~4000	(2n 字节)+2 字节
ntext	$1\sim2^{30}-1$	每字符 2 字节
nvarchar(max)	$1\sim2^{31}-1$	2×字符数+2 字节
text	$1\sim2^{31}-1$	每字符 1 字节
varchar(n)	1~8000	每字符 1 字节+2 字节
varchar(max)	$1\sim2^{31}-1$	每字符 1 字节+2 字节

2. 数字类型

常见数字类型如表 4-6 所示。

表 4-6　精确数值数据类型

数 据 类 型	范 围	字节数
bit	0 或 1	1
tinyint	0~255	1
smallint	-32768~32767	2
int	$-2^{31}\sim-2^{31}-1$	4
bigint	$-2^{63}\sim-2^{63}-1$	8
numeric(p,s)或 decimal(p,s)	$-10^{38}+1\sim10^{38}-1$	17
money	$-2^{63}\sim-2^{63}-1$	8
smallmoney	$-2^{31}\sim-2^{31}-1$	4
float[(n)]	-1.79E-308~1.79E+308	8
real()	-3.40E-38~3.40E+38	4

3. 日期和时间数据类型

datetime 和 smalldatetime 数据类型用于存储日期和时间数据。smalldatetime 为 4 字节,存储 1900 年 1 月 1 日至 2079 年 6 月 6 日的时间,且只精确到最近的分钟。datetime 数据类型为 8 字节,存储 1753 年 1 月 1 日至 9999 年 12 月 31 日的时间,且精确到最近的 3.33 毫秒。

SQL Server 2008 有 4 种与日期相关的新数据类型:datetime2、dateoffset、date 和 time。通过 SQL Server 联机帮助可找到使用这些数据类型的示例。

datetime2 数据类型是 datetime 数据类型的扩展,有着更广的日期范围。时间总是用时、分钟、秒形式来存储。可以定义末尾带有可变参数的 datetime2 数据类型,如

120

datetime2(3)。这个表达式中的 3 表示存储时秒的小数精度为 3 位，或 0.999。有效值为 0～9，默认值为 3。

　　datetimeoffset 数据类型和 datetime2 数据类型一样，带有时区偏移量。该时区偏移量最大为＋/－14 小时，包含 UTC 偏移量，因此可以合理化不同时区捕捉的时间。

　　date 数据类型只存储日期，这是一直需要的一个功能。而 time 数据类型只存储时间。它也支持 time(n)声明，因此可以控制小数秒的粒度。与 datetime2 和 datetimeoffset 一样，n 可为 0～7。

　　表 4-7 列出了日期/时间数据类型，对其进行简单描述，并说明了要求的存储空间。

表 4-7　日期/时间数据类型

数 据 类 型	范　　围	字 节 数
Date	0001-01-01 至 9999-12-31	3
Datetime	1753-01-01 至 9999-12-31	8
Datetime2(n)	日期：0001-01-01 至 9999-12-31 时间：00:00:00 至 23:59:59.9999999	6～8
Datetimeoffset(n)	日期：0001-01-01 至 9999-12-31 时间：00:00:00 至 23:59:59.9999999	8～10
SmalldateTime	日期：0-01-01 至 2079-06-06 时间：00:00:00 至 23:59:59	4
Time(n)	00:00:00 至 23:59:59.9999999	3～5

4. SQL 语言基础

（1）SELECT 语句

查询数据的语法结构如下。

```
SELECT [ALL|DISTINCT] column_list
[INTO new_table_name]
FROM table_source
[GROUP BY group_by_expression]
[HAVING search_condition]
[ORDER BY order_list [ASC|DESC]]
[WHERE search_condition]
```

其中，"[]"中的内容都是任选项，其他部分说明如下。

- ALL|DISTINCT：ALL 表示在查询的结果中可以包含重复行，DISTINCT 表示在查询的结果中不可以包含重复行。
- column_list：表示要查询的列，由逗号进行分隔。
- INTO new_table_name：表示将查询的结果插入一个新的数据表中，new_table_name 是新表的名称。
- FROM table_ source：指定查询的数据列来自哪个数据表或视图。

121

- GROUP BY group_by_expression：表示按照 group_by_expression 中的值将查询结果进行分组。
- HAVING search_condition：HAVING 子句通常与 GROUP BY 子句一起使用，HAVING 子句表示对查询结果的进行进一步的筛选。
- ORDER BY order_list〔ASC|DESC〕：表示将查询的结果进行排序，ASC 表示升序排列，DESC 表示降序排列。
- WHERE search_condition：表示进行查询时需要满足的条件，条件表达式中如果是字符串或日期型数据，需要使用单引号引起来。

在 WHERE 条件查询中可以使用以下搜索条件。

- 比较运算符：=、>、<、>=、<=、<>、!=。
- 逻辑运算符：AND(与)、OR(或)、NOT。
- 字符运算符：LIKE、NOT LIKE。
- 列表运算符：IN、NOT IN。
- 范围运算符：BETWEEN、NOT BETWEEN。
- 未知值：IS NULL、IS NOT NULL。

在查询时，经常使用 like 子句与通配符配合进行查询，SQL 中的通配符及说明如表 4-8 所示。

表 4-8　SQL 中的通配符及说明

通配符	说　　明
%	表示包含任意个字符，例如，like '%a%'，表示查找在字符串的任意位置包含 a 的值
_	表示任何单个字符，例如，like 'a_'，表示查找以 a 开头，并且 a 后只有一个任意字符的值
[]	表示方括号内的任何单个字符，例如，[ab]，表示是 a 或 b 中的任何一个字符
[^]或[!]	表示任何一个在方括号内没有的字符，例如，[^ab]，表示不是 a 或 b 中的任何一个字符

查询语句是使用最频繁的语句之一，下面列举例子进行说明。

例 1：从新闻表 xwb 中查询所有信息。

```
SELECT * FROM xwb
```

例 2：从新闻表 xwb 中查询新闻的标题，但消除查询结果中重复的行。

```
SELECT DISTINCT title FROM xwb
```

例 3：从新闻表 xwb 中查询发布时间最新的 10 条信息。

```
SELECT TOP 10 * FROM xwb ORDER BY submitdae DESC
```

例 4：从用户表 yhb 中查询所有用户的姓名及性别，并为查询出的姓名和性别定义别名。

```
SELECT name AS "姓名", sex AS "性别" FROM yhb
```

例 5：从用户表 yhb 中查询性别为男，年龄大于等于 18 的所有用户信息。

```
SELECT * FROM yhb WHERE sex='男' AND age>=18
```

例 6：从用户表 yhb 中查询所有姓"王"的用户信息。

```
SELECT * FROM yhb WHERE name LIKE '王%'
```

例 7：从用户表 yhb 中查询所有名字第二个字是"华"或"刚"的用户信息。

```
SELECT * FROM yhb WHERE name LIKE '_[华刚]%'
```

例 8：从用户表 yhb 中查询所有名字第二个字不是"华"或"刚"的用户信息。

```
SELECT * FROM yhb WHERE name LIKE '_[^华刚]%'
```

或者

```
SELECT * FROM yhb WHERE name LIKE '_[!华刚]%'
```

（2）INSERT 语句

插入数据的语法结构如下。

```
INSERT [ INTO ] table_name [(column_list)] VALUES(data_values)
```

其中，table_name 是将要添加数据的表，column_list 是用逗号分开的表中的部分列名，data_values 是要向上述列中添加的数据，数据间用逗号分开。

如果在 VALUES 选项中给出了所有列的值，则可以省略 column_list 部分。

在 INSERT 语句中，如果插入的是一整行完整数据，即包括所有字段，可以在表名后不写上所有字段名。如果插入的一行记录不包括所有字段，则必须在表名后面写上相应的字段名。例如，向用户信息表 tb_UserInfo 中插入一整行数据，但不包括 UserID 信息，代码如下。

```
INSERT INTO tb_UserInfo(UserName,UserPassword,Sex,Email,QQ)
VALUES ('lili','123456','女','lili1234@163.com','123789456')
```

注意：在插入数据时，应注意以下事项。

① 每次插入一整行数据，不可能只插入半行或者几列数据，如果违反字段的非空约束，那么插入语句会检验失败。

② 数据值的个数必须与列数相同，每个数据值的数据类型、精度和小数位数也必须与相应的列匹配。

③ 对字符类型的列，当插入数据时，最好用单引号将其引起来，因为字符中包含了数字时特别容易出错。

④ 如果在设计表时指定某列不允许为空，则该列必须插入数据，否则将报告错误

信息。

⑤ 插入的数据项,要求符合检查约束的要求。

⑥ 如果指定了列名,如何为具有默认值的列插入数据呢? 这个时候可以使用 DEFAULT(默认)关键字来代替插入的数据。

（3） UPDATE 语句

修改数据的语法结构如下。

```
UPDATE table_name SET column_name=expression [FROM table_source]
[WHERE search_conditions]
```

- SET 选项:指明了将要更改哪些列及改成何值。
- WHERE 选项:用来指明对哪些行进行更新。在更新数据时,一般都有条件限制,否则将更新表中的所有数据,这就可能导致有效数据的丢失。

FROM 选项:用来从其他表中取得数据来修改表中的数据。

例如,在 tb_UserInfo 表中,将用户编号为 1 的用户 QQ 修改为"123654789"。

```
UPDATE tb_UserInfo
SET QQ='123654789'
WHERE UserID=1
```

（4） DELETE 语句

删除数据的语法结构如下。

```
DELETE [FROM] table_name [WHERE search_conditions]
```

其中[FROM]是任选项,用来增加可读性。

例如,在 tb_UserInfo 表中,将用户编号为 1 的信息删除。

```
DELETE tb_UserInfo WHERE UserID=1
```

注意:DELETE 语句只要删除就是删除整条记录,不会删除单个字段,所以在 DELETE 后不能出现字段名。

本 章 小 结

本章中以下内容是一定要掌握的。

- SQL Server 2008 的安装。
- 创建数据库。
- 操作数据库。
- 维护数据库。
- 创建数据表。

• 操作数据表。

练习与实践

一、填空题

1. SQL Server 数据库是由数据库文件和事务日志文件组成的。一个数据库至少有_____个数据库文件和一个事务日志文件。

2. 在 Management Studio 中，_____窗口用于显示数据库服务器中的所有数据库对象。

3. ALTER TABLE 语句可以添加、修改_____表的字段。

4. 用于插入表数据的关键字是_____。

5. 用于修改表数据的关键字是_____。

二、实践操作

1. 建立学生信息数据库。数据库名称为 db_Student，其中数据库文件和事务日志文件要求如下。

数据库文件：①逻辑名为 db_Student；②物理文件名为 db_Student. mdf；③初始大小为 5MB；④增长为 1MB。

事务日志文件：①逻辑名为 db_Student_log；②物理文件名为 db_Student_log. ldf；③初始大小为 1MB；④增长为 15%。

2. 修改学生信息数据库。将 db_Student 数据库的数据库文件初始大小改为 15MB，事务日志文件的增长改为 10%。

3. 分离和附加学生信息数据库。将 db_Student 数据库进行分离，然后进行复制，再进行附加。

4. 为学生信息数据库添加三张表，分别为学生信息表，课程信息表和选课信息表，表字段自行设计。

第 5 章　ASP.NET 的内置对象

任务 5.1　中英文翻译

本任务是制作中英文翻译的页面,在第一个页面上输出中文,单击"翻译"按钮后,跳转到第二个页面,在第二个页面中调用一个文本文档,显示出与中文相对应的英文。中文页面的效果如图 5-1 所示,英文页面的效果如图 5-2 所示。

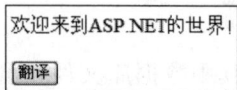

欢迎来到ASP.NET的世界!
翻译

图 5-1　中文页面

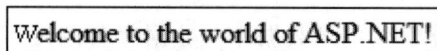

Welcome to the world of ASP.NET!

图 5-2　英文页面

实现步骤如下。

(1) 在"解决方案资源管理器"窗口中右击 D:\diwuzhang\,选择"添加新项"命令,在弹出的窗口中选择"Web 窗体",修改文件名为 Response anli. aspx,然后单击"添加"按钮。

(2) 在 Response anli. aspx 页面中添加一个 Button 按钮,修改按钮的 ID 属性为txtSubmit,Text 属性为"翻译"。双击 Button 按钮,增加一个 txtSubmit_Click 事件。

(3) Response anli. aspx. cs 中代码如下。

```
protected void Page_Load(object sender, EventArgs e)
{ //在页面中输入文字"欢迎来到 ASP.NET 的世界!"
    Response.Write("欢迎来到 ASP.NET 的世界!");
}
protected void txtSubmit_Click(object sender, EventArgs e)
{
    //跳转到 Response anli2.aspx 页面
    Response.Redirect("Response anli2.aspx");
}
```

(4) 在 D:\diwuzhang 站点下新建 writefile. txt 文本文档,在文档中输入"Welcome to the world of ASP. NET!"。

(5) 在"解决方案资源管理器"窗口中右击 D:\diwuzhang\,选择"添加新项"命令,在弹出的窗口中选择"Web 窗体",修改文件名为 Response anli2. aspx,然后单击"添加"

按钮。

（6）Response anli. aspx 页面内容为空，Response anli. aspx. cs 中代码如下。

```
protected void Page_Load(object sender, EventArgs e)
{ //将文件 writefile.txt 直接写入 HTTP 内容输出流
    Response.WriteFile(@"writefile.txt");
}
```

5.1.1　ASP.NET 对象概述

严格来说，ASP.NET 中是没有"内置对象"这一说法的。在 ASP.NET 早期版本 ASP 中，有几个内部对象，如 Response、Request 等，这几个对象是 ASP 技术中最重要的一部分。在 ASP.NET 中，这些对象仍然存在，使用的方法也大致相同，不同的是，这些内部对象是由.NET Framework 中封装好的类来实现的。因为这些内部对象是在 ASP.NET 页面初始化请求时自动创建的，所以在程序中可以直接使用，而无须对类进行实例化。

ASP.NET 网页所用的是 HTTP 协议，该协议是一种基于无状态的连接（即服务器不会主动询问客户端，只有当用户发出请求后，服务器才会响应），网站需要各种手段来保存用户和服务器之间的信息。

ASP.NET 中常用的对象及说明如表 5-1 所示。

表 5-1　ASP.NET 常用对象及说明

对 象 名	说 明
Response	用于向浏览器输出信息
Request	用于获取来自浏览器的信息
Application	用于共享多个会话和请求之间的全局信息
Session	用于存储特定用户的会话信息
Cookies	用于设置或获取 Cookie 信息
Server	提供服务器端的一些属性和方法

5.1.2　Page 对象

Page 对象是由 System.Web.UI 命名空间中的 Page 类来实现的，表 5-1 中的对象也均是派生于 Page 类。每一个 ASP.NET 的页面对应一个页面类，Page 对象就是页面类的实例。Page 类与扩展名为. aspx 的文件相关联，这些文件在运行时被编译为 Page 对象，并缓存在服务器内存中。

例如，在 Response anli. aspx 的源视图页面中，可以看到以下代码。

```
<%@ Page Language="C#" AutoEventWireup="true" CodeFile="Response anli.aspx.
cs" Inherits="Response_anli" %>
```

这就是常说的页面指令,每个页面只能有一个@Page 指令,其参数的含义如下。

- Language:指定页面代码和后置代码使用的语言(需要注意的是,这里只支持微软.NET 框架中的语言),Response anli.aspx 文件采用的语言是 C#。
- AutoEventWireup:设置页面是否自动调用网页事件,默认为 true。
- CodeFile:指定代码后置文件名。
- Inherits:页面类。

这条@Page 指令的含义就是使用 C# 语言,程序自动调用网页事件,与本页面对应的代码文件是 Response anli.aspx.cs,继承的类是 Response_anli。

Page 对象提供的常用属性、方法、事件及说明如表 5-2 所示。

表 5-2　Page 对象常用属性、方法、事件及说明

属性、方法或事件	说　　明
IsPostBack 属性	获取一个值,该值表示该页是否为响应客户端回发而加载
IsValid 属性	获取一个值,该值表示页面是否通过验证
EnableViewState 属性	获取或设置一个值,该值指示当前页请求结束时是否保持其视图状态
Validators 属性	获取请求的页上包含的全部验证控件的集合
DataBind 方法	将数据源绑定到被调用的服务器控件及其所有子控件
FindControl 方法	在页面中搜索指定的服务器控件
RegisterClientScriptBlock 方法	向页面发出客户端脚本块
Validate 方法	指示页面中所有验证控件进行验证
Init 事件	当服务器控件初始化时发生
Load 事件	当服务器控件加载到 Page 对象中时发生
Unload 事件	当服务器控件从内存中卸载时发生

下面介绍 IsPostBack 属性和 Load 事件。

IsPostBack 属性用来获取一个布尔值,如果该值为 True,则表示当前页是为响应客户端回发(例如单击按钮)而加载,否则表示当前页是首次加载和访问。在下文中会有具体的使用方法解析。

当页面被加载时,会触发 Page 对象的 Load 事件,Load 对应的事件处理程序为 Page_Load(),Load 事件与 Init 事件的主要区别在于,对于来自浏览器的请求而言,网页的 Init 事件只触发一次,而 Load 事件则可能触发多次。

5.1.3　Response 对象

Response 对象是 HttpResponse 类的实例,该对象主要用于将数据从服务器端发送回客户端,它允许将数据作为请求的结果发送到浏览器中,并提供相关响应的信息。

Response 对象与 HTTP 协议响应的信息相对应,它还可以用来在页面中输入数据、在页面中跳转,并传递各个页面的参数。

Response 对象常用方法及说明如表 5-3 所示。

表 5-3　Response 对象常用方法及说明

方法	说　　明
Write	该方法是 Response 对象最常见的方法之一,用来将数据输出到客户端
Redirect	该方法是 Response 对象最常见的方法之一,用来将网页重新定向到另外一个地址
WriteFile	该方法用于将指定的文件直接写入 HTTP 内容输出流,输出的对象可以是字符、字符串、字符数组等

(1) Response 对象的 Write 方法用来将数据输出到客户端,语法格式如下。

```
Response.Write(string s);
```

该方法可以输出字符串变量,也可以输出 HTML 代码。

例如,在本任务中向页面输出文字"欢迎来到 ASP. NET 的世界!",采用以下语句即可实现。

```
Response.Write("欢迎来到 ASP.NET 的世界!");
```

(2) Response 对象的 Redirect 方法能将请求重定向到新的 URL,语法格式如下。

```
Response. Redirect (string url);
```

例如,在本任务中单击 Response anli. aspx 页面中的"翻译"按钮,跳转到 Response anli2. aspx 页面,采用以下语句即可实现。

```
Response.Redirect("Response anli2.aspx");
```

任务 5.2　获取页面间传送的值

本任务是制作一个主页面,主页面运行时,在"用户名"后的文本框中出现提示文字"请输入用户名!",在"密码"后的文本框中出现提示文字"请输入密码!",效果如图 5-3 所示;输入用户名和密码后,效果如图 5-4 所示;单击"登录"按钮,跳转到子页面,在子页面中出现欢迎文字,获取到主界面的用户名,效果如图 5-5 所示,子界面的导航网址效果如图 5-6 所示。

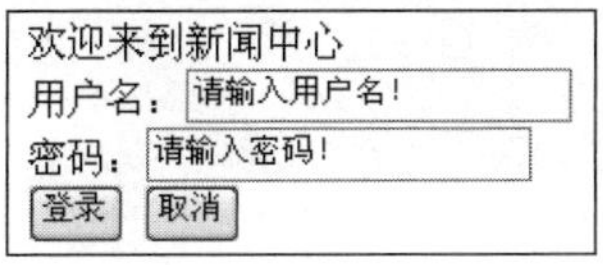

图 5-3　主界面(1)

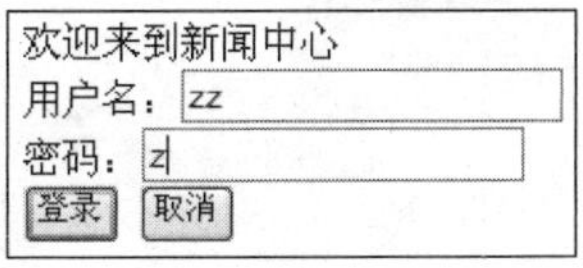

图 5-4　主界面(2)

129

欢迎你：zz

http://**localhost**:1754/diwuzhang/request%20anli2.aspx?username=zz

图 5-5　子界面(1) 　　　　　　　　　　　　图 5-6　子界面(2)

实现的步骤如下。

(1) 在"解决方案资源管理器"窗口中右击 D:\diwuzhang\,选择"添加新项"命令,在弹出的窗口中选择"Web 窗体",修改文件名为 request anli. aspx,然后单击"添加"按钮,这个页面即为主界面。

(2) request anli. aspx 中的主要代码如下所示。

```
<form id="form1" runat="server">
<div>
    欢迎来到新闻中心<br />
    用户名: <asp:TextBox ID="txtUsername" runat="server"></asp:TextBox>
    <br />
    密码: <asp:TextBox ID="txtPassword" runat="server"></asp:TextBox>
    <br />
    <asp:Button ID="btnLogin" runat="server" Text="登录" onclick="btnLogin_
    Click" /> 
    <asp:Button ID="btnCancel" runat="server" Text="取消" onclick=
    "btnCancel_Click" />
</div>
</form>
```

(3) request anli. aspx. cs 中的代码如下所示。

```
protected void Page_Load(object sender, EventArgs e)
{
    if(!Page.IsPostBack) //判断页面是否回传
    {
        txtUsername.Text="请输入用户名!";
        txtPassword.Text="请输入密码!";
    }
}
protected void btnLogin_Click(object sender, EventArgs e)
{
    Response.Redirect("request anli2.aspx? username="+txtUsername.Text);
}
protected void btnCancel_Click(object sender, EventArgs e)
{
    txtUsername.Text="";
    txtPassword.Text="";
    txtUsername.Focus();
}
```

(4) 在"解决方案资源管理器"窗口中右击 D:\ diwuzhang\,选择"添加新项"命令,在弹出的窗口中选择"Web 窗体",修改文件名为 request anli2. aspx,然后单击"添加"按钮,

130

这个页面即为子界面。

（5）request anli2.aspx 中代码为空。

（6）request anli2.aspx.cs 中的代码如下所示。

```
protected void Page_Load(object sender, EventArgs e)
{
    string username=Request.QueryString["username"];
    Response.Write("欢迎你: "+username);
}
```

下面介绍 Request 对象。

Request 对象是 HttpRequest 类的实例，该对象主要用于检索从客户端向服务器发送的请求中的信息。

Request 对象与 HTTP 协议响应的信息相对应，它还可以提供对当前页请求的访问，包括标题、客户端证书、查询字符串和 Cookie 等。

Request 对象常用的属性、方法及说明如表 5-4 所示。

表 5-4　Request 对象常用的属性、方法及说明

属性或方法	说　　明
QueryString	该属性是 Request 对象最常见的属性之一，用来收集 HTTP 协议中 Get 请求发送的数据
Form	该属性用于获取窗体变量的集合
Path	该属性用于获取当前请求的虚拟路径
Params	该属性用于从 QueryString、Form 等集合中获取指定的对象
UserHostAddress	该属性用于获取远程客户端的 IP 主机地址
UserHostName	该属性用于获取远程客户端的 DNS 名称
SaveAs	该方法是将 HTTP 的请求保存到磁盘
MapPath	该方法是将请求的 URL 中的虚拟路径映射到服务器上的物理路径

（1）当从一个页面跳转到另外一个页面时，可以使用 HTTP 协议中的 Get 请求向页面发送数据，方法是：只要在调用页面的 URL 中使用"?"就可以实现"?"后面描述的数据的传送。

例如，本任务第（3）步中的代码：

```
Response.Redirect("request anli2.aspx? username="+txtUsername.Text);
```

request anli2.aspx 表示要跳转的页面，"?"表示向该页面发送数据，username 表示要发送数据的名称，txtUsername.Text 表示要发送数据的具体值。""request anli2.aspx? username=" + txtUsername.Text"中的"+"表示的是两个字符串数据的拼接，执行这条语句后，request anli2.aspx 页面被打开，同时传入数据 txtUsername.Text。

思考："request anli2.aspx?username=" + txtUsername.Text 这句代码如果写成如下的形式："request anli2.aspx? username=txtUsername.Text"，会出现什么情况？

（2）request anli2.aspx 页面如何获取 request anli.aspx 传送过来的数据呢？采用属性 QueryString 即可实现，使用属性 QueryString 接收传递过来的数据名称。

例如，本任务第（6）步中的代码：

```
string username=Request.QueryString["username"];
```

（3）Request 对象的默认属性是 QueryString，所以上述代码中，QueryString 属性也可以不写，即可以写成：

```
string username=Request["username"];
```

（4）IsPostBack 属性是 Page 对象提供的一个属性，主要作用是用来判断页面是否进行了回传。当页面首次加载时，该属性值为 false；当页面由于回传被重新加载时，该属性值为 true。其中，if(!Page.IsPostBack)也可以写成 if(!IsPostBack)。

思考：本任务的第（3）步中的代码 if(!Page.IsPostBack)不写，会出现什么情况？

任务 5.3　设计一个访问计数器

本任务将制作一个简单的访问计数器，当访问网站时，显示访问的计数，效果如图 5-7 所示。

（1）在"解决方案资源管理器"窗口中右击 D:\ diwuzhang\，选择"添加新项"命令，在弹出的窗口中选择 "Web 窗体"，修改文件名为 Application anli.aspx，然后单击"添加"按钮，这个页面即为主界面。

您是该网站的第1个访问者！

图 5-7　访问计数器

（2）在 Application anli.aspx 界面中添加一个 Label 控件，用来显示计数的信息，Application anli.aspx 中的代码如下所示。

```
<div>
    <asp:Label ID="lblInfo" runat="server"></asp:Label>
</div>
```

（3）Application anli.aspx.cs 中的代码如下所示。

```
protected void Page_Load(object sender, EventArgs e)
{
    //如果 Application 的 count 值为空,则新增一个 Application 变量,且值为 1
    if(Application["count"]==null)
    {
        Application.Add("count", 1);
        //也可以写成语句 Application["count"]=1;或写成 Application.Contents["
            count"]=1;
```

```
        }
        else
        {
            //锁定 Application 对象变量,防止其他用户在同时对 Application 对象进行修改
            Application.Lock();
            //Application 对象的值赋值给变量 num,num 的值在原来的基础上增加 1
            double num=Convert.ToDouble(Application["count"]);
            num++;
            //把新的数据写入 Application 对象中
            Application.Set("count", num);
            //上述 3 条语句也能写成如下语句
            //Application["count"]=(double)Application["count"]+1;
            //解锁 Application 对象,允许其他用户对 Application 对象进行修改
            Application.UnLock();
        }
        lblInfo.Text="您是该网站的第"+Application["count"].ToString()+"个访
问者!";
}
```

下面介绍 Application 对象。

Application 对象是 HttpApplication 类的实例,该对象主要用于共享应用程序级信息,可以用来在所有用户间共享信息。Application 对象定义的变量为应用程序级变量,即全局变量。

Application 对象是启动和管理 ASP.NET 应用程序的主要对象,它存储在服务器端,Application 中的数据可以被网站中所有的用户来获取或设置,并且 Application 中的数据永远不会过期,直到应用程序被关闭。

在 C# 中,Application 对象的语法格式如下。

```
Application["Application 名称"]=值;
变量=Application["Application 名称"];
```

Application 对象常用属性、集合、方法及说明如表 5-5 所示。

表 5-5　Application 对象常用属性、集合、方法及说明

属性、集合或方法	说　　明
Count	该属性用于获取 Application 对象变量的数量
AllKeys	该属性用于返回全部 Application 对象变量名到一个字符串数组中
Contents	该集合是 Application 对象最常见的集合之一,用于访问应用程序状态集合中的对象名
Lock	该方法是 Application 对象最常见的方法之一,用于锁定全部 Application 对象变量
UnLock	该方法是 Application 对象最常见的方法之一,用于解除锁定的 Application 对象变量
Add	该方法的作用是新增一个 Application 对象变量
Remove	该方法的作用是使用变量名移除一个 Application 对象变量
RemoveAll	该方法的作用是移除全部 Application 对象变量
Clear	该方法的作用是清除全部 Application 对象变量
Set	该方法的作用是使用变量名更新一个 Application 对象变量的内容

（1）Application 对象的常用集合是 Contents 集合，Contents 集合是 Application 对象的默认集合，书写时可以将 Contents 省略。

例如，在本任务中，如下语句：

```
Application["count"]=1;
```

也可以写成：

```
Application.Contents["count"]=1;
```

Application.Contents["count"]表示一个索引为 count 的 Contents 集合的元素；"Application.Contents["count"]=1;"表示所有用户可以通过 Application.Contents["count"]访问到 1。

（2）所有用户都可以使用 Application 对象，当同时有多个用户访问 Application 对象时，就出现问题了，这时可以采用 Lock 和 UnLock 方法来解决这个问题。例如，本任务中，锁定 Application 对象变量后才对 Application 对象的值进行改变，改变完成后进行解锁，让其他用户使用 Application 对象。

任务 5.4　登录后保存用户名和密码

本任务是制作一个主页面，主页面中如果用户名和密码为空，给出提示信息"用户名和密码不能为空！"，当输入用户名和密码并登录后，保存用户的用户名和密码信息，并且跳转到子页面，效果如图 5-8 所示。在子页面中显示主页面中保存的用户名和密码，子界面效果如图 5-9 所示。

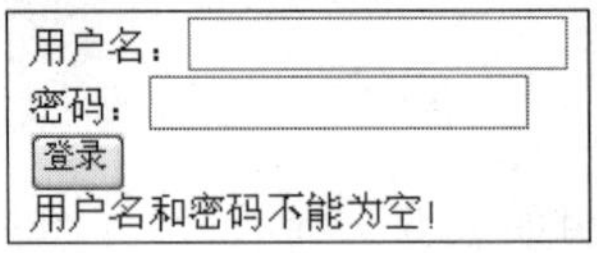

图 5-8　主页面 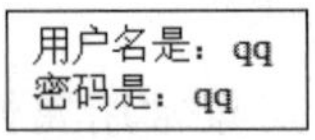　　　　　　　　图 5-9　子页面

（1）在"解决方案资源管理器"窗口中右击 D:\diwuzhang\，选择"添加新项"命令，在弹出的窗口中选择"Web 窗体"，修改文件名为 Session anli.aspx，然后单击"添加"按钮，这个页面即为主界面。

（2）在 Session anli.aspx 界面中的代码如下所示。

```
<form id="form1" runat="server">
<div>
    用户名:<asp:TextBox ID="txtUsername" runat="server"></asp:TextBox>
    <br />
    密码:<asp:TextBox ID="txtPassword" runat="server"></asp:TextBox>
    <br />
```

```
    <asp:Button ID="btnLogin" runat-"server" onclick="btnLogin_Click"
        Text="登录" />
    <br />
    <asp:Label ID="lblInfo" runat="server"></asp:Label>
</div>
</form>
```

（3）双击 Button 按钮后，Session anli. aspx. cs 中的代码如下所示。

```
protected void btnLogin_Click(object sender, EventArgs e)
{
    if(txtUsername.Text=="" || txtPassword.Text=="")
    {
        lblInfo.Text="用户名和密码不能为空!";
        return;
    }
    else
    {
        Session.Add("username",txtUsername.Text);
        Session.Add("password", txtPassword.Text);
        //上述语句也可以写成:
        //Session["username"]=txtUsername.Text;
        //Session["password"]=txtPassword.Text;
        Response.Redirect("Session anli2.aspx");
    }
}
```

（4）在"解决方案资源管理器"窗口中右击 D:\ diwuzhang\，选择"添加新项"命令，在弹出的窗口中选择"Web 窗体"，修改文件名为 Session anli2. aspx，然后单击"添加"按钮，这个页面即为子界面。

（5）在 Session anli2. aspx 界面中的代码如下所示。

```
<form id="form1" runat="server">
<div>
    用户名是: <asp:Label ID="lblUsername" runat="server"></asp:Label>
    <br />
    密码是: <asp:Label ID="lblPassword" runat="server"></asp:Label>
</div>
</form>
```

（6）在 Session anli2. aspx. cs 中的代码如下所示。

```
protected void Page_Load(object sender, EventArgs e)
{
    lblUsername.Text=Session["username"].ToString();
    lblPassword.Text=Session["password"].ToString();
}
```

下面介绍 Session 对象。

Session 对象是 HttpSession 类的实例,该对象也称"会话",主要用于存储特定用户的信息。Session 对象中的数据保存在服务器端。利用 Session 对象可以实现同一连接在不同页面之间的状态保持,但不同连接是不能通过 Session 对象来共享数据的。

创建 Session 对象后及时销毁,可以节省服务器内存;不及时销毁,服务器会很容易因为内存不够用导致瘫痪。为了解决这个问题,微软给 Session 对象加了一个生命周期,当 Session 对象超过生命周期时,服务器端会自动销毁 Session 对象,释放内存。

C#中,Session 对象使用的语法格式如下。

```
Session["Session名称"]=值;       //存储 Session 对象
变量=Session["Session 名称"];    //读取 Session 对象
```

Session 对象常用的属性、方法及说明如表 5-6 所示。

表 5-6   Session 对象常用的属性、方法及说明

属性或方法	说　　明
SessionID	该属性是 Session 对象最常见的属性之一,用于获取 Session 在服务器上的唯一标识,由系统自动生成,用于在整个会话过程中记录用户信息
Timeout	该属性是 Session 对象最常见的属性之一,用户设置或获取 Session 对象的生命周期,以分钟为单位,默认值是 20 分钟
Add	该方法的作用是新增一个 Session 对象变量
Abandon	该方法是 Session 对象最常见的方法之一,用于结束当前会话,清除会话中的所有信息
Clear	该方法是 Session 对象最常见的方法之一,用于清除全部的 Session 对象变量,但不结束会话

任务 5.5   保存和读取客户端信息

本任务是保存和读取客户端信息,页面运行时的效果如图 5-10 所示;先单击"写入用户 IP 到 Cookie"按钮后,再单击"读取用户 IP"按钮,界面如图 5-11 所示。

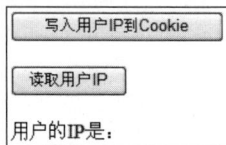

图 5-10   主页面(1)   图 5-11   主页面(2)

(1)在"解决方案资源管理器"窗口中右击 D:\ diwuzhang\,选择"添加新项"命令,在

弹出的窗口中选择"Web 窗体",修改文件名为 Cookie anli. aspx,然后单击"添加"按钮。

（2）在 Cookie anli. aspx 界面中的代码如下所示。

```
<form id="form1" runat="server">
<div>
    <asp:Button ID="btnWrite" runat="server" Text="写入用户 IP 到 Cookie"
        onclick="btnWrite_Click" />
    <br />
    <br />
    <asp:Button ID="btnRead" runat="server" Text="读取用户 IP"
        onclick="btnRead_Click" />
    <br />
    <br />
    用户的 IP 是：<asp:Label ID="lblInfo" runat="server"></asp:Label>
</div>
</form>
```

（3）双击"写入用户 IP 到 Cookie"按钮后,Cookie anli. aspx. cs 中的代码如下所示。

```
protected void btnWrite_Click(object sender, EventArgs e)
{
    string userIp=Request.UserHostAddress.ToString();
    Response.Cookies["IP"].Value=userIp;
}
```

（4）双击"读取用户 IP"按钮后,Cookie anli. aspx. cs 中的代码如下所示。

```
protected void btnRead_Click(object sender, EventArgs e)
{
    lblInfo.Text=Request.Cookies["IP"].Value;
}
```

下面介绍 Cookie 对象。

Cookie 对象是 HttpCookie 类的实例,该对象主要用于存储特定用户的信息。Cookie 对象中的数据保存在客户端。Cookie 是存储在浏览器目录中的文本文件,当访问该 Cookie 对应的网站时,Cookie 作为 HTT 头部文件的一部分在浏览器和服务器之间传递。

Session 对象因为占用服务器资源,如果储存大量的信息,当站点访问量大时,会影响服务器的性能。所以一般将登录状态的信息等存在安全需求的内容(比如用户名、密码、用户权限角色等)存储在 Session 中,而用户的浏览记录、上次的访问时间等内容存储在 Cookie 中。Cookie 对象常用的属性、方法及说明如表 5-7 所示。

表 5-7　Cookie 对象常用的属性、方法及说明

属性或方法	说　　明
Value	该属性是单个的 Cookie 值
Values	该属性是单个 Cookie 的所有键值的集合
Add(Cookie)	该方法的作用是添加一个新的 Cookie
Set(string,string)	该方法的作用是设置指定键的值
Remove(string)	该方法的作用是删除指定键的值
Clear	该方法的作用是清空 Cookie

要存储一个 Cookie 变量,可以通过 Response 对象的 Cookies 集合,其语法格式为

```
Response.Cookies[变量名].Value=值;
```

要取回一个 Cookie 变量,可以通过 Request 对象的 Cookies 集合,其语法格式为

```
值=Request.Cookies[变量名].Value;
```

任务 5.6　获取服务器的相关信息

本任务是获取服务器的相关信息,页面运行时的效果如图 5-12 所示。

(1) 在"解决方案资源管理器"窗口中右击 D:\diwuzhang\,选择"添加新项"命令,在弹出的窗口中选择"Web 窗体",修改文件名为 Server anli.aspx,然后单击"添加"按钮。

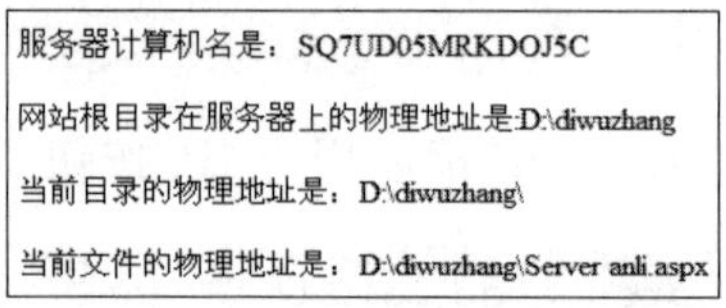

(2) 在 Server anli.aspx 界面中的主要代码如下所示。

服务器计算机名是: SQ7UD05MRKDOJ5C
网站根目录在服务器上的物理地址是:D:\diwuzhang
当前目录的物理地址是: D:\diwuzhang\
当前文件的物理地址是: D:\diwuzhang\Server anli.aspx

图 5-12　获取服务器的相关信息页面

```
<div>
    服务器计算机名是: <asp:Label ID="lblComputer" runat="server"></asp:
    Label>
    <br />
    <br />
    网站根目录在服务器上的物理地址是: <asp:Label ID="lblAddress" runat=
                            "server"></asp:Label>
    <br />
    <br />
    当前目录的物理地址是: <asp:Label ID="lblMAddress" runat="server"></asp:
                            Label>
    <br />
    <br />
```

```
            当前文件的物理地址是：<asp:Label ID="lblFAddress" runat="server"></asp:
                        Label>
</div>
```

（3）在 Server anli. aspx. cs 界面中的代码如下所示。

```
protected void Page_Load(object sender, EventArgs e)
{
    lblComputer.Text=Server.MachineName;
    lblAddress.Text=Server.MapPath("~");
    lblMAddress.Text=Server.MapPath("./");
    lblFAddress.Text=Server.MapPath("Server anli.aspx");
}
```

下面介绍 Server 对象。

Server 对象是 HttpServerUtility 类的实例，该对象主要用于访问服务器上的资源，获取服务器的相关信息，Server 对象常用的属性、方法及说明如表 5-8 所示。

表 5-8　Server 对象常用的属性、方法及说明

属性或方法	说　　明
MachineName	该属性用于获取服务器的计算机名称
ScriptTimeout	该属性用于获取或设置请求超时值，单位是秒
MapPath	该方法是 Server 对象最常见的方法之一，用于返回与 Web 服务器上的指定虚拟路径相对应的物理文件路径，返回值类型是 string

通过 Server. MapPath 可以返回 Web 服务器上指定虚拟路径的物理路径。

本 章 小 结

本章主要内容如下。
- Response 对象的使用方法。
- Request 对象的使用方法。
- Application 对象的使用方法。
- Session 对象的使用方法。
- Cookie 对象的使用方法。
- Server 对象的使用方法。

练习与实践

一、填空题

1. ASP. NET 的五大内置对象是：＿＿＿＿＿＿、＿＿＿＿＿＿、＿＿＿＿＿＿、
＿＿＿＿＿＿、＿＿＿＿。

2. ＿＿＿＿对象可为所有用户共享，＿＿＿＿对象可在一次会话中共享。

3. Session 对象的默认生命周期是＿＿＿＿。

4. ＿＿＿＿对象把数据存放在用户的计算机中。

5. Response 对象的＿＿＿＿方法可以重定向网址。

6. 可以通过＿＿＿＿对象来写入 Cookie。

7. 可以通过＿＿＿＿对象来读取 Cookie。

8. 获取网站物理路径可以使用＿＿＿＿对象。

二、实践操作

1. 在页面上直接输出用户的访问时间，格式为 hh:mm:ss，效果如图 5-13 所示(提示：通过 DateTime. Now 可以获取当前系统的时间)。

2. 采用 Request 对象的 Form 属性直接获取文本框的值并输出，效果如图 5-14 所示。

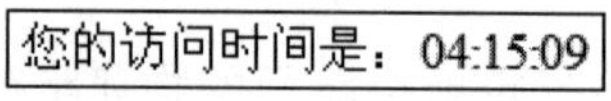

图 5-13　输出访问时间 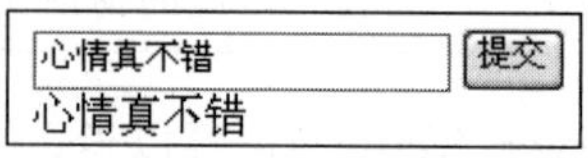　　　　　　图 5-14　获取文本框的值

3. 设计一个简易的聊天室，在页面首次运行时，效果如图 5-15 所示；当输入聊天内容后，效果如图 5-16 所示。

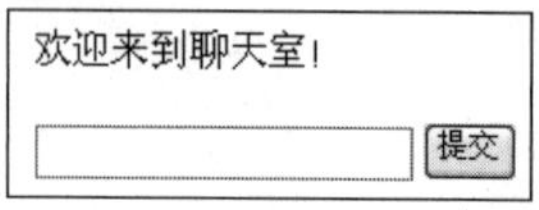

图 5-15　聊天室(1) 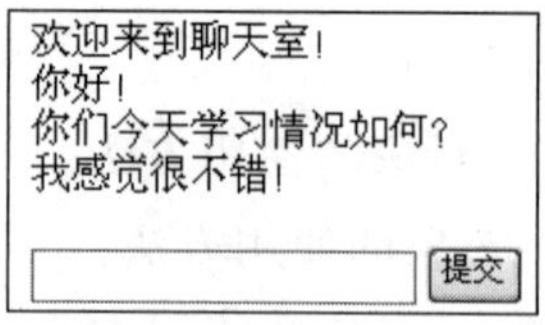　　　　　　图 5-16　聊天室(2)

4. 设计一个网站计数器，要解决用户重复刷新和同一 IP 地址反复登录的问题，效果如图 5-17 所示。

5. 设计一个用户登录页面，要求设计一个用户类，用户类有 2 个字段：用户名和密码；主页面中要输入用户名和密码，效果如图 5-18 所示；当用户名和密码为指定值(用户名为 admin，密码为 123)时，登录成功，调用类，并保存登录的用户名和密码信息，且获取

您是该网站的第1个访问者！

图 5-17　网站计数器

用户的登录时间后跳转到欢迎页面。如果用户名和密码错误，在"登录"按钮下方的 Label 控件中显示错误的提示信息。在欢迎页面中显示欢迎 admin 的信息和显示登录时间，效果如图 5-19 所示。

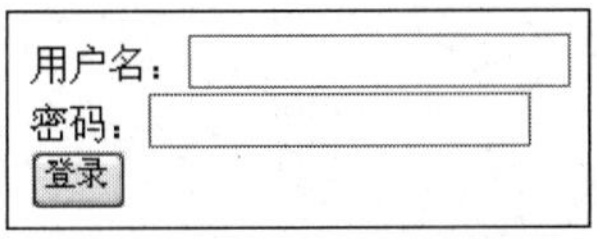

用户名：
密码：
登录

图 5-18　主页面

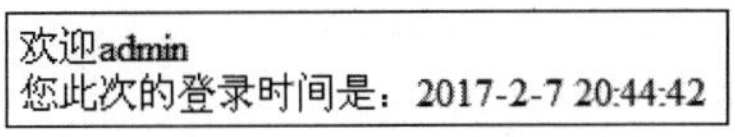

欢迎admin
您此次的登录时间是：2017-2-7 20:44:42

图 5-19　欢迎页面

三、简答题

1. Application 对象、Session 对象和 Cookie 对象的异同点是什么？请从应用范围、存储位置、存放的数据类型和生命周期 4 个方面进行说明。

2. 如何判断一个页面是第一次加载还是刷新？

3. 怎么取到网址中的 QueryString？

4. 为什么要对 Application 对象进行"锁定"和"解锁"？在什么时候应用这 2 个功能？

第二篇
核 心 技 术

第6章 数据验证技术

任务6.1 制作一个注册页面

本任务将制作一个注册页面,并对注册的信息进行验证。验证用户名和密码框是否为空,验证两次密码输入的是否相同,验证年龄是否为1~120,验证电子邮箱地址是否符合规范。注册页面的效果如图6-1所示。

实现步骤如下。

(1) 在"解决方案资源管理器"窗口中右击 D:\diwuzhang\,选择"添加新项"命令,在弹出的窗口中选择"Web 窗体",修改文件名为 zc. aspx,然后单击"添加"按钮,这个页面即为主界面。

(2) 在 zc. aspx 页面中切换到"设计"视图模式(或"拆分"视图模式),在页面中首先放置以下内容:首先在页面上输入标题"用户注册",在标题的下方输入文本内容"用

图 6-1 注册页面

户名",并在其后插入文本框,修改文本框的 id 值为 txtName。然后按 Enter 键,输入文本内容"密码",并在其后插入文本框,修改文本框的 id 值为 txtPassword,修改 TextMode 属性值为 Password。然后按 Enter 键,输入文本内容"确认密码",并在其后插入文本框,修改文本框的 id 值为 txtConPassword,修改 TextMode 属性值为 Password。然后按 Enter 键,输入文本内容"年龄",并在其后插入文本框,修改文本框的 id 值为 txtAge。然后按 Enter 键,输入文本内容"电子邮箱",并在其后插入文本框,修改文本框的 id 值为 txtEmail。然后按 Enter 键,插入 2 个按钮,分别修改按钮的 id 值为 btnRegister、btnCancel,分别修改按钮的 Text 值为"注册""取消"。

(3) 添加验证控件。首先在用户名的文本框后面添加 RequiredFieldValidator 验证控件,修改其 ControlToValidate 属性的值为 txtName,修改其 ErrorMessage 属性的值为"用户名不能为空!",修改其 ForeColor 属性的值 Red,修改其 Text 属性为"＊"。

(4) 在密码的文本框后面添加 RequiredFieldValidator 验证控件,修改其 ControlToValidate 属性的值为 txtPassword,修改其 ErrorMessage 属性的值为"密码不能为空!",修改其 ForeColor 属性的值 Red,修改其 Text 属性的值为"＊"。

(5) 在确认密码的文本框后面添加 RequiredFieldValidator 验证控件,修改其 ControlToValidate 属性的值为 txtConPassword,修改其 ErrorMessage 属性的值为"确认

密码不能为空!",修改其 ForeColor 属性的值 Red,修改其 Text 属性的值为"＊"。然后再在 RequiredFieldValidator 验证控件后面添加 CompareValidator 验证控件,修改其 ControlToValidate 属性的值为 txtConPassword,修改其 ControlToCompare 属性的值为 txtPassword,修改其 ErrorMessage 属性的值为"两次密码输入不一致!",修改其 ForeColor 属性的值 Red。

（6）在年龄的文本框后面添加 RangeValidator 验证控件,修改其 ControlToValidate 属性的值为 txtAge,修改其 ErrorMessage 属性的值为"年龄范围必须为 1～120!",修改其 ForeColor 属性的值 Red,修改其 Text 属性的值为"＊"。

（7）在电子邮箱的文本框后面添加 RegularExpressionValidator 验证控件,修改其 ControlToValidate 属性的值为 txtEmail,修改其 ErrorMessage 属性的值为"电子邮箱地址格式不正确!",修改其 ForeColor 属性的值 Red,修改其 Text 属性的值为"＊"。

（8）在"取消"按钮的后面按 Enter 键,插入 ValidationSummary 验证控件,修改其 ShowMessageBox 属性的值为 True。

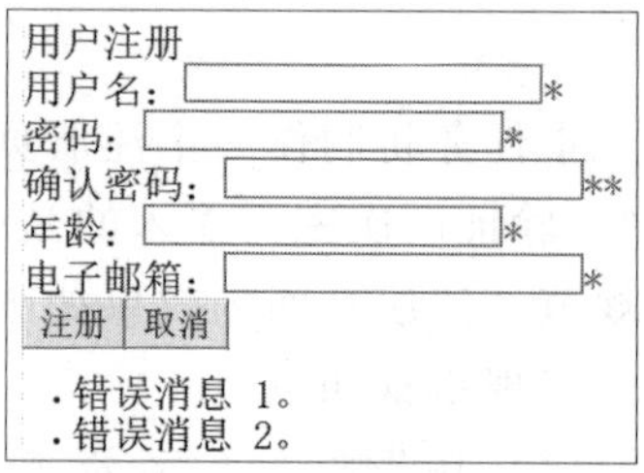

（9）zc.aspx 页面的设计界面效果如图 6-2 所示。

（10）zc.aspx 页面代码如下。

图 6-2　注册页面的设计视图效果

```
<div>
用户注册<br />
用户名：<asp:TextBox ID="txtName" runat="server"></asp:TextBox>
    < asp: RequiredFieldValidator ID =" RequiredFieldValidator1" runat =
        "server" ControlToValidate="txtName" ErrorMessage="用户名不能
        为空!" ForeColor="Red"> *
    </asp:RequiredFieldValidator>
<br />
密码：<asp:TextBox ID="txtPassword" runat="server" TextMode="Password">
    </asp:TextBox>
    < asp: RequiredFieldValidator ID =" RequiredFieldValidator2" runat =
        "server" ControlToValidate="txtPassword" ErrorMessage="密码不能
        为空!" ForeColor="Red"> *
    </asp:RequiredFieldValidator>
<br />
确认密码：<asp:TextBox ID="txtConPassword" runat="server" TextMode="Password">
    </asp:TextBox>
    <asp:RequiredFieldValidator ID="RequiredFieldValidator3" runat="server"
        ControlToValidate="txtConPassword" ErrorMessage="确认密码不能为空"
        ForeColor="Red"> * </asp:RequiredFieldValidator>
    <asp:CompareValidator ID="CompareValidator1" runat="server"
        ControlToCompare="txtPassword" ControlToValidate="txtConPassword"
        ErrorMessage="两次密码输入不一致!" ForeColor="Red"> *
    </asp:CompareValidator>
```

```
<br />
年龄: <asp:TextBox ID="txtAge" runat="server"></asp:TextBox>
    <asp:RangeValidator ID="RangeValidator1" runat="server"
      ControlToValidate="txtAge" ErrorMessage="年龄范围必须为 1~120!"
      ForeColor="Red" MaximumValue="120" MinimumValue="1" Type="Integer"> *
    </asp:RangeValidator>
<br />
电子邮箱: <asp:TextBox ID="txtEmail" runat="server"></asp:TextBox>
      <asp:RegularExpressionValidator  ID="RegularExpressionValidator1"
          runat="server"ControlToValidate="txtEmail" ErrorMessage="电子
          邮箱地址格式不正确" ForeColor="Red"ValidationExpression="\w+
          ([-+.']\w+) * @ \w+ ([-.]\w+) * \.\w+ ([-.]\w+) * "> *
      </asp:RegularExpressionValidator>
      <br />
<asp:Button ID="btnRegister" runat="server" Text="注册" onclick="btnRegister_
Click" />
<asp:Button ID="btnCancel" runat="server" Text="取消" onclick="btnCancel_
Click" CausesValidation="False" />
<br />
<asp:ValidationSummary  ID="ValidationSummary1"  runat="server"
ShowMessageBox="True" />
</div>
```

（11）双击"取消"按钮，触发一个 btnCancel_Click 事件，这个事件的主要功能是，清空用户名、密码、确认密码、年龄和电子邮箱文本框中的内容，并把光标定位到用户名后的文本框中。代码如下所示。

```
protected void btnCancel_Click(object sender, EventArgs e)
{
    txtName.Text="";
    txtPassword.Text="";
    txtConPassword.Text="";
    txtAge.Text="";
    txtEmail.Text="";
    txtName.Focus();
}
```

（12）页面运行时，单击"取消"按钮，不需要执行验证，就直接清空所有文本框的内容，并且光标在用户名后的文本框中显示，实现这个效果，需要设置按钮的 CausesValidation 属性为 False。

6.1.1　非空验证控件

ASP.NET 提供了一组验证控件，对客户端用户的输入进行验证。当某个字段不能为空时可以采用非空数据验证控件 RequiredFieldValidator，该控件的部分常用属性及说明如表 6-1 所示。

表 6-1   RequiredFieldValidator 控件的部分常用属性及说明

属　　性	说　　明
ControlToValidate	要验证控件的 ID,这个属性必须要填,否则报错
ErrorMessage	当验证失败时,出现的错误信息
Text	当验证失败时显示的信息

说明:如果未设置 Text 属性,ErrorMessage 的值将在验证控件中显示;如果设置了 Text 属性,ErrorMessage 的值将在 ValidationSummary 控件中显示。

例如,"注册页面"案例中,用户名文本框和密码文本框都采用 RequiredFieldValidator 控件进行了验证,当这两个文本框都为空时,单击"注册"按钮,在下方的 ValidationSummary 控件中显示错误信息 ErrorMessage 的值"用户名不能为空!"和"密码不能为空!"。

6.1.2   数据比较验证控件

数据比较验证控件 CompareValidator 用来比较两个验证控件的值是否相等。最常用到的就是注册时判断用户两个输入的密码是否一致。CompareValidator 控件的部分常用属性及说明如表 6-2 所示。

表 6-2   CompareValidator 控件的部分常用属性及说明

属　　性	说　　明
ControlToValidate	要验证控件的 ID,这个属性必须要填,否则报错
ControlToCompare	与所要验证控件进行比较的输入控件的 ID
ErrorMessage	当验证失败时,出现的错误信息
Text	当验证失败时显示的信息

说明:如果输入为空,验证不会失败,也不会提示信息,应该采用 RequiredFieldValidator 控件,使字段成为必选字段。

例如,"注册页面"案例中,"确认密码"的文本框采用比较验证控件 CompareValidator。其 ControlToValidate 属性值是确认密码文本框的 ID 值,ControlToCompare 属性值是密码文本框的 ID 值;当两次密码输入不一致时,会出现出错信息,效果如图 6-3 所示。

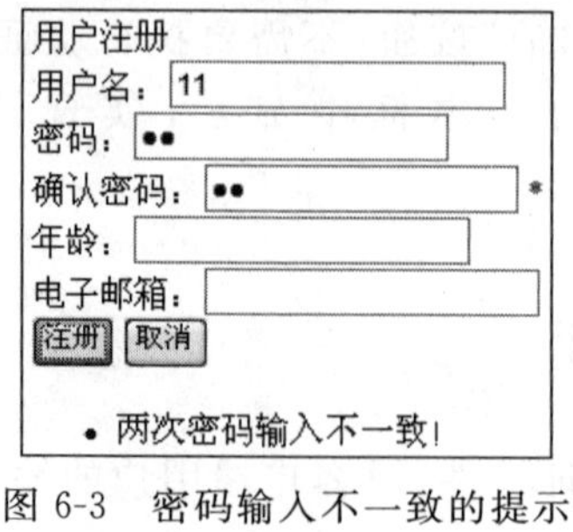

图 6-3   密码输入不一致的提示

148

6.1.3 数据范围验证控件

数据范围验证控件 RangeValidator 用于验证用户输入是否在指定范围内。RangeValidator 控件的部分常用属性及说明如表 6-3 所示。

表 6-3 RangeValidator 控件的部分常用属性及说明

属　　性	说　　明
ControlToValidate	要验证控件的 ID,这个属性必须要填,否则报错
MaximumValue	输入控件的最大值
MinimumValue	输入控件的最小值
Type	规定要检测值的数据类型
ErrorMessage	当验证失败时,出现的错误信息
Text	当验证失败时显示的信息

例如,"注册页面"案例中,年龄文本框采用 RangeValidator 控件进行验证,设置其输入的最大值为 120,即 MaximumValue="120";最小值为 1,即 MinimumValue="1";数据类型是整型,即 Type="Integer",数据类型不设置会报错。

说明:RangeValidator 控件提供 5 种类型的验证。第一种类型是 String,该类型用来验证输入的内容是否在指定的字符串范围以内。第二种类型是 Integer,该类型用来验证输入的内容是否在指定的整数范围以内。第三种类型是 Double,该类型用来验证输入的内容是否在指定的双精度实数范围以内。第四种类型是 Date,该类型用来验证输入的内容是否在指定的日期范围以内。第五种类型是 Currency,该类型用来验证输入的内容是否在指定的货币值范围以内。

6.1.4 数据格式验证控件

数据格式验证控件 RegularExpressionValidator,也叫正则表达式控件。用于验证输入值是否匹配正则表达式指定的模式。RegularExpressionValidator 控件的部分常用属性及说明如表 6-4 所示。

表 6-4 RegularExpressionValidator 控件的部分常用属性及说明

属　　性	说　　明
ControlToValidate	要验证控件的 ID,这个属性必须要填,否则报错
ValidationExpression	规定输入控件的正则表达式
ErrorMessage	当验证失败时,出现的错误信息
Text	当验证失败时显示的信息

在 RegularExpressionValidator 控件的属性面板中,单击 ValidationExpression 属性右边输入框的 ⋯ 按钮,将弹出"正则表达式编辑器"对话框,该对话框列出了常用的一些

正则表达式。

例如,"注册页面"案例中,电子邮箱的文本框采用 RegularExpressionValidator 进行验证,其正则表达式 ValidationExpression 属性可以通过在"正则表达式编辑器"对话框中选择"Internet 电子邮件地址"即可,这时会在"正则表达式编辑器"对话框中"验证表达式"中显示\w+([-+.']\w+)*@\w+([-.]\w+)*\.\w+([-.]\w+)*,其中\w 表示"匹配任何一个字符 a~z,A~Z,0~9"。

正则表达式是指一个用来描述或匹配一系列符合某个句法规则的字符串的单个字符串。在 C#中,正则表达式拥有一套语法规则。C#中常用的字符匹配语法表如表 6-5 所示,重复匹配语法表如表 6-6 所示,字符定位语法表如表 6-7 所示,转义匹配语法表如表 6-8 所示。

表 6-5　C#中常用的字符匹配语法表

元字符	说　　明
[a~z]	匹配任何在连字符范围内的小写字母
[A~Z]	匹配任何在连字符范围内的大写字母
\d	匹配任何一个十进制数字(0~9)。例如,"\d"匹配 5,不匹配 a,也不匹配 10
\D	匹配任何一个非数字。例如,"\D"匹配 a,不匹配 5
\w	匹配任何一个单字符(a~z,A~Z,0~9,下划线或汉字)
\W	匹配任何一个空白字符
\s	匹配任何一个非空白字符
\S	匹配任何非单词字符
.	匹配任意字符
【…】	匹配括号中的任意字符。例如,【a-c】匹配 a、b、c,不匹配 abc

表 6-6　重复匹配语法表

元字符	说　　明
{n}	匹配前面表达式 n 次
{n,}	至少匹配前面表达式 n 次
{m,n}	匹配前面表达式至少 m 次,至多 n 次
?	匹配前面表达式 0 次或 1 次{0,1}
*	至少匹配前面表达式 0 次{0,}
+	至少匹配前面表达式 1 次{1,}

表 6-7　字符定位语法表

元字符	说　　明
^	匹配字符串的开头
$	匹配字符串的结尾
z	匹配前面模式结束位置
Z	匹配前面模式结束位置(换行前)
\b	匹配字符边界(即匹配单词的开始或结束)
\B	匹配非字符边界的某个位置

表 6-8　转义匹配语法表

元字符	说　　明	元字符	说　　明
\n	匹配换行	\v	匹配垂直制表符
\r	匹配按 Enter 键	\f	匹配换页
\t	匹配水平制表符		

学习正则表达式的最好方法是从例子开始,理解例子之后再自己对例子进行修改、实验。下面分别举例进行说明。

(1) 假设我们在一篇英文小说里查找 hi,可以使用正则表达式"hi"。这几乎是最简单的正则表达式了,它可以精确匹配这样的字符串:由两个字符组成,前一个字符是 h,后一个字符是 i。通常,处理正则表达式的工具会提供一个忽略大小写的选项,如果选中了这个选项,它可以匹配 hi、HI、Hi、hI 这四种情况中的任意一种。不幸的是,很多单词里包含 hi 这两个连续的字符,比如 him、history、high 等。用 hi 来查找,这里边的 hi 也会被找出来。如果要精确地查找 hi 这个单词,我们应该使用\bhi\b。

\b 是正则表达式规定的一个特殊代码(有人叫它元字符,meta character),代表着单词的开头或结尾,也就是单词的分界处。虽然通常英文的单词是由空格、标点符号或者换行来分隔的,但是\b 并不匹配这些单词分隔字符中的任何一个,它只匹配一个位置。

假如要找的是 hi 后面不远处跟着一个 Lucy,则应该用\bhi\b. * \bLucy\b。

"."是另一个元字符,匹配除了换行符以外的任意字符。

" * "同样是元字符,它代表的不是字符,也不是位置,而是数量——它指定 * 前边的内容可以连续重复使用任意次以使整个表达式得到匹配。因此,. * 连在一起就意味着任意数量的不包含换行的字符。现在\bhi\b. * \bLucy\b 的意思就很明显了:先是一个单词 hi,然后是任意个任意字符(但不能是换行),最后是 Lucy 这个单词。

(2) 0\d\d-\d\d\d\d\d\d\d\d 匹配这样的字符串:以 0 开头,然后是两个数字,然后是一个连字号"-",最后是 8 个数字(也就是中国的电话号码。当然,这个例子只能匹配区号为 3 位的情形)。

这里的\d 是个新的元字符,匹配一位数字(0,或 1,或 2……)。

"-"不是元字符,只匹配它本身——连字符(或者减号,或者中横线)。

为了避免重复,也可以这样写这个表达式:0\d{2}-\d{8}。这里\d 后面的{2}({8})的意思是前面\d 必须连续重复匹配 2 次(8 次)。

(3) \ba\w * \b 匹配以字母 a 开头的单词——先是某个单词开始处(\b),然后是字母 a,接下来是任意数量的字母或数字(\w *),最后是单词结束处(\b)。

\d+匹配 1 个或更多连续的数字。这里的+是和 * 类似的元字符,不同的是 * 匹配重复任意次(可能是 0 次),而+则匹配重复 1 次或更多次。

\b\w{6}\b 匹配刚好 6 个字符的单词。

(4) 比如一个网站如果要求填写的 QQ 号必须为 5~12 位数字时,可以使用^\d{5,12} $。

元字符^和 $ 都匹配一个位置,这和\b 有点类似。^匹配要用来查找的字符串的开头,

"$"匹配结尾。这两个代码在验证输入的内容时非常有用。

这里的{5,12}和前面介绍过的{2}是类似的,只不过{2}匹配只能不多不少重复两次,{5,12}则是重复的次数不能少于5次,不能多于12次,否则都不匹配。

因为使用了^和$,所以输入的整个字符串都要用来和\d{5,12}来匹配,也就是说整个输入必须是5~12个数字。因此如果输入的QQ号能匹配这个正则表达式,那就符合要求了。

与忽略大小写的选项类似,有些正则表达式处理工具还有一个处理多行的选项。如果选中了这个选项,^和$的意义就变成了匹配行的开始处和结束处。

(5) Windows\d+匹配 Windows 后面跟1个或更多数字;^\w+匹配一行的第一个单词(或整个字符串的第一个单词)。

(6) [aeiou]就匹配任何一个英文元音字母,[.?!]匹配标点符号(.或?或!)。

(7) [0-9]代表的含义与\d 就是完全一致的,即一位数字;同理[a-z0-9A-Z_]也完全等同于\w(如果只考虑英文)。

(8) \(? 0\d{2}[) -]? \d{8}这个表达式可以匹配几种格式的电话号码,像(010)88886666,或 022-22334455,或 02912345678 等。

"("和")"也是元字符,在这里需要使用转义;首先是一个转义字符\(,它能出现0次或1次(?),然后是一个0,后面跟着2个数字(\d{2}),然后是)或-或空格中的一个,它出现1次或不出现(?),最后是8个数字(\d{8})。

刚才那个表达式也能匹配 010)12345678 或(022-87654321 这样的"不正确"的格式。要解决这个问题,我们需要用到分支条件。正则表达式里的分支条件指的是有几种规则,如果满足其中任意一种规则都应该当成匹配,具体方法是用|把不同的规则分隔开。具体看下面的例子:

- 0\d{2}-\d{8}|0\d{3}-\d{7}这个表达式能匹配两种以连字号分隔的电话号码:一种是三位区号,8位本地号(如 010-12345678);另一种是4位区号,7位本地号(0376-2233445)。

- \(0\d{2}\)[-]? \d{8}|0\d{2}[-]? \d{8}这个表达式匹配3位区号的电话号码,其中区号可以用小括号括起来,也可以不用,区号与本地号间可以用连字号或空格间隔,也可以没有间隔。

(9) \d{5}-\d{4}|\d{5}这个表达式用于匹配美国的邮政编码。美国邮编的规则是5位数字,或者用连字号间隔的9位数字。之所以要给出这个例子是因为它能说明一个问题:使用分支条件时,要注意各个条件的顺序。如果把它改成\d{5}|\d{5}-\d{4},那么就只会匹配5位的邮编(以及9位邮编的前5位)。原因是匹配分支条件时,将会从左到右地测试每个条件,如果满足了某个分支,就不会去管其他的条件了。

(10) (\d{1,3}\.){3}\d{1,3}是一个简单的 IP 地址匹配表达式。要理解这个表达式,请按下列顺序分析它:\d{1,3}匹配1~3位的数字,(\d{1,3}\.){3}匹配三位数字加上一个英文句号(这个整体也就是这个分组)重复3次,最后再加上一个1~3位的数字(\d{1,3})。

我们已经提到了怎么重复单个字符(直接在字符后面加上限定符就可以);但如果想

要重复多个字符又该怎么办？可以用小括号来指定子表达式（也叫作分组），然后可以指定这个子表达式的重复次数了，也可以对子表达式进行其他一些操作（后面会有介绍）。

IP 地址中每个数字都不能大于 255，01.02.03.04 这样前面带有 0 的数字，是不是正确的 IP 地址呢？答案是：IP 地址里的数字可以包含有前导 0(leading zeroes)。

不幸的是，它也将匹配 256.300.888.999 这种不可能存在的 IP 地址。如果能使用算术比较，或许能简单地解决这个问题，但是正则表达式中并不提供关于数学的任何功能，所以只能使用冗长的分组，并选择字符类来描述一个正确的 IP 地址：((2[0-4]\d|25[0-5]|[01]? \d\d?)\.){3}(2[0-4]\d|25[0-5]|[01]? \d\d?)。理解这个表达式的关键是理解 2[0-4]\d|25[0-5]|[01]? \d\d?，这里我们就不再介绍。

6.1.5　验证错误信息显示控件

验证错误信息显示控件 ValidationSummary，也叫总结控件。它会把本页面中所有的验证不通过的信息进行汇总并显示，这些错误信息是由每个验证控件的 ErrorMessage 属性规定的。ValidationSummary 控件的部分常用属性及说明如表 6-9 所示。

表 6-9　ValidationSummary 控件的部分常用属性及说明

属　　性	说　　明
DisplayMode	如何显示摘要。合法值为 List、SingleParagraph、BulletList，默认为 BulletList
ShowMessageBox	布尔值，指示是否弹出消息框并显示验证摘要

例如，"注册页面"案例中，在页面最下方添加了 ValidationSummary 控件，当注册页面中某个控件的输入没有通过验证，这个控件的 ErrorMessage 值就会显示在 ValidationSummary 控件中。如果设置了 ShowMessageBox 属性的值为 True，当用户名文本框和密码文本框都为空时，单击"注册"按钮，就会弹出消息框，效果如图 6-4 所示。

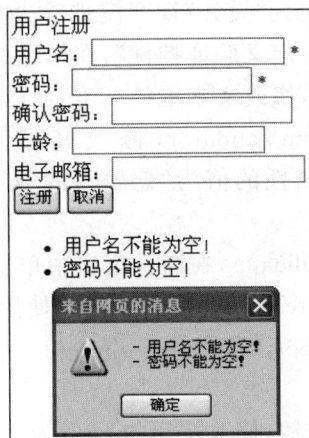

图 6-4　出错消息框

153

6.1.6　禁用数据验证

在某些特定条件下,可能需要避开验证。例如,某个页面即使用户填写的信息验证有错误,也可以提交该页面。比如网页上的"取消"或"重置"按钮不需要执行验证。

如何设置 ASP.NET 服务器控件来避开服务器和客户端的验证呢? 有 3 种方式可以来禁用数据验证。

(1) 在特定的控件中禁用验证

将 ASP.NET 服务器控件的 CausesValidation 属性设为 False。

(2) 禁用验证控件

将验证控件的 Enabled 属性设为 False。

(3) 禁用客户端验证

将验证控件的 EnableClientScript 属性设为 False。

任务6.2　制作一个奇数验证页面

本任务将制作一个奇数验证页面,并输入数字进行验证,如果输入的数字不是奇数或者不符合数据类型的要求,就提示"您输入的数不是奇数!"。奇数验证页面的效果如图 6-5 所示。

实现步骤如下。

(1) 在"解决方案资源管理器"窗口中右击 D:\ diliuzhang\,选择"添加新项"命令,在弹出的窗口中选择"Web 窗体",修改文件名为 zdyyz.aspx,然后单击"添加"按钮,这个页面即为主界面。

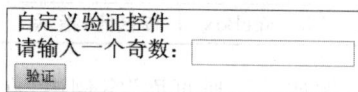

图 6-5　注册页面

(2) zdyyz.aspx 页面中,切换到"设计"视图模式(或"拆分"视图模式),在页面中放置以下内容:在页面上输入标题"自定义验证控件",在标题的下方输入文本内容"请输入一个奇数:",并在其后插入文本框,修改文本框的 id 值为 txtNum。

(3) 插入验证控件 CustomValidator,修改其 ControlToValidate 属性的值为 txtNum,修改其 ErrorMessage 属性的值为"您输入的数不是奇数!",修改其 ForeColor 属性的值 Red。

(4) 选中验证控件 CustomValidator,在属性窗口中单击"事件"按钮,在 ServerValidate 的事件中输入事件名称为 ValidateEven。因为要通过使用 CustomValidator 控件实现服务器端验证,需要将验证函数与 ServerValidate 事件相关联,即在 ServerValidate 的事件中输入函数名。

(5) 按 Enter 键,插入 1 个按钮,修改按钮的 id 值为 btnCheck,分别修改按钮的 Text 值为验证。

(6) zdyyz.aspx 页面的代码如下所示。

```
<div>
    自定义验证控件<br />
    请输入一个奇数：<asp:TextBox ID="txtNum" runat="server"></asp:TextBox>
    <asp:CustomValidator ID="CustomValidator1" runat="server"
        ControlToValidate="txtNum" ErrorMessage="您输入的不是奇数！"
        onservervalidate = " ValidateEven " ForeColor = " Red " > * </asp:
        CustomValidator>
    <br />
    <asp:Button ID="btnCheck" runat="server" Text="验证" />
</div>
```

（7）在 zdyyz. aspx. cs 页面中的 ValidateEven 事件中编写相关代码，内容如下所示。

```
protected void ValidateEven(object source, ServerValidateEventArgs args)
{
    try
    {
        if(Convert.ToInt32(args.Value) %2==1)
        {
            args.IsValid=true;
        }
        else
        {
            args.IsValid=false;
        }
    }
    catch
    {
        args.IsValid=false;
    }
}
```

　　说明：ASP. NET 中验证控件的列表和执行验证的结果是由 Page 对象来维护的。Page 对象有一个 IsValid 属性，如果验证测试成功，属性返回 true；如果有一个验证失败，则返回 false。IsValid 属性可用于了解是否所有验证测试都已经成功了。

本 章 小 结

本章主要内容如下。
- 非空验证控件的使用方法。
- 数据比较验证控件的使用方法。
- 数据范围验证控件的使用方法。
- 数据格式验证控件的使用方法。
- 验证错误信息显示控件的使用方法。

- 禁用数据验证的方法。

练习与实践

一、填空题

1. 对年龄进行验证,要使用_____验证控件。

2. RequiredFieldValidator 控件的 _____ 属性用来记录当验证失败时在 ValidationSummary 控件中显示的文本。

3. RegularExpressionValidator 控件的_____属性用来规定验证输入控件的正则表达式。

二、实践操作

设计一个页面进行成绩的输入,并要求对输入的信息进行验证,效果如图 6-6 和图 6-7 所示。

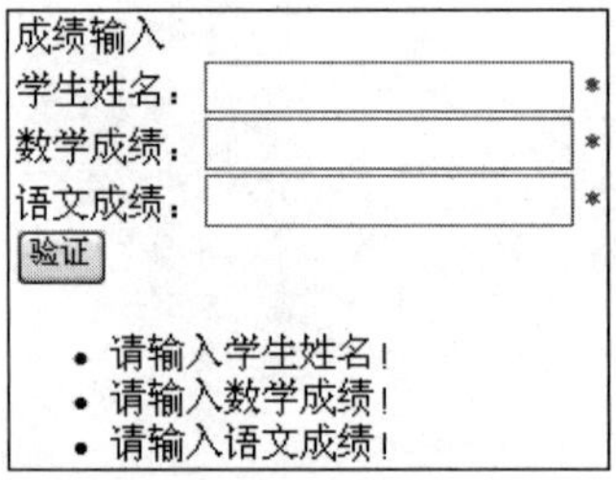

图 6-6　成绩的输入(1)

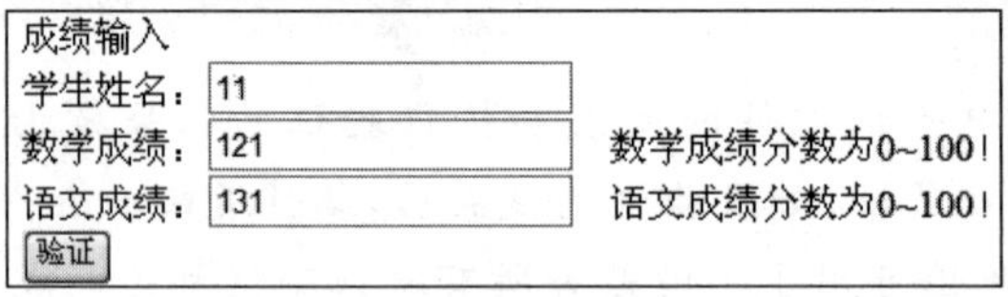

图 6-7　成绩的输入(2)

第 7 章 Web 用户控件

任务 7.1 制作一个导航条

本任务将制作一个新闻发布网站的导航条,为了便于网站修改起来方便,可以先创建 Web 用户控件。导航条的效果如图 7-1 所示。

首页 新闻发布 新闻查询 登录 注册 后台管理

图 7-1 导航条

实现步骤如下。

(1) 在"解决方案资源管理器"窗口中右击 D:\diqizhang\,选择"添加新项"命令,在弹出的窗口中选择"Web 用户控件",在"名称"选项中把默认的文件名修改成 dh. ascx,然后单击"添加"按钮。添加新项的窗口如图 7-2 所示。

图 7-2 创建 Web 用户控件

（2）打开已经创建好的 Web 用户控件 dh.ascx，在 dh.ascx 中添加静态文本，代码如下所示。

```
<%@ Control Language="C#" AutoEventWireup="true" CodeFile="dh.ascx.cs"
Inherits="dh" %>
<div style="font-size: large; font-weight: bold;">
首页
新闻发布
新闻查询
登录
注册
后台管理
</div>
```

（3）关闭 Web 用户控件 dh.ascx，在站点根目录下新建 Web 窗体 index.aspx，单击 dh.ascx，按住鼠标左键不放，拖动鼠标到网页上合适的位置，然后松开鼠标左键，即可把 Web 用户控件 dh.ascx 添加到网页 index.aspx 中。index.aspx 的前台代码如下所示。

```
<form id="form1" runat="server">
<uc1:dh ID="dh1" runat="server" />
<div>
</div>
</form>
```

说明：当 Web 用户控件拖动到网页中后，在网页的"源视图"界面会发现自动生成了一行代码：＜%@ Register src＝"dh.ascx" tagname＝"dh" tagprefix＝"uc1" %＞，参数说明如下。

- Src：定义包括 Web 用户控件的虚拟路径；
- Tagname：将名称和 Web 用户控件相关联；
- Tagprefix：将前缀与 Web 用户控件关联。

（4）如果需要导航文字都有超链接的效果，并且文字之间加强间隔，可以打开 Web 用户控件 dh.ascx 进行修改，修改代码如下。

```
<%@ Control Language="C#" AutoEventWireup="true" CodeFile="dh.ascx.cs"
Inherits="dh" %>
<div style="font-size: large; font-weight: bold;">
    <asp:HyperLink ID="HyperLink1" runat="server" NavigateUrl="~/index.
    aspx">首页</asp:HyperLink> 
    <asp:HyperLink ID="HyperLink2" runat="server" NavigateUrl="#">新闻发布
    </asp:HyperLink> 
    <asp:HyperLink ID="HyperLink3" runat="server" NavigateUrl="#">新闻查询
    </asp:HyperLink> 
    <asp:HyperLink ID="HyperLink4" runat="server" NavigateUrl="#">登录
    </asp:HyperLink> 
```

```
    <asp:HyperLink ID="HyperLink5" runat="server" NavigateUrl="#">注册
    </asp:HyperLink> 
    <asp:HyperLink ID="HyperLink6" runat="server" NavigateUrl="#">后台管理
    </asp:HyperLink> 
</div>
```

（5）打开 index.aspx，发现导航已经自动更新。如果没有更新，可以在 index.aspx 中选中 Web 用户控件，单击右侧的右向箭头按钮，效果如图 7-3 所示。

首页　新闻发布　新闻查询　登录　注册　后台管理　　　　　　　　　▶

图 7-3　网页中的 Web 用户控件

在弹出的"UserControl 任务"快捷菜单中选择"刷新内容"即可，效果如图 7-4 所示。

图 7-4　"UserControl 任务"快捷菜单

任务 7.2　熟悉 Web 用户控件

ASP.NET 网页中，可以用创建 ASP.NET 网页的技术来创建可重复使用的自定义控件，这些控件被称为 Web 用户控件。

Web 用户控件是一种复合控件，它与完整的 ASP.NET 网页相似，都具有用户界面和代码。用户控件与 ASP.NET 网页的区别在于以下方面。

- Web 用户控件文件的扩展名为.ascx，而 ASP.NET 网页的扩展名为.aspx；
- Web 用户控件没有@Page 指令，而是包含@ Control 指令，该指令对配置及其他属性进行定义；
- Web 用户控件不能作为独立的文件运行，而要添加到 ASP.NET 网页中才可以；
- Web 用户控件没有 html、body 或 form 元素。

Web 用户控件有它独特的优点，内容如下。

- 可以将常用的内容或控件以及控件的运行程序逻辑设计为用户控件，以便用户在多个网页中重复使用该控件，可以省去很多重复性的工作；
- 如果网页中使用 Web 用户控件的这部分内容需要改变，只需要修改 Web 用户控件的内容即可，网页的内容会随之改变，网页的维护变得简单易行。

1. 设置 Web 用户控件

Web 用户控件与 Web 网页的设计几乎完全相同，因此，如果某个 Web 网页完成的功能可以在其他 Web 网页重复使用，可以直接将 Web 网页转化成 Web 用户控件，方法

159

如下。

(1) 在.aspx文件的"源视图"界面中,删除<html>、<body>、<head>、<form>等标记。

(2) 将@Page指令修改成@ Control指令,并将CodeFile属性修改成以.ascx.cs为扩展名的文件。

(3) 在后台代码中,将public partial class声明的页类删除,改为用户控件的名称,并且将System.Web.UI.Page改成System.Web.UI.UserControl。

(4) 在"解决方案资源管理器"窗口中,将文件的扩展名.aspx改成.ascx。

2. 使用Web用户控件

Web用户控件设计好之后,可以将其添加到一个或多个网页中,在同一个网页中也可以使用多次,并且各个Web用户控件会以不同的ID来标识。在网页中添加Web用户控件的操作与将ASP.NET内置控件从工具箱中拖放到网页上一样,其操作的基本步骤如下。

(1) 在"解决方案资源管理器"中单击选中要添加到网页上的Web用户控件。

(2) 按住鼠标左键不放,拖动Web用户控件到网页的相关位置上,然后松开鼠标左键即可。

(3) 选中已经添加好的Web用户控件,在属性窗口中可以修改Web用户控件的相关属性。

本 章 小 结

本章主要内容如下。
- Web用户控件的创建方法。
- Web用户控件的使用方法。

练 习 与 实 践

实践操作

设计一个博客的导航条(链接为空链接),效果如图7-5所示。

博客首页 文章管理 图片管理 朋友圈管理 用户管理 退出登录

图7-5 博客导航条

第8章 站点导航控件

任务8.1 创建一个电子书网站

本任务将制作一个电子书网站,有导航栏,以实现网页间的链接导航。电子书网站的效果如图 8-1 所示。

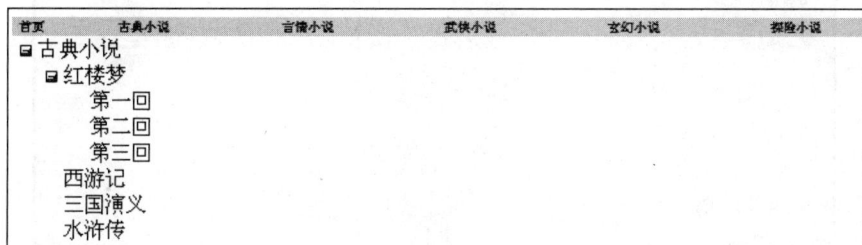

图 8-1 电子书网站

实现步骤如下。

(1) 首先在站点根目录下新建 1 个页面 gd. aspx,然后再在站点根目录下添加 books 文件夹,在其中添加 hlm. aspx、hlm1. aspx、hlm2. aspx、hlm3. aspx、xyj. aspx、sgyy. aspx、shz. aspx 这 7 个 Web 窗体,并分别在上述窗体中添加文字"红楼梦""第一回""第二回""第三回""西游记""三国演义"和"水浒传",网站结构如图 8-2 所示。

(2) 为了每个子页面能快速地回到古典小说页面 gd. aspx,为每个子页面添加一个"返回首页"的导航。以 hlm. aspx 为例,代码如下所示。

图 8-2 网站结构

```
<div>
    红楼梦<br /><br />
    <asp:HyperLink ID="HyperLink1" runat="server" NavigateUrl="~/gd.aspx">
返回</asp:HyperLink></div>
```

(3) 打开 gd. aspx 页面,切换到"拆分"视图模式,从左侧的工具箱中拖动导航控件 TreeView 到页面下方,工具箱中的 TreeView 控件及其设计效果如图 8-3 和图 8-4 所示。

（4）单击 TreeView 控件右上角的 ▷ 按钮，弹出"TreeView 任务"快捷菜单，选择"编辑节点"选项，效果如图 8-5 所示。

图 8-3　TreeView 控件　　图 8-4　TreeView 控件的设计效果　　图 8-5　"TreeView 任务"快捷菜单

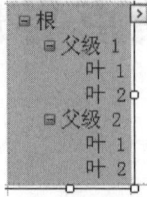

（5）在弹出的"TreeView 节点编辑器"对话框中，单击添加节点按钮 ▓▓，如图 8-6 所示，在节点窗口中增加了一个节点，效果如图 8-7 所示。

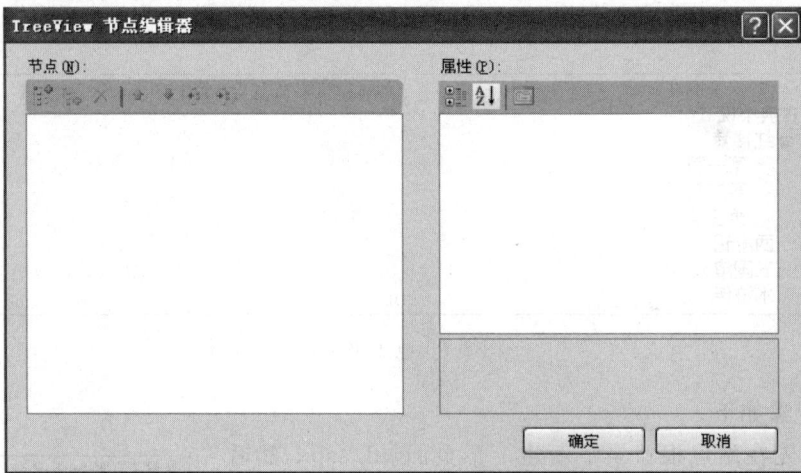

图 8-6　"TreeView 节点编辑器"对话框

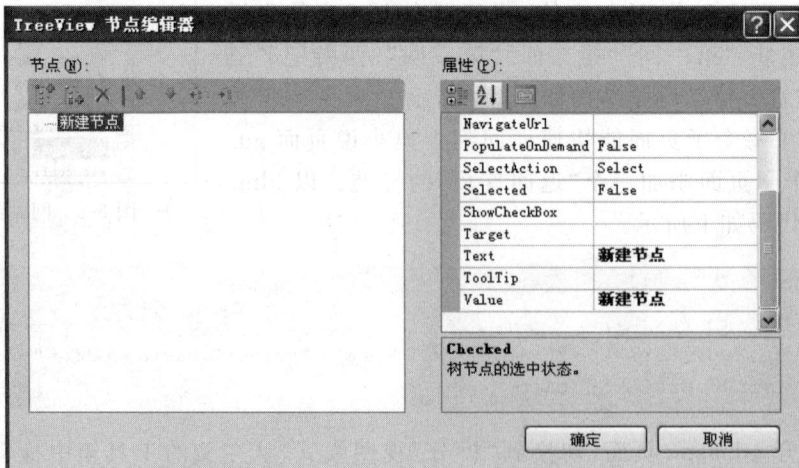

图 8-7　新建节点

（6）在图 8-7 所示的对话框中，把 Text 属性修改成"古典小说"，然后单击图 8-7 中的添加子节点按钮 🔣。采用同样的方法，在属性窗格中，把 Text 属性，修改成"红楼梦"；单击 NavigateUrl 属性，在弹出的窗口中选择文件夹 books 下的 hlm.aspx。添加和设置其他节点的方法与此类似。

"电子书网站"中设置"TreeView 控件"的代码如下所示。

```
<asp:treeview ID="Treeview1" runat="server">
    <Nodes>
        <asp:TreeNode Text="古典小说" Value="古典小说">
            <asp:TreeNode NavigateUrl="~/books/hlm.aspx" Text="红楼梦"
                Value="红楼梦">
                <asp:TreeNode NavigateUrl="~/books/hlm1.aspx" Text="第一回"
                    Value="第一回">
                </asp:TreeNode>
                <asp:TreeNode NavigateUrl="~/books/hlm2.aspx" Text="第二回"
                    Value="第二回">
                </asp:TreeNode>
                <asp:TreeNode NavigateUrl="~/books/hlm3.aspx" Text="第三回"
                    Value="第三回">
                </asp:TreeNode>
            </asp:TreeNode>
            <asp:TreeNode NavigateUrl="~/books/xyj.aspx" Text="西游记"
                Value="西游记">
            </asp:TreeNode>
            <asp:TreeNode NavigateUrl="~/books/sgyy.aspx" Text="三国演义"
                Value="三国演义">
            </asp:TreeNode>
            <asp:TreeNode NavigateUrl="~/books/shz.aspx" Text="水浒传"
                Value="水浒传">
            </asp:TreeNode>
        </asp:TreeNode>
    </Nodes>
</asp:treeview>
```

本任务中，导航栏的实现步骤如下。

（1）在站点根目录下再新建 5 个页面：index.aspx、yq.aspx、wx.aspx、xh.aspx、tx.aspx。

（2）打开 index.aspx 页面，切换到"拆分"视图模式，从左侧的工具箱中拖动导航控件 Menu 到页面顶端，工具箱中的 Menu 控件及其设计效果如图 8-8 和图 8-9 所示。

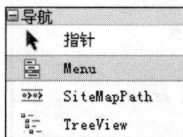

图 8-8　Menu 控件　　　　　　图 8-9　Menu 控件的设计显示效果

（3）单击 Menu 控件右上角的 ▶ 按钮，弹出"Menu 任务"快捷菜单，选择"编辑菜单项"选项，效果如图 8-10 所示。

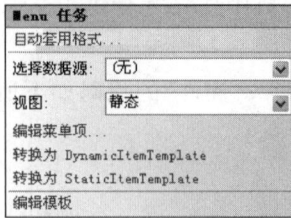

图 8-10 "Menu 任务"快捷菜单

（4）在弹出的"菜单项编辑器"对话框中，单击添加根项按钮 ▦，如图 8-11 所示，在"项"窗格中增加了一个节点。

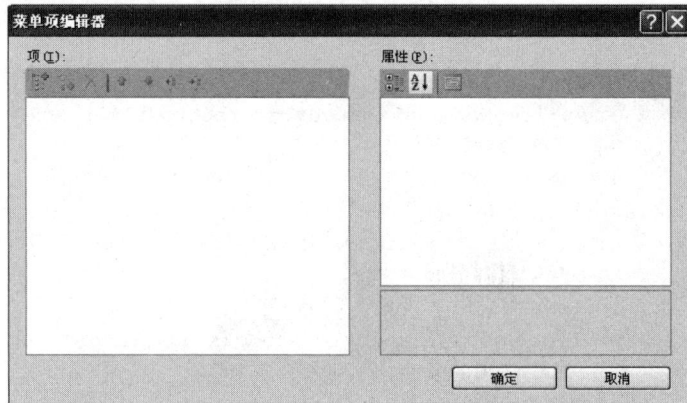

图 8-11 "菜单项编辑器"对话框

（5）在图 8-12 所示的属性窗格中，把 Text 属性修改成"首页"；单击 NavigateUrl 属性后的按钮 ⋯，在弹出的"选择 URL"对话框中选择 index.aspx，效果如图 8-13 所示。添加和设置其他节点的方法类似。

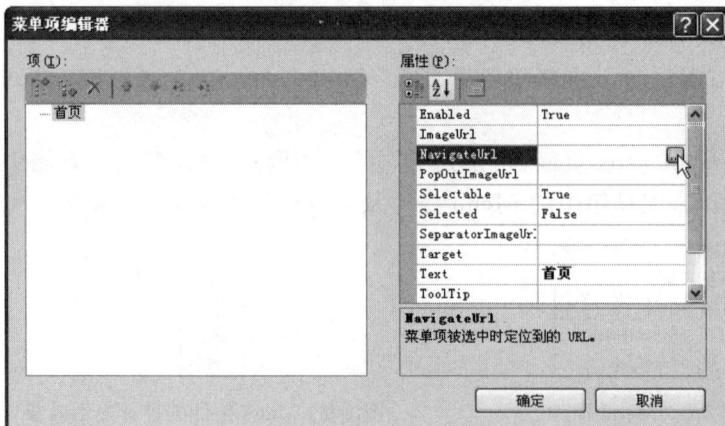

图 8-12 新建菜单项"首页"

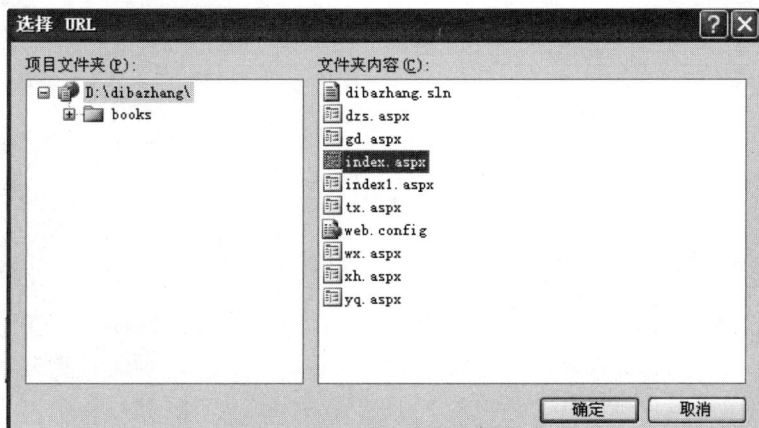

图 8-13 "选择 URL"对话框

（6）菜单项添加完成后的效果如图 8-14 所示。

图 8-14 菜单项添加完成后的效果

（7）设置 Menu 控件的几个属性，如表 8-1 所示。

表 8-1 Menu 控件属性的设置

属　　性	值
Orientation	Horizontal
RenderingMode	Table
Width	700px

（8）单击图 8-10 中的"自动套用格式"选项，在弹出的"自动套用格式"对话框中选择"彩色型"，效果如图 8-15 所示。

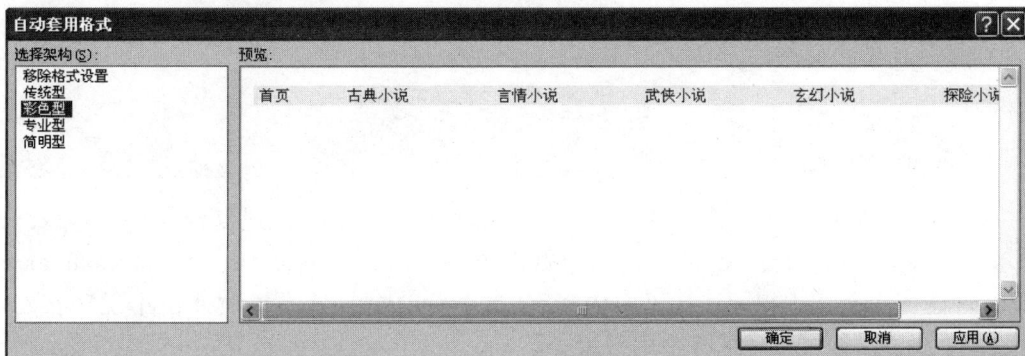

图 8-15 "自动套用格式"对话框

（9）设置完成后，导航条的效果如图 8-16 所示。

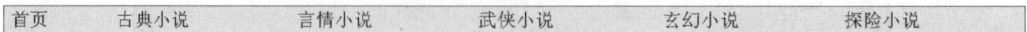

| 首页 | 古典小说 | 言情小说 | 武侠小说 | 玄幻小说 | 探险小说 |

图 8-16　导航条效果图

（10）首页设置完成后，页面代码如下所示。

```
<form id="form1" runat="server">
<div>
<asp:Menu ID="Menu1" runat="server" BackColor="#FFFBD6"
    DynamicHorizontalOffset="2" Font-Names="Verdana" Font-Size="0.8em"
    ForeColor="#990000" Orientation="Horizontal" RenderingMode="Table"
    StaticSubMenuIndent="10px" Width="700px">
    <DynamicHoverStyle BackColor="#990000" ForeColor="White" />
    <DynamicMenuItemStyle HorizontalPadding="5px" VerticalPadding="2px" />
    <DynamicMenuStyle BackColor="#FFFBD6" />
    <DynamicSelectedStyle BackColor="#FFCC66" />
    <Items>
        <asp:MenuItem NavigateUrl="~/index.aspx" Text="首页" Value="首页">
        </asp:MenuItem>
        <asp:MenuItem NavigateUrl="~/gd.aspx" Text="古典小说" Value="古典小
        说"></asp:MenuItem>
        <asp:MenuItem NavigateUrl="~/yq.aspx" Text="言情小说" Value="言情小
        说"></asp:MenuItem>
        <asp:MenuItem NavigateUrl="~/wx.aspx" Text="武侠小说" Value="武侠小
        说"></asp:MenuItem>
        <asp:MenuItem NavigateUrl="~/xh.aspx" Text="玄幻小说" Value="玄幻小
        说"></asp:MenuItem>
        <asp:MenuItem NavigateUrl="~/tx.aspx" Text="探险小说" Value="探险小
        说"></asp:MenuItem>
        </Items>
    <StaticHoverStyle BackColor="#990000" ForeColor="White" />
    <StaticMenuItemStyle HorizontalPadding="5px" VerticalPadding="2px" />
    <StaticSelectedStyle BackColor="#FFCC66" />
</asp:Menu>
</div>
首页
</form>
```

（11）把上述这段代码中＜div＞和＜/div＞之间的代码分别复制到 gd. aspx、yq. aspx、wx. aspx、xh. aspx、tx. aspx 这 5 个页面中，并分别在 yq. aspx、wx. aspx、xh. aspx、tx. aspx 这 4 个页面中把上述代码中的文字"首页"变成"言情小说""武侠小说""玄幻小说""探险小说"，即可实现任务中的效果。

任务8.2　熟悉站点导航控件

8.2.1　TreeView 控件

TreeView 控件是一个功能非常丰富的控件,由一个或多个节点构成,树中的每个项都被称为一个节点,可以显示层次数据,位于最上层的是根节点,再往下一层是父节点,父节点下面是子节点,如果子节点下面没有任何节点,则称为叶节点。

8.2.2　Menu 控件

Menu 控件的基本功能是实现站点导航,可以通过拖动的方式添加到 Web 页面上。Menu 控件由菜单项组成,顶级的菜单项称为根菜单项,具有父菜单项的菜单项称为子菜单项。所有根菜单项存储在 Items 集合中,子菜单项存储在 ChildItems 集合中。每个菜单项都具有 Text 和 Value 属性,Text 属性的值显示在 Menu 控件中,而 Value 属性则用于存储菜单项的任何其他数据,菜单项的 NavigateUrl 属性可以设置导航到另一个页面。Menu 控件中菜单项的属性可以导航到另一个网页。

Menu 控件显示两种类型的菜单:静态菜单和动态菜单。静态菜单始终显示在 Menu 控件中。在默认情况下,根级(级别为 0)菜单项显示在静态菜单中。通过设置 StaticDisplayLevels 属性,可以在静态菜单中显示更多级别的菜单。

Menu 控件的常见属性及说明如表 8-2 所示。

表 8-2　Menu 控件的常见属性及说明

属　　性	说　　明
Orientation	获取或设置 Menu 控件的呈现方向
RenderingMode	获取或设置一个值。该值指定 Menu 控件是呈现 HTML table 元素和内联样式,还是呈现 listitem 元素和级联样式表样式
StaticDisplayLevels	获取或设置静态菜单的菜单显示级别数
Width	Menu 控件的宽度
Items	获取 MenuItemCollection 对象,该对象包括 Menu 控件的所有菜单项
DataSource	获取或设置对象,数据绑定控件从该对象中检索其数据项列表
SelectedItem	获取选定的菜单项
SelectedValue	获取选定菜单项的值

8.2.3　SiteMapPath 控件

SiteMapPath 控件是一种站点导航控件,反映站点地图对象提供的数据,用于显示一组文本超链接或图像超链接,以便在使用最少页面空间的同时更加轻松地定位当前所在网站中的位置。

SiteMapPath 控件会显示一条导航路径,即超链接页名称的分层路径。该路径为用户显示当前页的位置,并显示返回到主页的路径链接。

SiteMapPath 控件直接使用网站站点地图的数据,只有在站点地图中列出的页才能在 SiteMapPath 控件中显示导航数据,没有列出的页,则不会显示。

SiteMapPath 控件由节点组成,路径中的每个元素均称为节点,根部称为根节点,当前显示页的节点称为当前节点,当前节点和根节点之间的任何其他节点都为父节点。

SiteMapPath 控件无须代码和绑定数据就可以创建站点导航,该控件可以自动读取和呈现站点地图的信息。创建站点地图最简单的方法是创建一个名为 Web.sitemap 的 XML 文件,并且该文件必须位于站点根目录下。

例如,将上述案例采用 Menu 控件进行导航,SiteMapPath 控件标识路径,方法如下。

(1)在站点根目录下新建 6 个页面:dzs.aspx、gd1.aspx 、yq1.aspx、wx1.aspx、xh1.aspx、tx1.aspx。

(2)因为 SiteMapPath 控件和 Menu 控件都会使用到站点地图的数据,所以首先添加一个站点地图,创建方法如下:在站点根目录下右击,选择"添加新项"命令,在弹出的对话框中选择"站点地图",效果如图 8-17 所示,然后单击"添加"按钮即可。

图 8-17 添加站点地图

(3)打开站点地图 Web.sitemap,其中的代码如下所示。

```
<?xml version="1.0" encoding="utf-8" ? >
<itemap xmlns="http://schemas.microsoft.com/AspNet/SiteMap-File-1.0">
    <siteMapNode url="" title=""  description="">
        <siteMapNode url="" title=""  description="" />
        <siteMapNode url="" title=""  description="" />
    </siteMapNode>
</itemap>
```

将这段代码修改为如下代码。

```
<?xml version="1.0" encoding="utf-8" ?>
<itemap xmlns="http://schemas.microsoft.com/AspNet/SiteMap-File-1.0">
    <siteMapNode url="dzs.aspx" title="首页"  description="首页">
        <siteMapNode url="gd1.aspx" title="古典小说"  description="古典小说" />
        <siteMapNode url="yq1.aspx" title="言情小说"  description="言情小说" />
        <siteMapNode url="wx1.aspx" title="武侠小说"  description="武侠小说" />
        <siteMapNode url="xh1.aspx" title="玄幻小说"  description="玄幻小说" />
        <siteMapNode url="tx1.aspx" title="探险小说"  description="探险小说" />
    </siteMapNode>
</itemap>
```

（4）打开 dzs.aspx，切换到"拆分"视图模式，从左侧的工具箱"导航"栏中拖动导航控件 Menu 到页面中，再拖动 SiteMapPath 控件到 Menu 控件的下方，从左侧的工具箱"数据"栏中拖动 SiteMapDataSource 控件到页面下方，三个控件拖入后的设计效果如图 8-18 所示。

（5）选中 Menu 控件，单击该控件右侧的右向三角形按钮，在弹出的"Menu 任务"对话框中，在"选择数据源"下拉菜单中选择 SiteMapDataSource1，如图 8-19 所示。

图 8-18　设计效果图

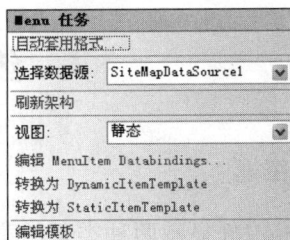

图 8-19　"Menu 任务"对话框

（6）完成后，Menu 控件的效果如图 8-20 所示。

（7）选中 Menu 控件，设置 StaticDisplayLevels 属性值为 2，Orientation 属性值为 Horizontal，完成后 Menu 控件的效果如图 8-21 所示。

图 8-20　Menu 控件的效果

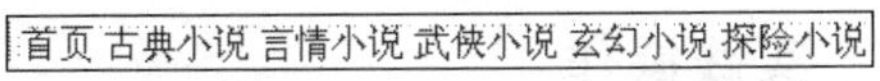

图 8-21　重新设置属性后 Menu 控件的效果

（8）设置完成后，dzs.aspx 的页面代码如下。

```
<div>
    <asp:Menu ID="Menu1" runat="server" DataSourceID="SiteMapDataSource1"
        Orientation="Horizontal" StaticDisplayLevels="2">
    </asp:Menu>
    <asp:SiteMapPath ID="SiteMapPath1" runat="server">
    </asp:SiteMapPath>
    <asp:SiteMapDataSource ID="SiteMapDataSource1" runat="server" />
</div>
```

（9）把上述代码分别复制到其他几个页面中即可完成设计。调试运行时，单击"探险小说"时的效果如图 8-22 所示。

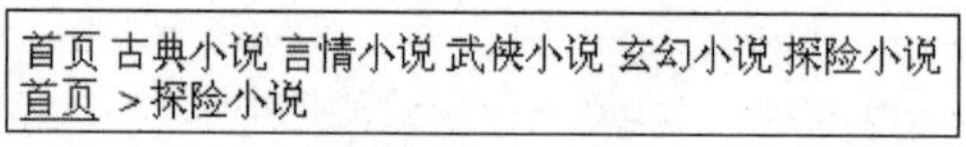

首页 古典小说 言情小说 武侠小说 玄幻小说 探险小说
首页 ＞探险小说

图 8-22　调试效果

本 章 小 结

本章主要内容如下。
- 导航控件 TreeView 的使用。
- 导航控件 Menu 的使用。
- 站点导航控件 SiteMapPath 的使用。

练 习 与 实 践

一、填空题

1. Menu 控件显示两种类型的菜单：_____和动态菜单。

2. 站点地图文件中的_____属性用来提供链接的文字描述。

3. 要让 Menu 控件固定显示 3 级菜单，要设置_____属性。

4. _____导航控件使用站点地图 Web.sitemap 进行导航，不需要用到 SiteMapDataSource 控件。

5. TreeView 控件中，如果一个节点不包含任何子节点，就称为_____。

二、实践操作

1. 设计一个导航菜单（链接为空链接），效果如图 8-23 所示。

首页	搜索	分类	购物车	我的小买

图 8-23　导航菜单效果

2. 采用站点地图的方式设计上述菜单,链接到对应的新建页面,并标识路径,效果如图 8-24 所示。

首页	搜索	分类	购物车	我的小买
首页 > 搜索				

图 8-24　导航、路径效果

第9章 母 版 页

任务9.1 创建一个新闻发布网站的母版页

本任务将制作一个新闻发布网站的母版页,其效果如图9-1所示。

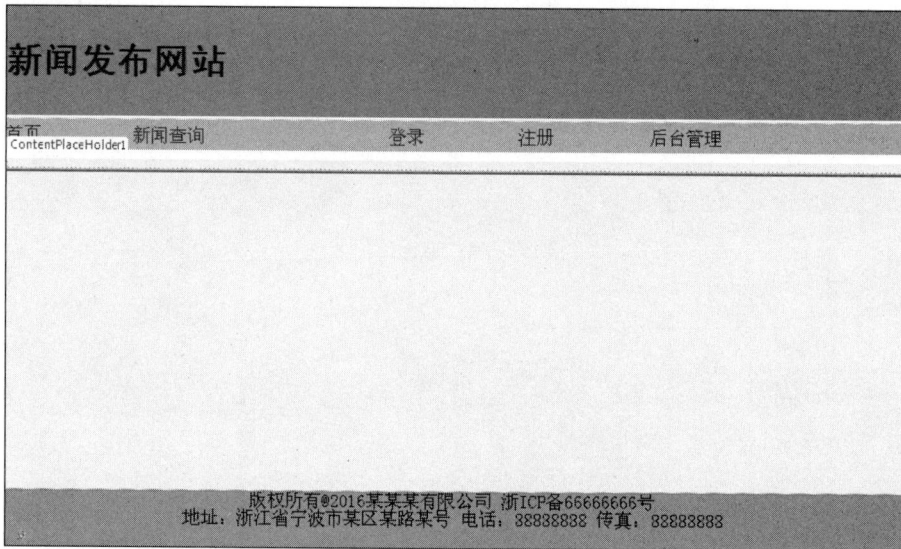

图9-1 新闻发布网站的母版页

本任务的实现步骤如下。

(1) 在"解决方案资源管理器"窗口中右击 D:\dijiuzhang\,选择"添加新项"命令,在弹出的对话框中选择"母版页",默认文件名为 MasterPage. master,然后单击"添加"按钮。添加新项的对话框如图9-2所示。

(2) MasterPage. master 页面源视图中的代码如下所示。

```
<div>
    <asp:ContentPlaceHolder id="ContentPlaceHolder1" runat="server">
    </asp:ContentPlaceHolder>
</div>
```

把上述代码进行修改,如下所示。

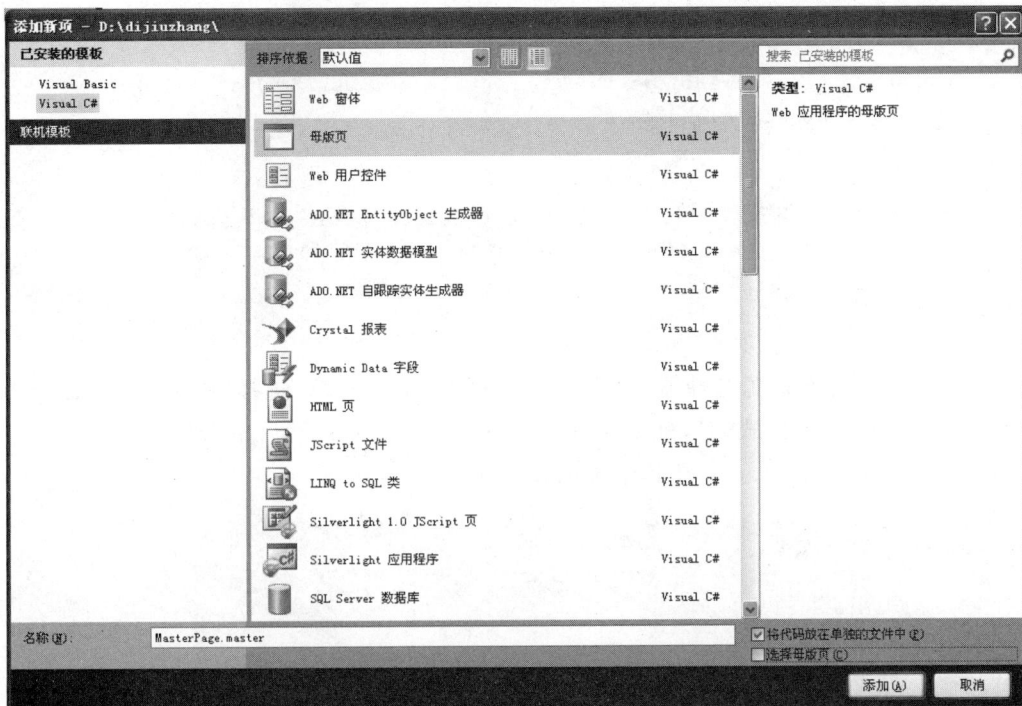

图 9-2　添加新项

```
<div id="page">
  <div id="banner">
  <br /><br />
    <asp:Label ID="Label1" runat="server" Text="新闻发布网站" Font-Bold="True"
    Font-Names="黑体" Font-Size="XX-Large"
    Font-Strikeout="False"></asp:Label>
  </div>
  <div id="menu">
    <asp:Menu ID="Menu1" runat="server" Height="30px" Orientation="Horizontal"
    RenderingMode="Table" Width="800px">
    <Items>
      <asp:MenuItem Text="首页" Value="首页"
        NavigateUrl="~/index.aspx"></asp:MenuItem>
      <asp:MenuItem Text="新闻查询" Value="新闻查询"
        NavigateUrl="~/xwcx.aspx"></asp:MenuItem>
      <asp:MenuItem Text="登录" Value="登录"
        NavigateUrl="~/dl.aspx"></asp:MenuItem>
      <asp:MenuItem Text="注册" Value="注册"
        NavigateUrl="~/zc.aspx"></asp:MenuItem>
      <asp:MenuItem Text="后台管理" Value="后台管理"
        NavigateUrl="~/htgl.aspx"></asp:MenuItem>
    </Items>
    </asp:Menu>
```

```
  </div>
  <div id="content">
   <asp:ContentPlaceHolder id="ContentPlaceHolder1" runat="server">
   </asp:ContentPlaceHolder>
  </div>
  <div id="foot">
  版权所有@2016 某某某有限公司   浙 ICP 备 66666666 号<br />
  地址：浙江省宁波市某区某路某号   电话：88888888   传真：88888888
  </div>
</div>
```

（3）在"解决方案资源管理器"窗口中右击 D:\dijiuzhang\,选择"添加新项"命令,在弹出的对话框中选择"样式表",默认文件名为 StyleSheet. css,然后单击"添加"按钮。

（4）打开 StyleSheet. css,在其中添加如下代码。

```
#page
{
    margin:0 auto;
    width:800px;
}
#banner
{
    width:800px;
    height:100px;
    background-color:Fuchsia;
}
#menu
{
    width:800px;
    height:30px;
    background-color:Gray;
}
#content
{
    width:800px;
    height:300px;
}
#foot
{
    width:800px;
    height:50px;
    background-color:Silver;
    text-align:center;
}
```

（5）在 MasterPage. master 页面源视图中,在<head>与</head>之间添加如下代码。

```
<link href="StyleSheet.css" rel="stylesheet" type="text/css" />
```

（6）这时得到任务中的母版页。

任务 9.2　熟悉母版页

在使用一些网站时,经常发现整个网站的布局风格基本是一致的,甚至有些完全一样。这是采用母版来实现的。

母版页的作用就是把大多数页面共用的部分封装成一个模板,页面只要在模板的基础上进行编程就可以了,它是以.master 为扩展名的 ASP. NET 文件。母版页由特殊的@master 指令识别,该指令替换了普通 Web 窗体的@page 指令。母版页创建后,在母版页的源代码中有以下代码。

```
<%@ Master Language="C#" AutoEventWireup="true" CodeFile="MasterPage.
master.cs" Inherits="MasterPage" %>
```

母版页不能被浏览器单独调用查看,只能在浏览内容页时被合并使用。内容页可以通过控制母版页中的占位符 ContentPlaceHolder 对网页进行布局。

母版页和 Web 用户控件之间的最大区别是:用户控件是基于局部的界面设计,而母版页是基于全局的界面设计。用户控件经常被嵌入母版页中一起使用。

9.2.1　创建母版页

母版页中包含的是页面的公共部分,因此在创建母版之前,要先判断哪些内容是页面的公共部分。本任务中,新闻发布网站的页面由 4 部分组成:页头、导航条、内容页和页尾,经过分析可知:页头、导航条和页尾是网站页面的公共部分,而不同网页的内容页是不同的。

9.2.2　使用母版页

创建完成母版页后,就要基于母版页创建内容页。方法如下。

（1）在"解决方案资源管理器"窗口中右击 D:\dijiuzhang\,选择"添加新项"命令,在弹出的对话框中选择"Web 窗体",修改文件名为 index. aspx,并选中"选择母版页"复选框,最后单击"添加"按钮,如图 9-3 所示。

（2）index. aspx 页面的设计效果如图 9-4 所示,在其中添加文字"这是首页"。

（3）按照步骤（2）中的方法添加以下 4 个页面:xwcx. aspx、dl. aspx、zc. aspx 和 htgl. aspx。

图 9-3　基于母版页添加页面

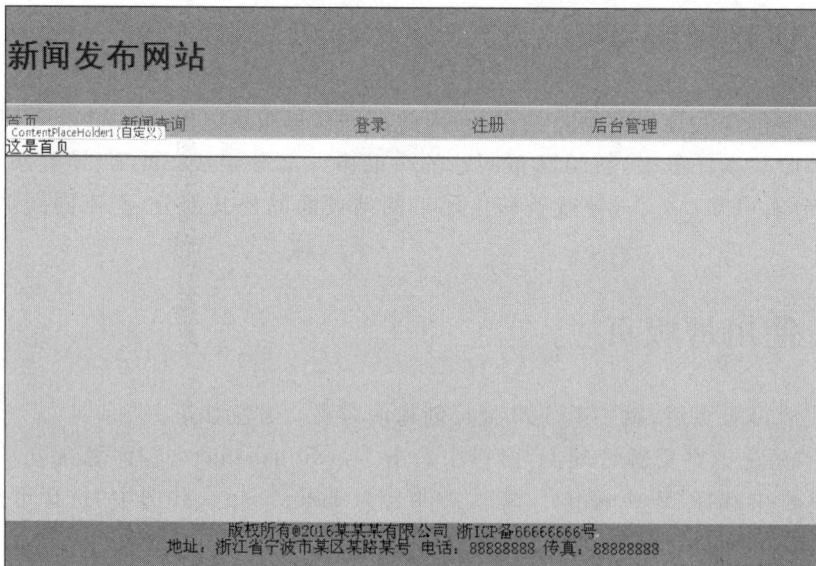

图 9-4　首页的设计效果

本 章 小 结

本章主要学习了网站母版页的设计与制作方法。重点掌握以下内容。

- 母版页的创建方法。
- 母版页的使用方法。

练 习 与 实 践

实践操作

自行设计制作一个网站的母版页,并基于母版页创建导航中需要链接的页面。

第 10 章　数据源控件与数据绑定控件

任务 10.1　创建新闻展示和详细新闻页面

本任务将制作一个新闻展示页面和详细新闻页面,单击新闻展示页面的新闻标题,能够跳转到详细新闻页面,在详细新闻页面显示新闻的标题和内容,其效果如图 10-1 和图 10-2 所示。

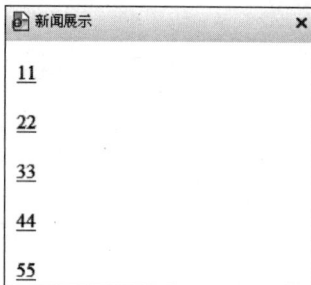

图 10-1　新闻展示页面

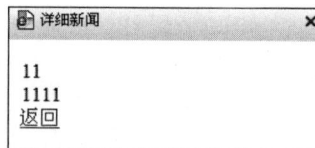

图 10-2　详细新闻页面

实现步骤如下。

(1) 在站点根目录下添加 ASP. NET→App_Data 文件夹(该文件夹专门用来存放数据库文件)。

(2) 在"开始"菜单中找到并打开数据库 Microsoft SQL Server 2008,在打开的菜单中找到 SQL Server Management Studio 并单击,如图 10-3 所示。在打开的"连接到服务器"对话框中,在"服务器名称"选项中输入"."(代表主机)或者输入服务器的名称,也可以输入本机的机器名或者 IP 地址,在"身份验证"选项中默认"Windows 身份验证",单击"连接"按钮,如图 10-4 所示。

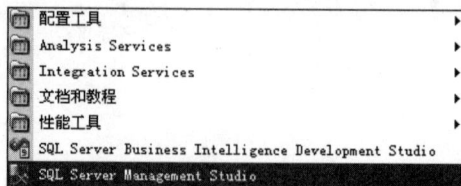

图 10-3　Microsoft SQL Server 2008 快捷菜单

图 10-4　"连接到服务器"对话框

（3）在弹出的 Microsoft SQL Server Management Studio 窗口中右击"数据库"，如图 10-5 所示，在弹出的快捷菜单中选择"新建数据库"命令，如图 10-6 所示，弹出"新建数据库"对话框，在"数据库名称"选项中输入 xw，并在"数据库文件"列表框中单击"路径"栏的□按钮，选择路径为站点根目录下的 App_Data 文件夹，然后单击"确定"按钮，如图 10-7 所示。

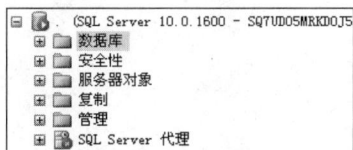

图 10-5　在 Microsoft SQL Server Management Studio 窗口中右击"数据库"选项

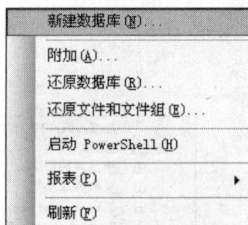

图 10-6　"新建数据库"命令

（4）在 Microsoft SQL Server Management Studio 窗口中单击"数据库"前的"＋"号，展开数据库，就可以看到刚才建立的 xw 数据库。单击 xw 前的"＋"号，如图 10-8 所示，右击"表"，在弹出的快捷菜单中选择"新建表"命令，xwb 表的设计效果如图 10-9 所示，将 id 设置成"标识"，标识增量和标识种子都为 1；最后编辑 xwb，输入至少 4 行记录，如图 10-10 所示。

（5）在"解决方案资源管理器"窗口中右击 D:\dishizhang\，选择"添加新项"命令，在弹出的对话框中选择"Web 窗体"，新建"新闻展示 Web 窗体"xw.aspx，采用同样的方法新建"详细新闻 Web 窗体"xxxw.aspx。

（6）打开 xw.aspx，切换到"设计"视图模式（或"拆分"视图模式），在"工具箱"的"数据"工具中，双击 SqlDataSource 控件（或者选中该控件，把它拖到设计视图中），在"设计"视图中单击 SqlDataSource 控件右上角的右向箭头，在弹出的快捷菜单中选择"配置数据源"命令，如图 10-11 所示。

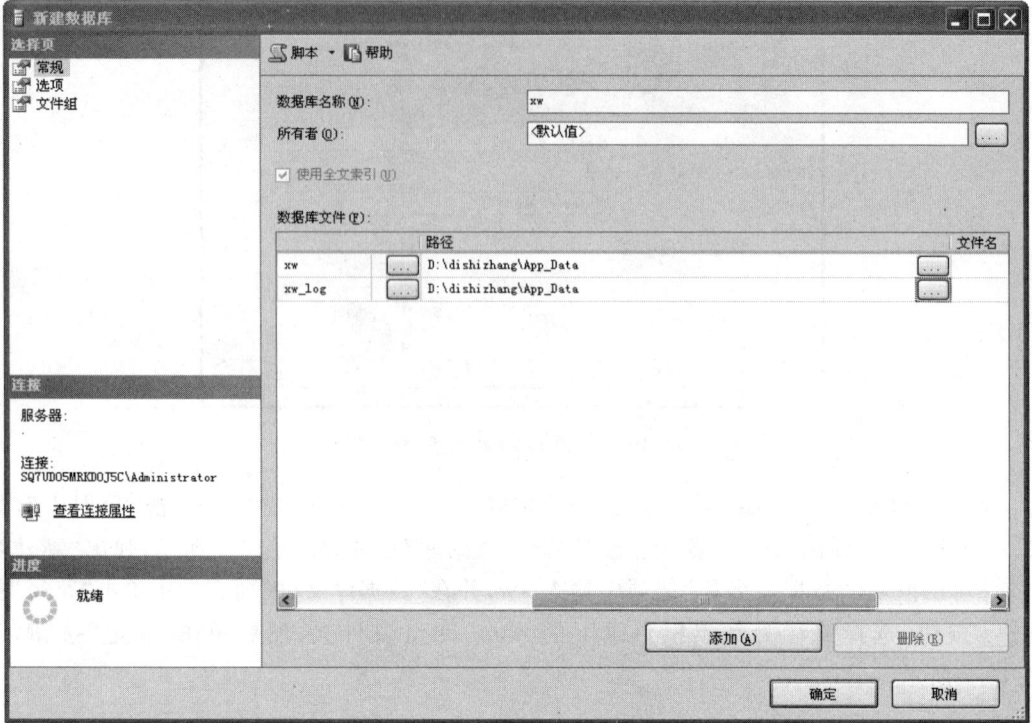

图 10-7　新建 xw 数据库

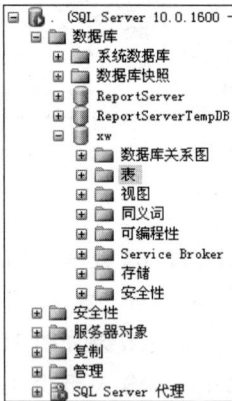

图 10-8　展开 xw 数据库的结构

图 10-9　xwb 表的设计效果

图 10-10　xwb 表的记录行

图 10-11　选择"配置数据源"命令

（7）弹出"配置数据源 - SqlDataSource1"对话框，如图 10-4 所示。单击"新建连接"按钮，如图 10-12 所示，弹出"添加连接"对话框。

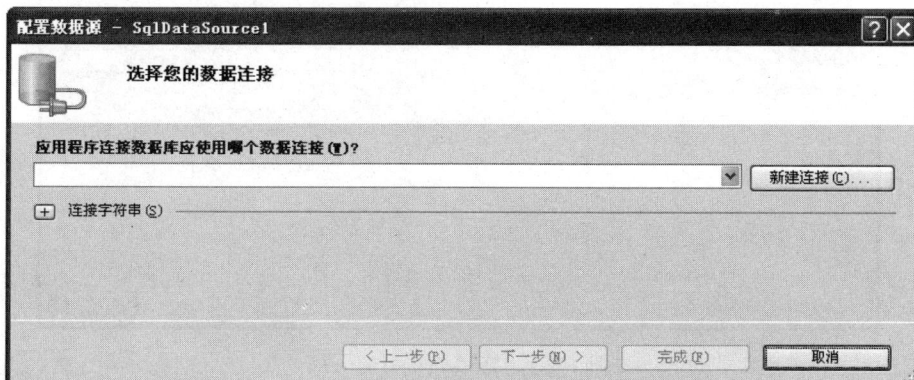

图 10-12   配置数据源 - SqlDataSource1

（8）在"添加连接"对话框中的"服务器名"选项中输入"."，表示本机；在"连接到一个数据库"选项区中选中"选择或输入一个数据库名"，并从下拉菜单中选择 xw，如图 10-13 所示。然后单击"测试连接"按钮，连接成功会弹出"测试连接成功"的提示对话框，如图 10-14 所示，单击"确定"按钮后，效果如图 10-15 所示。单击"下一步"按钮，将连接字符串保存到应用程序配置文件中，如图 10-16 所示。单击"下一步"按钮，配置 Select 语句，如图 10-17 所示。再单击"下一步"按钮，在图 10-18 中单击"测试查询"按钮，最后单击"完成"按钮。

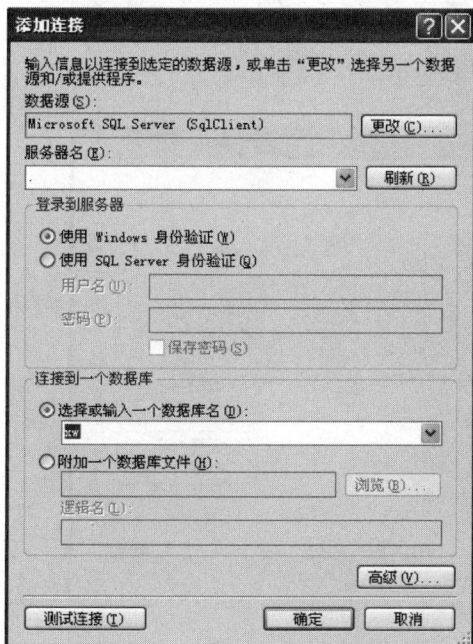

图 10-13   "添加连接"对话框

图 10-14   "测试连接成功"的提示对话框

181

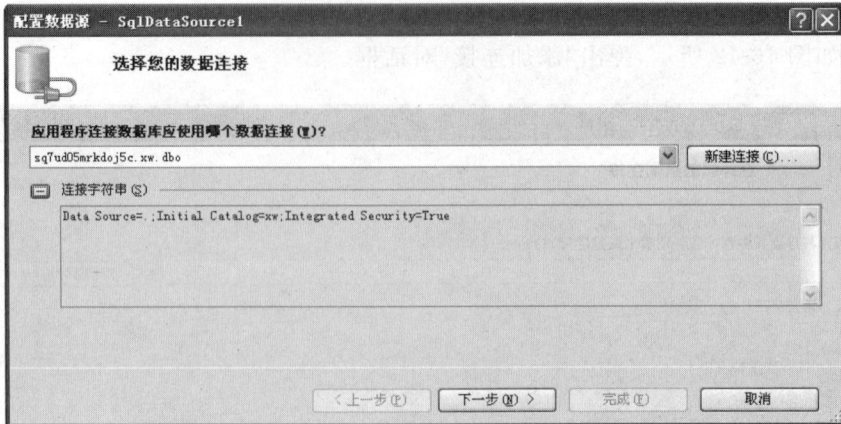

图 10-15　连接成功后的效果

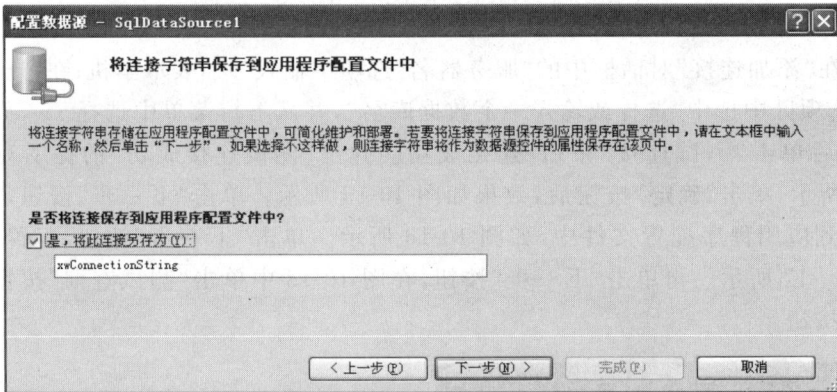

图 10-16　将连接字符串保存到应用程序配置文件中

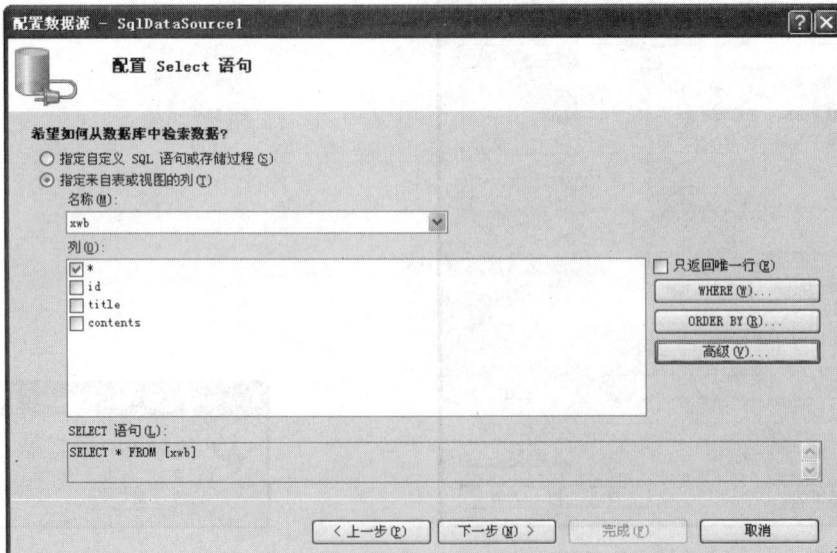

图 10-17　配置 Select 语句

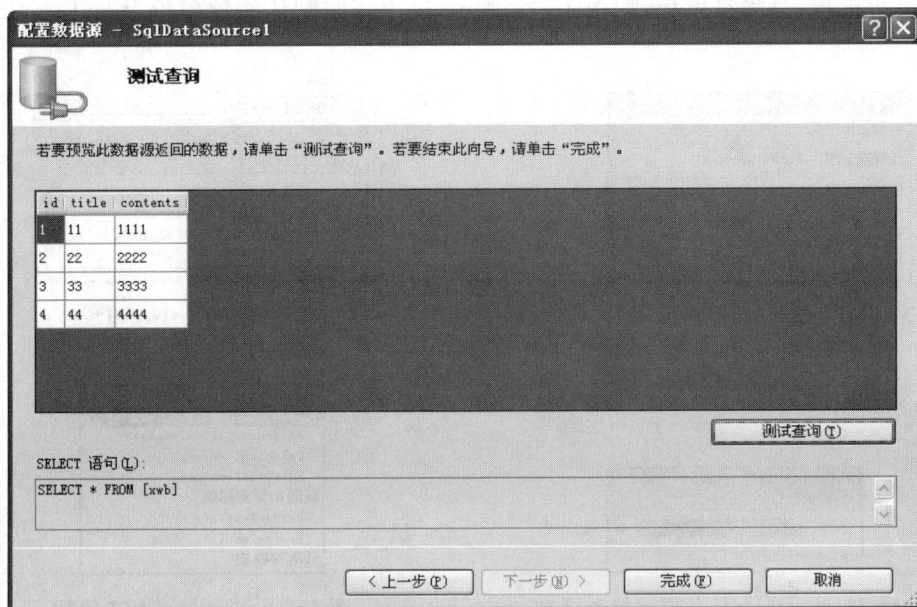

图 10-18　测试查询

（9）双击"工具箱"的"数据"工具中的 DataList 控件，把该控件放到 xw. aspx 页面的设计视图中，然后单击 DataList 控件右上方的右向箭头，弹出"DataList 任务"快捷菜单，如图 10-19 所示，在"选择数据源"下拉菜单中选择 SqlDataSource1，设计界面如图 10-20 所示。

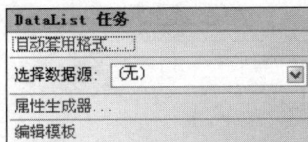

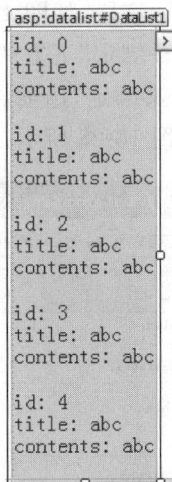

图 10-19　"DataList 任务"快捷菜单　　　　　图 10-20　DataList 设计界面

（10）在"DataList 任务"快捷菜单中选择"编辑模板"命令，如图 10-21 所示，设计界面中显示了"DataList1-项模板"，如图 10-22 所示，单击右侧的右向箭头，打开的"DataList 任务模板编辑模式"如图 10-23 所示。单击"显示"下拉菜单，显示了 DataList 的项模板、页眉和页脚模板、分隔符模板,如图 10-24 所示,这里按照默认的项模板 ItemTemplate 进行编辑。

图 10-21　选择"编辑模板"命令

图 10-22　DataList1-项模板(1)

图 10-23　DataList 任务模板编辑模式

图 10-24　DataList 任务模板

(11) 把图 10-22 中 ItemTemplate 的内容全部删除,添加 HyperLink 控件。再在 HyperLink 控件中单击右向的箭头,弹出"HyperLink 任务"快捷菜单,如图 10-25 所示,从中选择"编辑 DataBindings"命令,在打开的对话框中选择"可绑定属性"列表框中的 Text,在"为 Text 绑定"下方的"绑定到"下拉

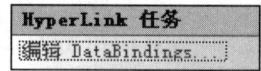

图 10-25　HyperLink 任务

列表中选择 title 字段,如图 10-26 所示。选择"可绑定属性"列表框中的 NavigateUrl,在 "为 NavigateUrl 绑定"下方的"绑定到"下拉列表中选择 id 字段,如图 10-27 所示。再选中下方的"自定义绑定"选项,在"代码表达式"文本框中输入表达式"xxxw.aspx?id=" + Eval("id"),如图 10-28 所示。

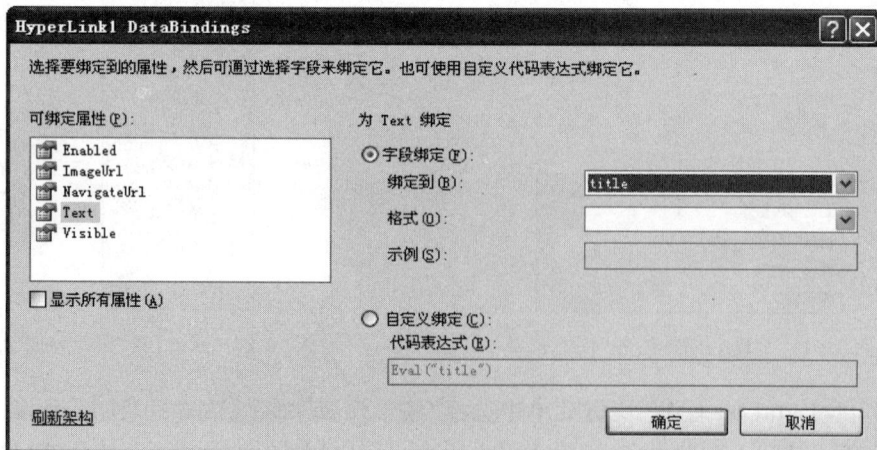

图 10-26　为 Text 绑定

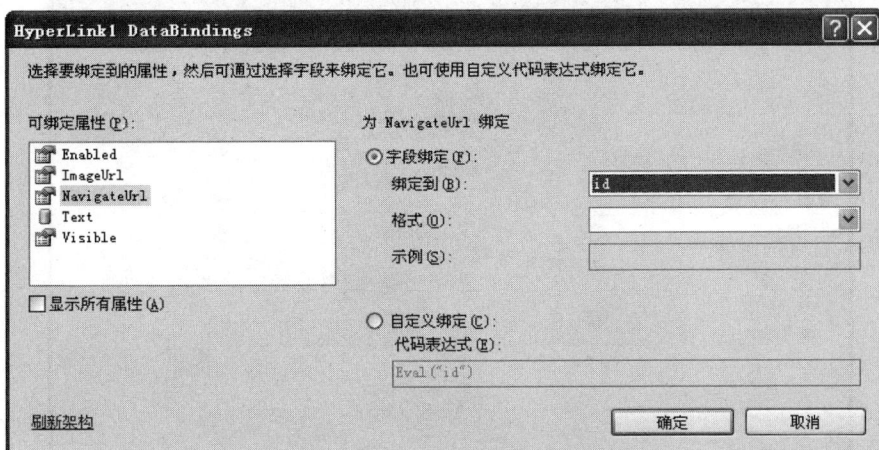

图 10-27　为 NavigateUrl 绑定

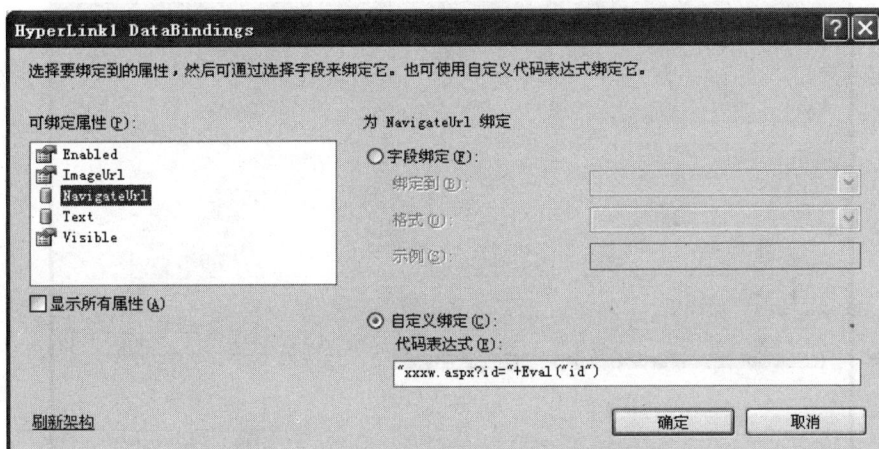

图 10-28　为 NavigateUrl 自定义绑定

（12）选择图 10-23 中的"结束模板编辑"命令，得到的设计视图如图 10-29 所示。

（13）打开 xxxw.aspx，切换到"设计"视图模式（或拆分视图模式），在"工具箱"的"数据"工具中把 SqlDataSource 控件放到页面中，其数据源的配置方法与步骤（6）和步骤（7）完全相同，与步骤（8）略有差异，在图 10-17 中要单击 WHERE 按钮，弹出"添加 WHERE 子句"对话框，在"列"下方的下拉菜单中选择 id，在"源"下拉菜单中选择 QueryString，在"QueryString 字段"下拉菜单中输入 id，如图 10-30 所示。然后单击"添加"按钮，效果如图 10-31 所示。再单击"确定"按钮，在图 10-32 中单击"测试查询"按钮，在弹出的"参数值编辑器"窗口中，如图 10-33 所示，在"值"一栏输入 1，得到的测试结果如图 10-34 所示，最后单击"完成"按钮即可完成配置。

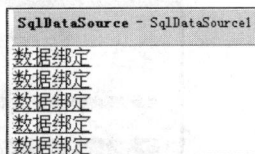

图 10-29　xw 页面设计视图

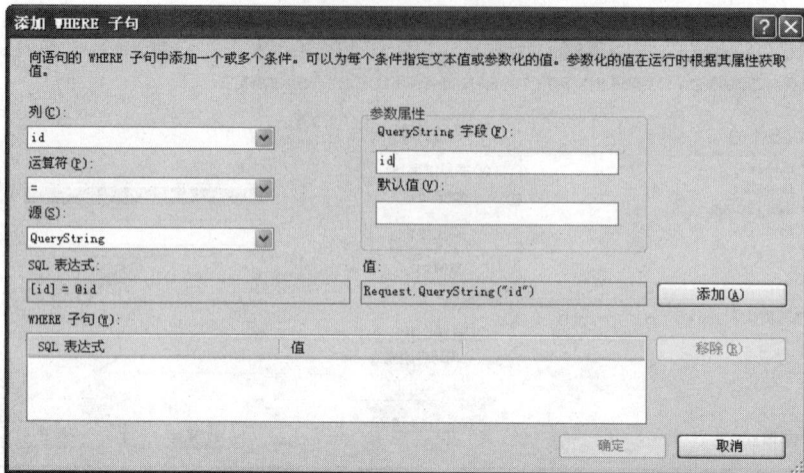

图 10-30 "添加 WHERE 子句"对话框

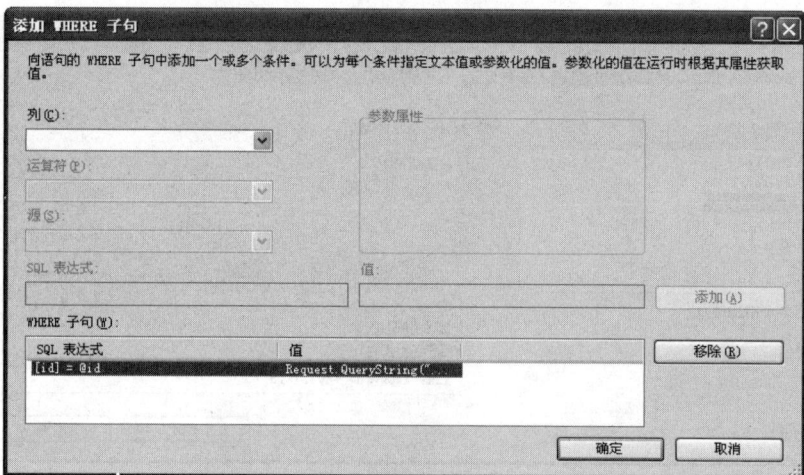

图 10-31 添加 WHERE 子句后的效果

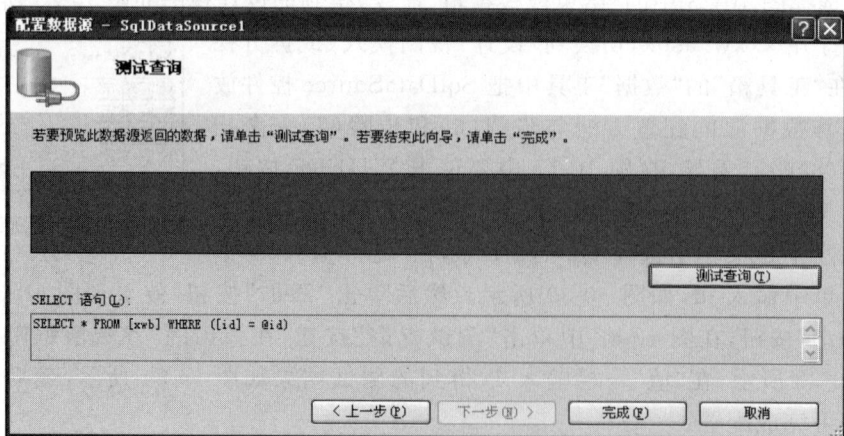

图 10-32 测试查询的效果

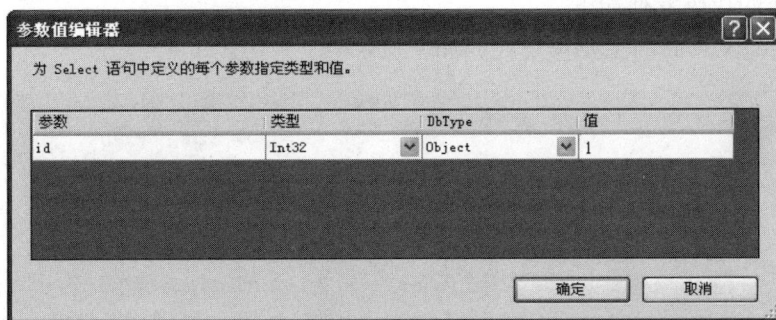

图 10-33　"参数值编辑器"对话框

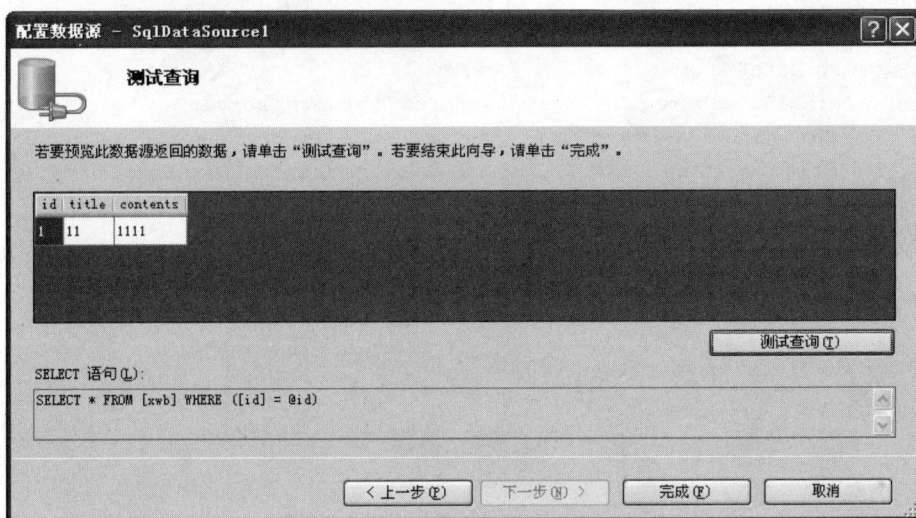

图 10-34　再次测试查询的结果

（14）把"工具箱"的"数据"工具中的 DataList 控件放到 xxxw.aspx 页面的设计视图中，DataList 控件的配置方法与步骤（9）和步骤（10）相同，接下来把图 10-35 中 ItemTemplate 中的"id:[idLabel]""title:""contents:"删除，如图 10-36 所示。为了使 xxxw.aspx 页面有更好的用户交互性，可以在页面下方添加一个"返回"按钮，用于返回 xw.aspx 页面。

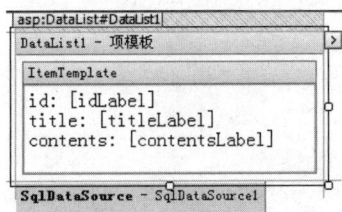

图 10-35　DataList1-项模板（2）

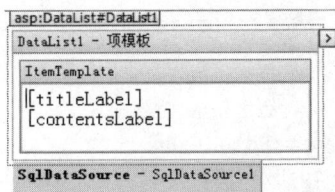

图 10-36　DataList1-项模板（3）

187

相关页面的代码罗列如下。

（1）xw.aspx 页面的主要设计代码如下所示。

```
<form id="form1" runat="server">
<div>
    <asp:DataList ID="DataList1" runat="server" DataKeyField="id"
        DataSourceID="SqlDataSource1">
        <ItemTemplate>
            <asp:HyperLink ID="HyperLink1" runat="server"
                NavigateUrl='<%#"xxxw.aspx?id="+Eval("id") %>'
                Text='<%#Eval("title") %>'></asp:HyperLink>
            <br />
            <br />
        </ItemTemplate>
    </asp:DataList>
    <asp:SqlDataSource ID="SqlDataSource1" runat="server"
        ConnectionString="<%$ ConnectionStrings:xwConnectionString %>"
        SelectCommand="SELECT * FROM [xwb]"></asp:SqlDataSource>
</div>
</form>
```

（2）xxxw.aspx 页面的主要设计代码如下所示。

```
<form id="form1" runat="server">
<div>
    <asp:DataList ID="DataList1" runat="server" DataKeyField="id"
        DataSourceID="SqlDataSource1">
        <ItemTemplate>
            <asp:Label ID="titleLabel" runat="server" Text='<%#Eval
                ("title")%>'/>
            <br />
            <asp:Label ID="contentsLabel" runat="server" Text='<%#Eval
                ("contents") %>' />
        </ItemTemplate>
    </asp:DataList>
    <asp:SqlDataSource ID="SqlDataSource1" runat="server"
        ConnectionString="<%$ ConnectionStrings:xwConnectionString2 %>"
        SelectCommand="SELECT * FROM [xwb] WHERE ([id]=@id)">
        <SelectParameters>
            <asp:QueryStringParameter Name="id" QueryStringField="id"
                Type="Int32" />
        </SelectParameters>
    </asp:SqlDataSource>
    <asp:HyperLink ID="HyperLink1" runat="server" NavigateUrl="~/xw.aspx">返回
    </asp:HyperLink>
</div>
</form>
```

10.1.1 数据绑定技术

数据绑定是指从数据源获取数据或向数据源写入数据。数据绑定分为两大类,第一类是简单的数据绑定,即对变量或属性的绑定;第二类是对 ASP. NET 数据绑定控件的操作。所有的数据绑定表达式都必须包含在<%♯…%>中。本小节主要介绍第二类数据绑定。

ASP. NET 页面中使用数据需要用到两种控件:数据源控件和数据绑定控件。数据源控件的作用是提供页面和数据源之间的数据通道;数据绑定控件的作用是在页面上显示数据。

1. 数据绑定控件

使用数据绑定控件可以将控件绑定到指定的数据结果集中,常用的数据绑定控件有 DataList 控件、GridView 控件、DetailsView 控件和 FormView 控件等。这些数据绑定控件重要的属性和方法如下所示。

- DataSource 属性:该属性用来指定数据绑定控件的数据来源,程序运行时,会自动从这个数据源中获取并显示数据。
- DataSourceID 属性:该属性可以用来指定数据绑定控件的数据源控件的 ID,程序运行时,会自动根据 ID 找到相应的数据源控件,并根据数据源控件中指定的方法获取并显示数据。
- DataBind()方法:当数据源确定以后,可以调用 DataBind()方法来显示绑定的数据。

2. 数据源控件

数据源控件可以从它们各自类型的数据源中检索数据,也可以绑定到各种数据绑定控件。数据源控件减少了为检索和绑定数据甚至对数据进行排序、分页或编辑而需要编写的自定义代码的数量。因为本书采用的数据库是 SQL Server 2008,所以需要用到的数据源控件是 SqlDataSource,其他常见的数据源控件及说明如表 10-1 所示。

表 10-1 常见的数据源控件及说明

数据源控件	说 明
SqlDataSource	用来从 SQL Server、ODBC、Oracle 等数据源中检索数据,通过连接字符串指定
AccessDataSoure	专门用于从 Access 数据库中检索数据
ObjectDataSource	能将来自业务逻辑层的数据对象与表示层中的数据绑定控件绑定,实现数据的相关操作
XmlDataSource	用于检索和处理 XML 等分层数据
SiteMapDataSource	专门处理类似站点地图的 XML 数据

3. 单向和双向数据绑定

* Eval：Eval()方法是单向数据绑定的方法，并且它是只读的方法，通过该方法绑定的数据不会提交回服务器。Eval()方法表示将属性显示到指定的位置。使用该方法时，需要在方法前添加"♯"符号。

  该方法有一个重载的方法，可以实现格式化。

* Bind：Bind()方法是双向数据绑定的方法，它是支持读/写功能的方法，该方法通常与输入控件，比如 TextBox 一起使用。数据可以更改，并返回服务器端，服务器可以处理更改后的数据。

10.1.2 SqlDataSource 控件

SqlDataSource 控件是数据源控件，主要用于访问 SQL Server 数据库。该控件提供了一个非常简单明了的向导，以便引导用户完成配置。

10.1.3 DataList 控件

DataList 控件可以使用模板和定义样式来显示数据，并可以进行数据的选择、删除以及编辑。该控件最大的特点是一定要通过模板来定义数据的显示格式。DataList 控件支持的模板如下。

* ItemTemplate：为 DataList 中的项提供内容和布局所要求的模板。
* AlternatingItemTemplate：如果定义，则为 DataList 中的交替项提供内容和布局；否则使用 ItemTemplate。
* SelectedItemTemplate：如果定义，则为 DataList 中的当前选定项提供内容和布局；否则使用 ItemTemplate。
* EditItemTemplate：如果定义，则为 DataList 中的当前编辑项提供内容和布局；否则使用 ItemTemplate。
* HeaderTemplate：如果定义，则为 DataList 中的页眉节提供内容和布局；否则不显示页眉节。
* FooterTemplate：如果定义，则为 DataList 中的脚注部分提供内容和布局；否则不显示脚注部分。
* SeparatorTemplate：如果定义，则为 DataList 中各项之间的分隔符提供内容和布局；否则将不显示分隔符。

任务 10.2　创建员工管理页面

本任务将制作一个员工管理页面，页面能显示员工的主要信息，如图 10-37 所示；单击"查看详情"按钮后，在下方显示员工的所有详细信息，如图 10-38 所示；单击"编辑"按钮后,能对员工的信息进行修改,也能删除员工的信息,如图 10-39 所示。

员工编号	员工姓名	员工部门	员工级别	查看详情
1	李晓丽	人事部	4	查看详情
2	王伟	研发部	3	查看详情
3	吴艳	财务部	8	查看详情
4	张军	销售部	7	查看详情
5	王力	研发部	6	查看详情

图 10-37　员工的主要信息界面

员工编号	员工姓名	员工部门	员工级别	查看详情
1	李晓丽	人事部	4	查看详情
2	王伟	研发部	3	查看详情
3	吴艳	财务部	8	查看详情
4	张军	销售部	7	查看详情
5	王力	研发部	6	查看详情

员工编号	1
员工姓名	李晓丽
员工年龄	34
员工性别	女
员工部门	人事部
员工级别	4
员工电话	13562581452
编辑 删除	

图 10-38　员工详情页面

员工编号	员工姓名	员工部门	员工级别	查看详情
1	李晓丽	人事部	4	查看详情
2	王伟	研发部	3	查看详情
3	吴艳	财务部	8	查看详情
4	张军	销售部	7	查看详情
5	王力	研发部	6	查看详情

员工编号	1
员工姓名	李晓丽
员工年龄	34
员工性别	○男 ◉女
员工部门	人事部
员工级别	4
员工电话	13562581452
更新 取消	

图 10-39　员工信息编辑页面

实现步骤如下。

(1) 在"解决方案资源管理器"窗口中右击 D:\dishizhang\,选择"添加新项"命令,在弹出的对话框中选择"Web 窗体",新建新闻展示 Web 窗体 xw.aspx。采用同样的方法新建详细新闻 Web 窗体 yggl.aspx。

(2) 在 xw 数据库中新建数据表 ygb,数据表路径选择为站点根目录下的 App_Data 文件夹,然后单击"确定"按钮。

(3) 数据表 ygb 的结构如图 10-40 所示,其中 id 设置成"标识",标识增量和标识种子都为 1;在表中添加 5 条记录,如图 10-41 所示。

(4) 打开 yggl.aspx,切换到"设计"视图模式(或拆分视图模式),在"工具箱"的"数据"工具中双击 SqlDataSource 控件(或者选中该控件,把它拖到设计视图中),在"设计"视图界面中单击 SqlDataSource 控件右上角的右向箭头,在弹出的快捷菜单"SqlDataSource 任务"中单击"配置数据源",如图 10-42 所示。

(5) 接着弹出"数据源配置向导"对话框,如图 10-43 所示。单击"数据库"后再单击"确定"按钮,弹出"配置数据源 - SqlDataSource1"对话框,如图 10-44 所示,单击"新建连

图 10-40　ygb 表的结构

图 10-41　ygb 表中的记录行

图 10-42　"SqlDataSource 任务"快捷菜单

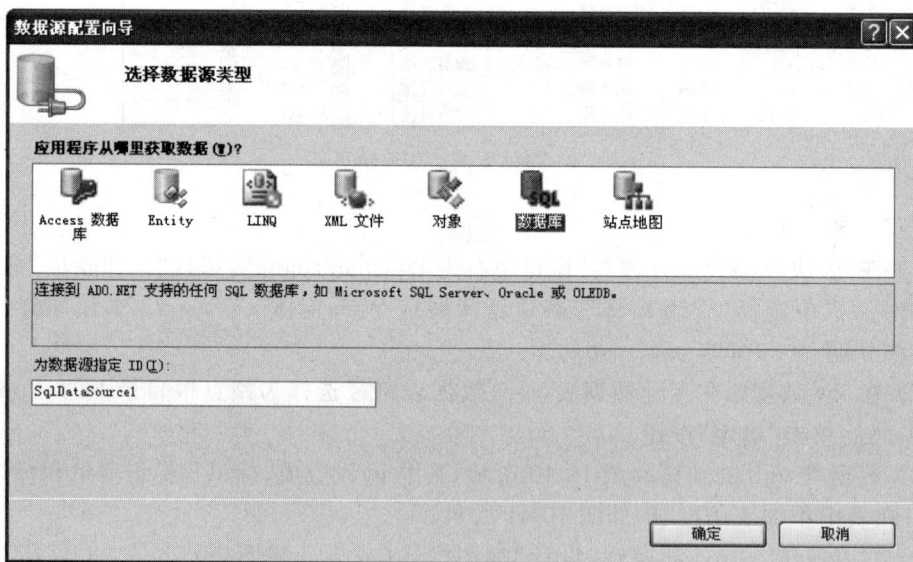

图 10-43　"数据源配置向导"对话框

接"按钮,弹出"添加连接"对话框,如图 10-45 所示,在"服务器名"选项中选择".",在"选择或输入一个数据库名"下拉菜单中选择 xw,单击"确定"按钮,在弹出的对话框中单击"下一步"按钮,如图 10-46 所示。

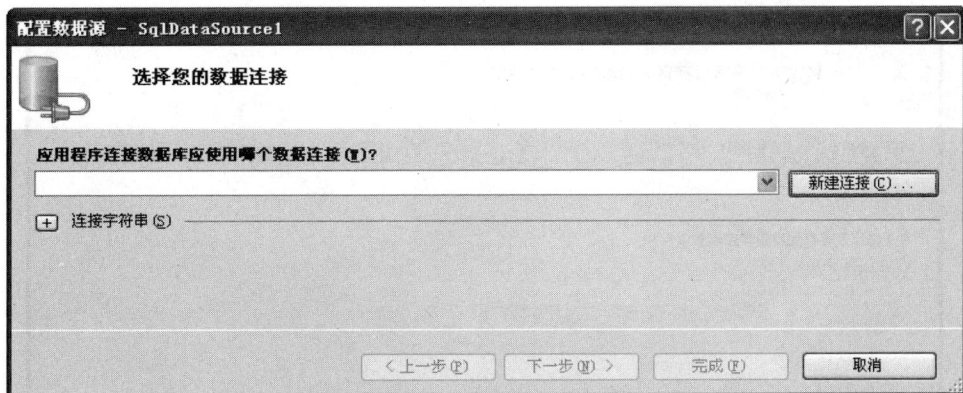

图 10-44　在"配置数据源 - SqlDataSource1"对话框中单击"新建连接"按钮

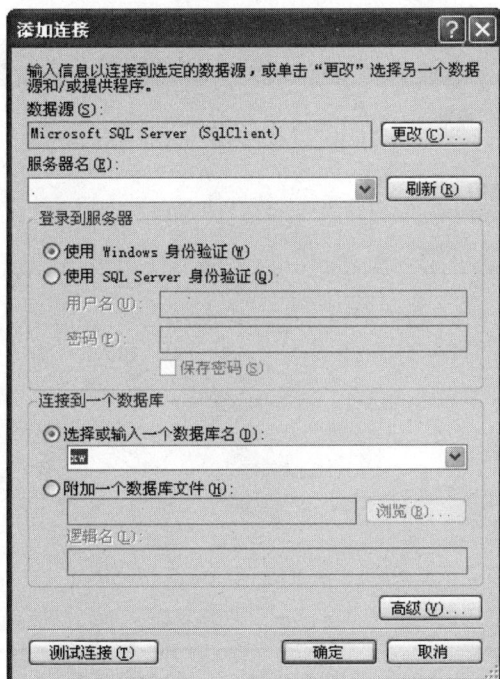

图 10-45　添加到数据库的连接

（6）在弹出的"配置 Select 语句"对话框中选中"指定来自表或视图的列"选项，再在"名称"选项中选择 yhb，如图 10-47 所示。单击"下一步"按钮，在弹出的对话框中单击"测试查询"按钮，如图 10-48 所示。确认内容正确后，单击"完成"按钮。

（7）在 yggl. aspx 页面中添加 GridView 控件。单击 GridView 控件右侧的右向箭头，在弹出的"GridView 任务"对话框中选择"编辑列"命令，如图 10-49 所示。接着弹出"字段"对话框，如图 10-50 所示，在"选定的字段"列表框中删除 age、sex 和 telephone 这 3 个字段，其他字段的 HeaderText 属性分别修改成"员工编号""员工姓名""员工部门"和"员工级别"。然后在"可用字段"列表框中单击 CommandField 下的"选择"选项，再单击

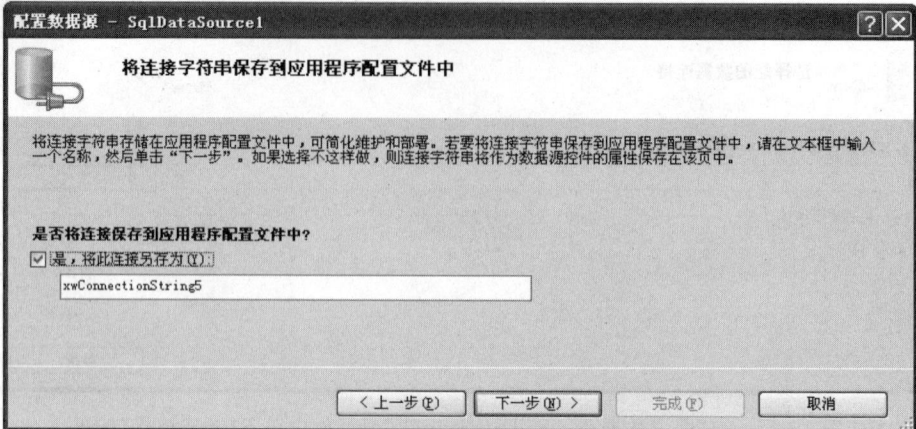

图 10-46 保存字符串

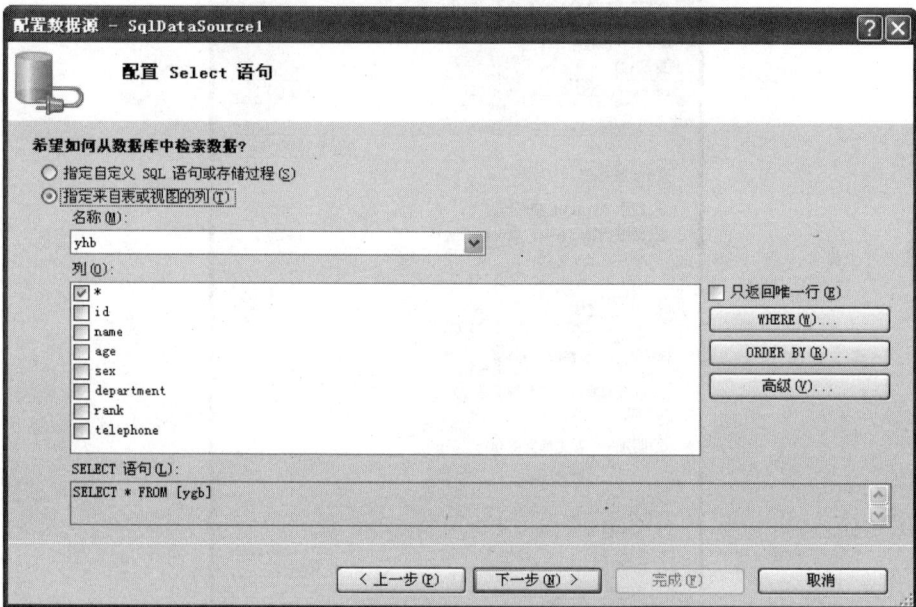

图 10-47 "配置 Select 语句"对话框

"添加"按钮,并修改其 HeaderText 和 SelectText 值均为"查看详情",如图 10-51 所示,然后单击"确定"按钮,即可得到如图 10-37 所示的效果。

（8）在 GridView 控件下方添加一个数据绑定控件 DetailsView,其数据源的配置方法与图 10-42～图 10-46 基本一样,不同之处有两点：一是在图 10-47 中需要单击"高级"按钮,在弹出的"高级 SQL 生成选项"的窗口把两个复选框都选中,如图 10-52 所示；二是需要单击 WHERE 按钮,在弹出的"添加 WHERE 子句"对话框中,在"列"选项中选择 id,在"源"选项中选择 Control,在"参数属性"选项区中的"控件 ID"选项中选择 GridView1,然后单击"添加"按钮,如图 10-53 所示。

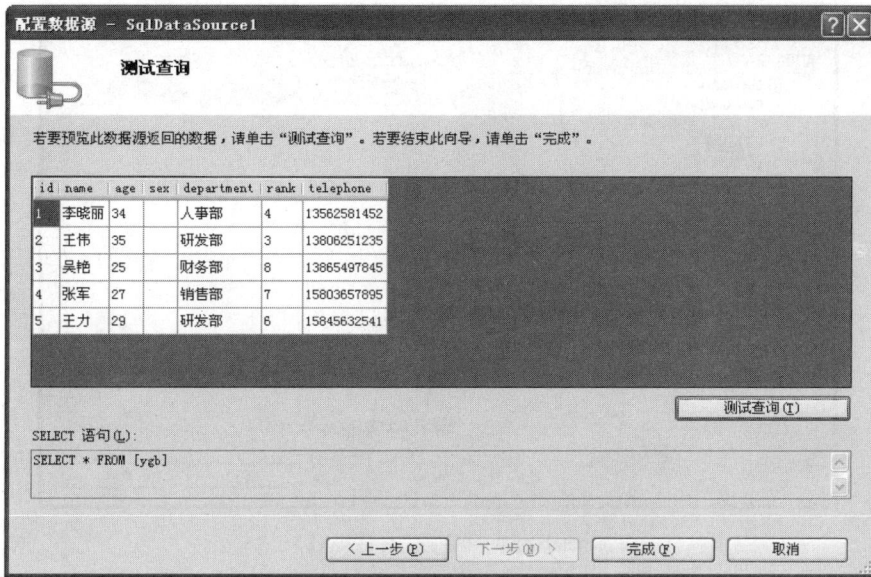

图 10-48 "测试查询"对话框

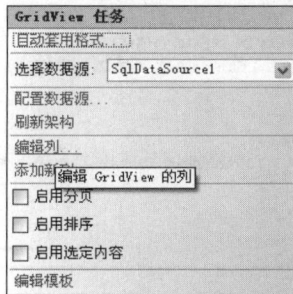

图 10-49 "GridView 任务"快捷菜单

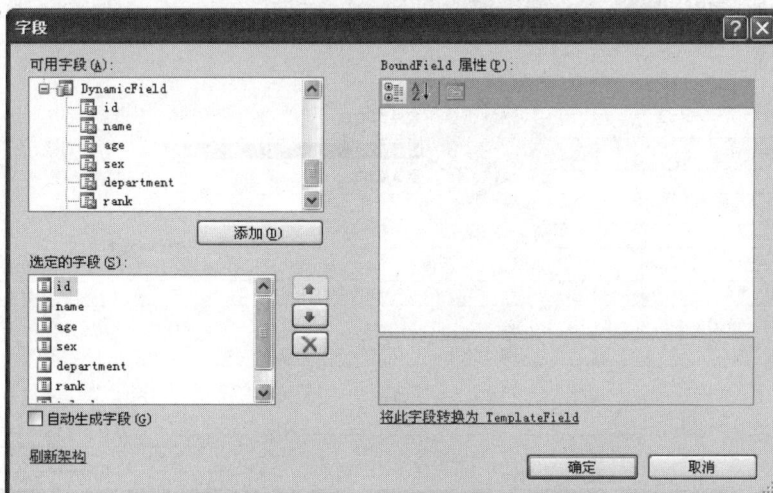

图 10-50 "字段"对话框(1)

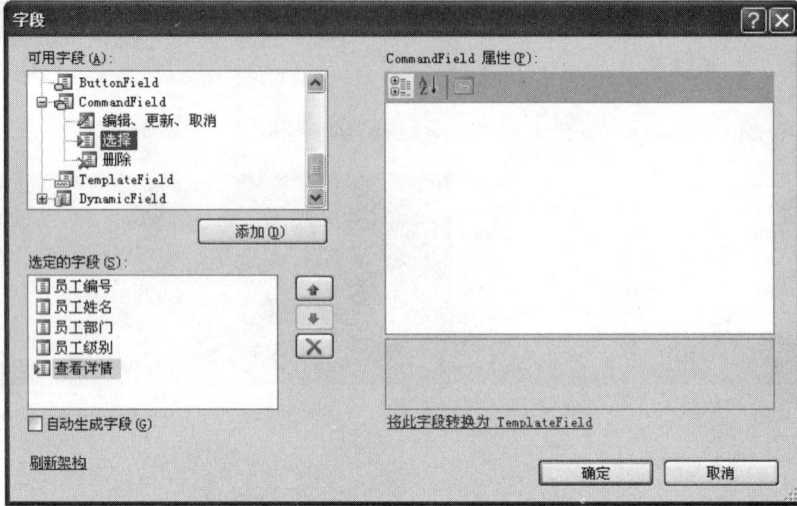

图 10-51 "字段"对话框(2)

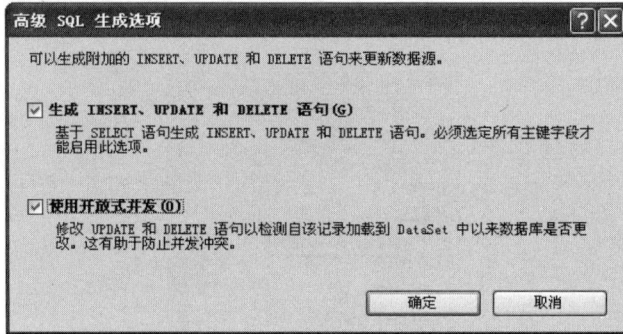

图 10-52 "高级 SQL 生成选项"对话框

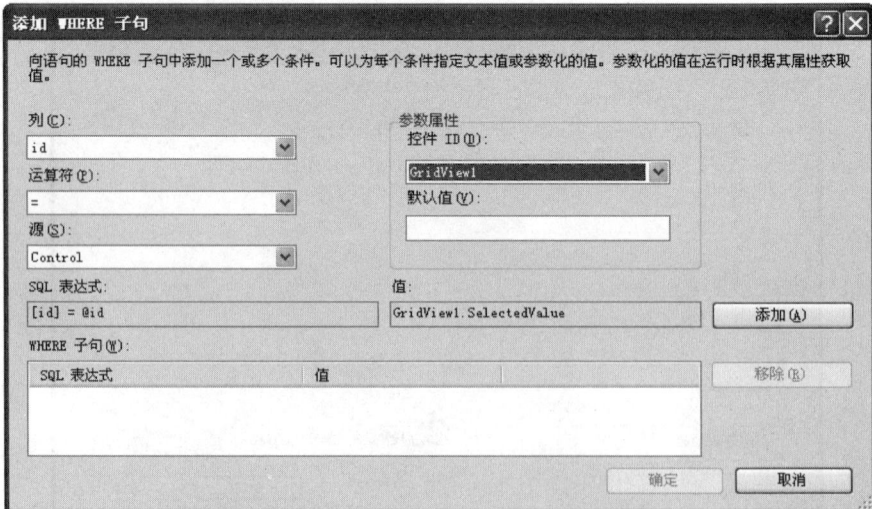

图 10-53 "添加 WHERE 子句"对话框

（9）单击 DetailsView 控件的右向箭头，在弹出的"DetailsView 任务"快捷菜单中，选中"启用编辑"和"启用删除"两个复选框，再选择"编辑字段…"命令，如图 10-54 所示。

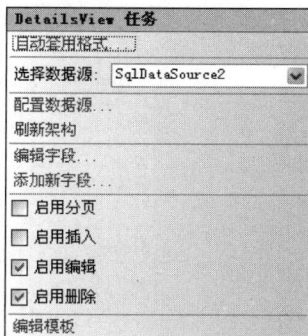

图 10-54　"DetailsView 任务"快捷菜单

（10）在弹出的"字段"对话框中，修改"选定的字段"列表框中所有字段的HeaderText 属性分别为"员工编号""员工姓名""员工年龄""员工性别""员工部门"和"员工级别"和"员工电话"，如图 10-55 所示。

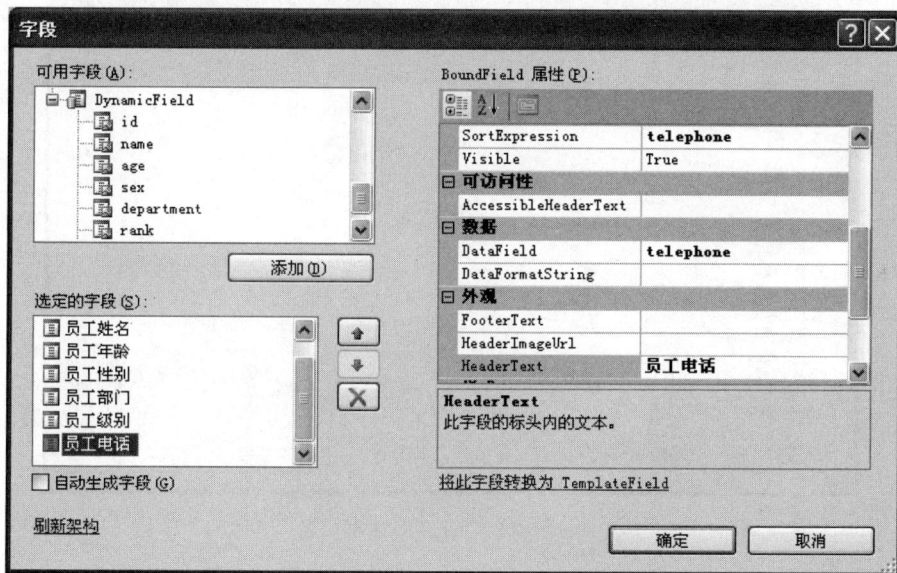

图 10-55　"字段"对话框（3）

（11）选中"选定的字段"列表框中的"员工性别"字段，然后单击图 10-56 中的超级链接"将此字段转换为 TemplateField"，则"字段"对话框的显示效果如图 10-57 所示。采用同样的方法设置"员工部门"字段。

（12）再选择"DetailsView 任务"对话框中的"编辑模板"命令，显示的模板编辑模式如图 10-58 所示，在"显示"下拉列表中选择"Field［3］-员工性别"下方的 EditItemTemplate选项，如图 10-59 所示。

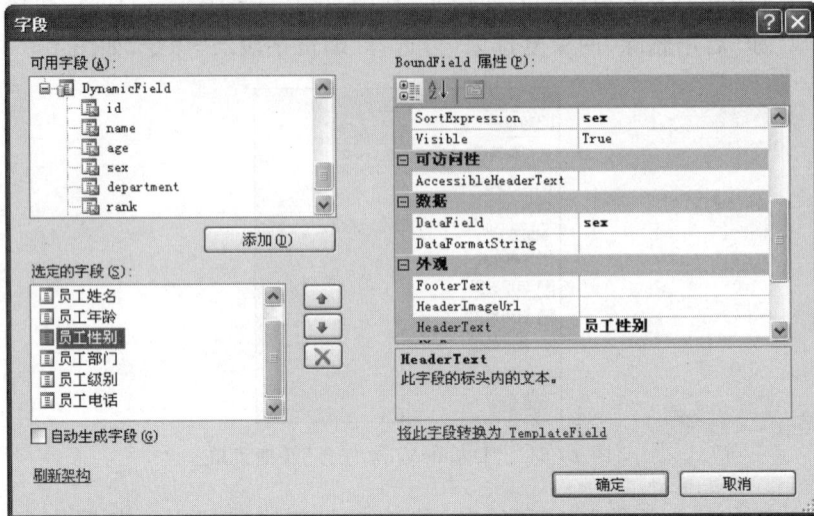

图 10-56 "字段"对话框(4)

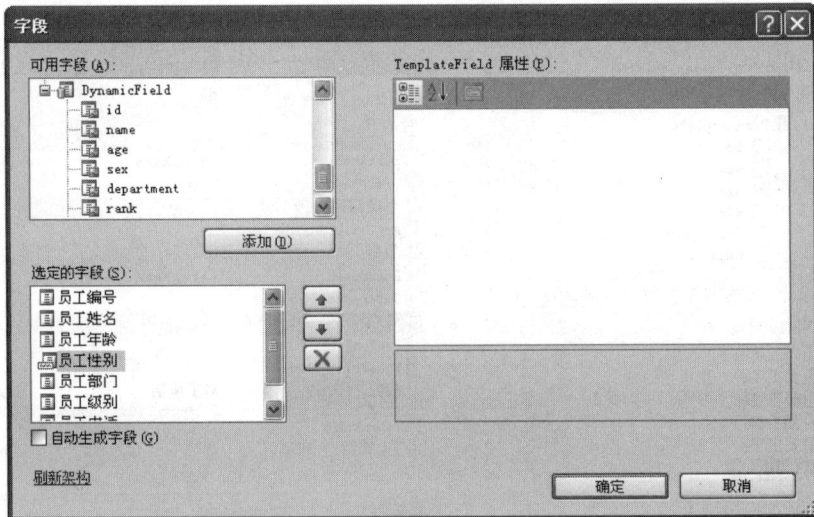

图 10-57 "字段"对话框(5)

图 10-58 模板编辑模式

(13) 把模板中的文本框(TextBox)删除除,然后添加 RadioButtonList 控件。单击 RadioButtonList 控件右侧的右向箭头,在弹出的"RadioButtonList 任务"快捷菜单中选择"编辑项"命令,如图 10-60 所示。在弹出的"ListItem 集合编辑器"对话框中添加两个项,每一项的 Text 和 Value 值相同,分别为"男"和"女",如图 10-61 所示,单击"确定"按钮后的效果如图 10-62 所示。

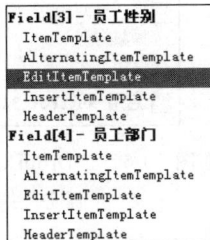

图 10-59　选择模板类别

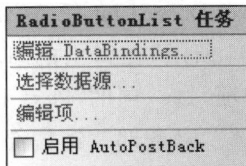

图 10-60　"RadioButtonList 任务"快捷菜单

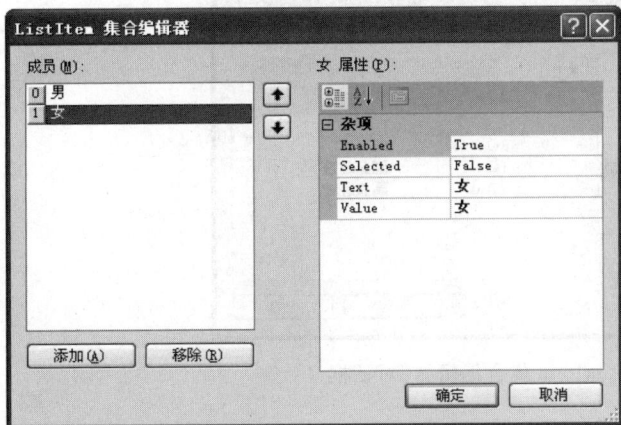

图 10-61　"ListItem 集合编辑器"对话框

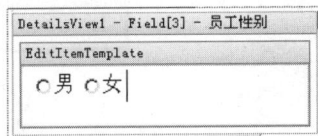

图 10-62　编辑员工性别的效果

(14) 结束模板编辑后,再选择"RadioButtonList 任务"快捷菜单中的"编辑 DataBindings"命令,弹出"RadioButtonList1 DataBindings"对话框,在"可绑定属性"列表框中选择 SelectedValue,在右侧的"字段绑定"选项下的"绑定到"下拉列表中选择 sex 选项,如图 10-63 所示。

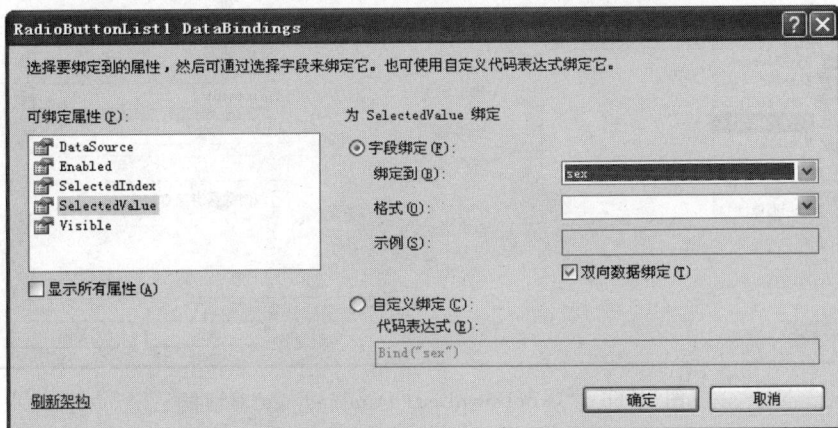

图 10-63　"RadioButtonList1 DataBindings"对话框

199

（15）选择"DetailsView 任务"快捷菜单中的"编辑模板"命令，在"显示"下拉菜单中选择"Field[4]-员工部门"下方的 EditItemTemplate 选项。

（16）把模板中的文本框（TextBox）删除，然后添加 DropDownList 控件，单击 DropDownList 控件右侧的右向箭头，在弹出的"DropDownList 任务"快捷菜单中选择"编辑项"命令，如图 10-64 所示，在弹出的"ListItem 集合编辑器"对话框中添加 6 个项，每一项的 Text 和 Value 值相同，分别为"人事部""研发部""财务部""销售部""总经理"和"副总经理"，如图 10-65 所示。

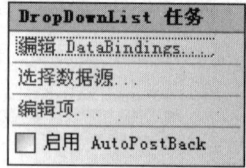

图 10-64　"DropDownList
任务"快捷菜单

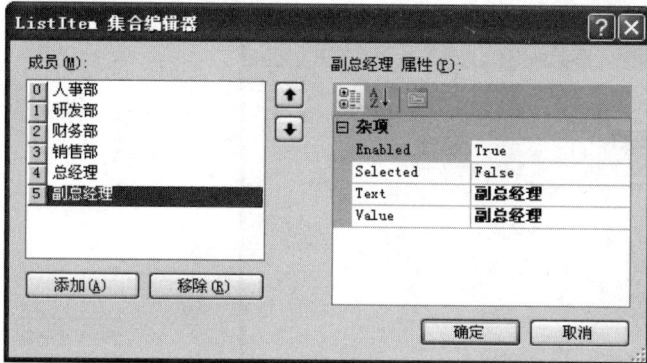

图 10-65　"ListItem 集合编辑器"对话框

（17）结束模板编辑后，再选择"DropDownList 任务"快捷菜单中的"编辑 DataBindings"命令，弹出"DropDownList1 DataBindings"对话框，在"可绑定属性"列表框中选择 SelectedValue，在右侧的"字段绑定"下的"绑定到"下拉列表中选择 department 选项，如图 10-66 所示，单击"确定"按钮后详情界面如图 10-67 所示。

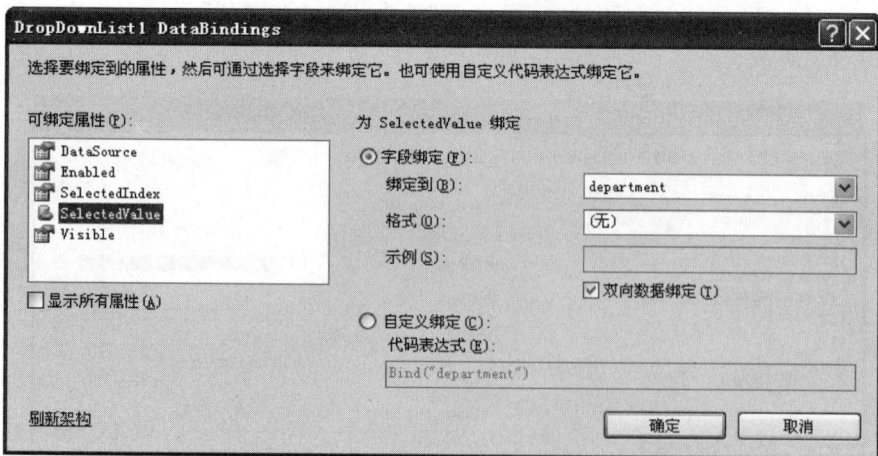

图 10-66　"DropDownList1 DataBindings"对话框

员工编号	0
员工姓名	abc
员工年龄	0
员工性别	abc
员工部门	abc
员工级别	abc
员工电话	abc
编辑 删除	

图 10-67　详情界面

(18) yggl.aspx 页面的设计代码如下。

```
<form id="form1" runat="server">
<div>
  <asp:GridView ID="GridView1" runat="server" AutoGenerateColumns="False"
    DataKeyNames="id" DataSourceID="SqlDataSource1">
    <Columns>
      <asp:BoundField DataField="id" HeaderText="员工编号"
        InsertVisible="False" ReadOnly="True" SortExpression="id" />
      <asp:BoundField DataField="name" HeaderText="员工姓名" SortExpression=
        "name" />
      <asp:BoundField DataField="department" HeaderText="员工部门"
        SortExpression="department" />
      <asp:BoundField DataField="rank" HeaderText="员工级别" SortExpression=
        "rank" />
      <asp:CommandField HeaderText="查看详情" SelectText="查看详情"
        ShowSelectButton="True" />
    </Columns>
  </asp:GridView>
  <asp:SqlDataSource ID="SqlDataSource1" runat="server"
    ConnectionString="<%$ ConnectionStrings:xwConnectionString5 %>"
    SelectCommand="SELECT * FROM [ygb]"></asp:SqlDataSource>
  <br />
  <asp:DetailsView ID="DetailsView1" runat="server" AutoGenerateRows=
    "False" DataKeyNames="id" DataSourceID="SqlDataSource2" Height=
    "50px" Width="200px">
    <Fields>
      <asp:BoundField DataField="id" HeaderText="员工编号" InsertVisible=
        "False" ReadOnly="True" SortExpression="id" />
      <asp:BoundField DataField="name" HeaderText="员工姓名"
        SortExpression="name" />
      <asp:BoundField DataField="age" HeaderText="员工年龄"
        SortExpression="age" />
      <asp:TemplateField HeaderText="员工性别" SortExpression="sex">
        <EditItemTemplate>
          <asp:RadioButtonList ID="RadioButtonList1" runat="server"
            RepeatDirection="Horizontal" SelectedValue='<%#Bind("sex")%>'>
            <asp:ListItem>男</asp:ListItem>
            <asp:ListItem>女</asp:ListItem>
          </asp:RadioButtonList>
```

```
        </EditItemTemplate>
        <InsertItemTemplate>
          <asp:TextBox ID="TextBox1" runat="server" Text='<%#
            Bind("sex") %>'></asp:TextBox>
        </InsertItemTemplate>
        <ItemTemplate>
          <asp:Label ID="Label1" runat="server" Text='<%#Bind("sex") %>'>
            </asp:Label>
        </ItemTemplate>
      </asp:TemplateField>
      <asp:TemplateField HeaderText="员工部门" SortExpression="department">
        <EditItemTemplate>
          <asp:DropDownList ID="DropDownList1" runat="server"
            SelectedValue='<%#Bind("department") %>'>
            <asp:ListItem>人事部</asp:ListItem>
            <asp:ListItem>研发部</asp:ListItem>
            <asp:ListItem>财务部</asp:ListItem>
            <asp:ListItem>销售部</asp:ListItem>
            <asp:ListItem>总经理</asp:ListItem>
            <asp:ListItem>副总经理</asp:ListItem>
          </asp:DropDownList>
        </EditItemTemplate>
        <InsertItemTemplate>
          <asp:TextBox ID="TextBox2" runat="server" Text='<%#Bind
            ("department") %>'></asp:TextBox>
        </InsertItemTemplate>
        <ItemTemplate>
          <asp:Label ID="Label2" runat="server" Text='<%#Bind
            ("department") %>'></asp:Label>
        </ItemTemplate>
      </asp:TemplateField>
      <asp:BoundField DataField="rank" HeaderText="员工级别"
        SortExpression="rank" />
      <asp:BoundField DataField="telephone" HeaderText="员工电话"
        SortExpression="telephone" />
      <asp:CommandField ShowDeleteButton="True" ShowEditButton="True" />
    </Fields>
  </asp:DetailsView>
  <asp:SqlDataSource ID="SqlDataSource2" runat="server"
    ConflictDetection="CompareAllValues"
    ConnectionString="<%$ ConnectionStrings:xwConnectionString6 %>"
    DeleteCommand="DELETE FROM [ygb] WHERE [id]=@original_id AND
      (([name]=@original_name) OR ([name] IS NULL AND @original_name IS
      NULL)) AND (([age]=@original_age) OR ([age] IS NULL AND @original_
      age IS NULL)) AND (([sex]=@original_sex) OR ([sex] IS NULL AND @
      original_sex IS NULL)) AND (([department]=@original_department)
      OR ([department] IS NULL AND @original_department IS NULL)) AND
      (([rank]=@original_rank) OR ([rank] IS NULL AND @original_rank
      IS NULL)) AND (([telephone]=@original_telephone) OR ([telephone]
```

```
                IS NULL AND @original_telephone IS NULL))"
    InsertCommand="INSERT INTO [ygb] ([name], [age], [sex], [department],
        [rank], [telephone]) VALUES (@name, @age, @sex, @department,
        @rank, @telephone)"
    OldValuesParameterFormatString="original_{0}"
    SelectCommand="SELECT * FROM [ygb] WHERE ([id]=@id)"
    UpdateCommand="UPDATE [ygb] SET [name]=@name, [age]=@age, [sex]=@
        sex, [department]=@department, [rank]=@rank, [telephone]=@
        telephone WHERE [id]=@original_id AND (([name]=@original_name) OR
        ([name] IS NULL AND @original_name IS NULL)) AND (([age]=@original_
        age) OR ([age] IS NULL AND @original_age IS NULL)) AND (([sex]=@
        original_sex) OR ([sex] IS NULL AND @original_sex IS NULL)) AND
        (([department]=@original_department) OR ([department] IS NULL AND
        @original_department IS NULL)) AND (([rank]=@original_rank) OR
        ([rank] IS NULL AND @original_rank IS NULL)) AND (([telephone]=@
        original_telephone) OR ([telephone] IS NULL AND @original_
        telephone IS NULL))">
    <DeleteParameters>
      <asp:Parameter Name="original_id" Type="Int32" />
      <asp:Parameter Name="original_name" Type="String" />
      <asp:Parameter Name="original_age" Type="Int32" />
      <asp:Parameter Name="original_sex" Type="String" />
      <asp:Parameter Name="original_department" Type="String" />
      <asp:Parameter Name="original_rank" Type="String" />
      <asp:Parameter Name="original_telephone" Type="String" />
    </DeleteParameters>
    <InsertParameters>
      <asp:Parameter Name="name" Type="String" />
      <asp:Parameter Name="age" Type="Int32" />
      <asp:Parameter Name="sex" Type="String" />
      <asp:Parameter Name="department" Type="String" />
      <asp:Parameter Name="rank" Type="String" />
      <asp:Parameter Name="telephone" Type="String" />
    </InsertParameters>
    <SelectParameters>
      <asp:ControlParameter ControlID="GridView1" Name="id"
        PropertyName="SelectedValue" Type="Int32" />
    </SelectParameters>
    <UpdateParameters>
      <asp:Parameter Name="name" Type="String" />
      <asp:Parameter Name="age" Type="Int32" />
      <asp:Parameter Name="sex" Type="String" />
      <asp:Parameter Name="department" Type="String" />
      <asp:Parameter Name="rank" Type="String" />
      <asp:Parameter Name="telephone" Type="String" />
      <asp:Parameter Name="original_id" Type="Int32" />
      <asp:Parameter Name="original_name" Type="String" />
      <asp:Parameter Name="original_age" Type="Int32" />
      <asp:Parameter Name="original_sex" Type="String" />
```

```
            <asp:Parameter Name="original_department" Type="String" />
            <asp:Parameter Name="original_rank" Type="String" />
            <asp:Parameter Name="original_telephone" Type="String" />
        </UpdateParameters>
    </asp:SqlDataSource>
</div>
</form>
```

10.2.1　GridView 控件

一般而言,对于多行多列的数据,或者称为表格类数据采用 GridView 控件来展示;每列表示一个字段,每行表示一条记录。而对于单行多列或者多行单列的数据,则建议采用 DataList 控件来展示。

使用 GridView 控件可以在不编写代码的情况下实现分页、排序等功能。GridView 控件主要支持以下功能。

- 内置排序功能。
- 内置分页功能。
- 内置更新和删除功能。
- 内置行选择功能。
- 绑定至数据源控件。
- 以编程的方式访问 GridView 控件。
- 可通过主题和样式自定义外观。

GridView 控件的常用属性、方法、事件及说明如表 10-2 所示。

表 10-2　GridView 控件的常用属性、方法、事件及说明

属性、方法或事件	说　　明
AllowPaging 属性	布尔值,该值指示是否启用分页功能,默认为 fasle
AllowSorting 属性	布尔值,该值指示是否启用排序功能,默认为 fasle
AutoGenerateColumns 属性	布尔值,该值指示是否为数据源中的每个字段自动创建绑定字段,默认为 true
DataKeyNames 属性	获取或设置一个数组,该数组包含显示在 GridView 控件中的项的主键字段的名称
DataSource 属性	获取或设置对象,数据绑定控件从该对象中检索其数据项列表,默认为空引用
DataSourceID 属性	获取或设置控件的 ID,数据绑定控件从该控件中检索其数据项列表
DataBind 方法	将数据源绑定到 GridView 控件
DeleteRow 方法	从数据源中删除位于指定索引位置的记录
FindControl 方法	在当前命名容器中搜索指定的服务器控件

续表

属性、方法或事件	说　　明
Focus 方法	为控件设置输入焦点
UpdateRow 方法	使用行的字段值更新位于指定行索引位置的记录
DataBinding 事件	当服务器控件绑定到数据源时发生
DataBound 事件	在服务器控件绑定到数据源后发生
PageIndexChanged 事件	在 GridView 控件处理分页操作之后发生
PageIndexChanging 事件	在 GridView 控件处理分页操作之前发生
RowCommand 事件	当单击 GridView 控件中的按钮时发生。如果 GridView 控件需要使用该事件，则需要设置 GridView 控件中按钮的 CommandName 属性值
RowDeleted 事件	单击某一行的"删除"按钮，在 GridView 控件删除该行之后发生
RowDeleting 事件	单击某一行的"删除"按钮，在 GridView 控件删除该行之前发生
RowEditing 事件	单击某一行的"编辑"按钮，在 GridView 控件进入编辑模式之前发生
RowUpdated 事件	单击某一行的"更新"按钮，在 GridView 控件对该行更新之后发生
RowUpdating 事件	单击某一行的"更新"按钮，在 GridView 控件对该行更新之前发生
SelectedIndexChanged 事件	单击某一行的"选择"按钮，在 GridView 控件对相应的选择操作进行处理之后发生
SelectedIndexChanging 事件	单击某一行的"选择"按钮，在 GridView 控件对相应的选择操作进行处理之前发生

GridView 控件提供了几种数据绑定列的类型。

1. BoundField

该数据绑定列类型用于显示普通文本，是默认的数据绑定列的类型。该类型有个重要的 DataFormatString 属性，该属性用于设置显示的格式，常见的格式如下。

- {0：C}：用来设置显示的内容是货币类型。
- {0：D}：用来设置显示的内容是数字。
- {0：yy-mm-dd}：用来设置显示的内容是日期格式。

使用 DataFormatString 属性时，必须设置 HtmlCode 的属性值为 flase。

2. CommandField

该数据绑定列类型主要提供创建命令按钮的功能，比如在数据绑定控件中执行选择、编辑和删除等的命令按钮，代码自动生成，不需要手写。

3. TemplateField

该数据绑定列类型允许以模板的形式自定义数据绑定列的内容，它是最灵活的表现形式。模板字段添加的方法有两种：一是直接添加；二是将现有字段转换成模板字段。

4. ButtonField

该数据绑定列类型是提供按钮的功能,它可以通过 CommandName 属性来设置按钮的命令,通常需要自定义代码来完成相应的功能。

5. HyperLinkField

该数据绑定列类型允许将绑定的数据以超链接的形式显示出来。

6. ImageField

该数据绑定列类型允许在 GridView 控件中显示图片列。

7. CheckBoxField

该数据绑定列类型允许以复选框的形式显示布尔类型的数据。

GridView 控件可以快速地实现数据的编辑、删除功能,不用编写相关的代码,可以直接在数据源控件的"高级 SQL 生成选项"设置中选中"生成 INSERT、UPDATA 和 DELETE 语句"和"使用开放式并发"两个复选框选项才可以使用该项功能。

GridView 控件中更新记录时,如果出现记录无法更新的情况,可能是因为记录中有空字段,此时需要设置 DataKeyNames 属性来指定表的主键。

10.2.2　DetailsView 控件

GridView 控件主要用于列表显示数据,而 DetailsView 控件主要用于单条记录的详细内容显示,可以实现对记录的分页、插入、编辑和删除等功能。

本 章 小 结

本章主要学习了数据源控件和数据绑定控件,重点掌握以下内容。
- SqlDataSource 控件的使用。
- DataList 控件的使用。
- GridView 控件的使用。
- DetailsView 控件的使用。

练 习 与 实 践

一、填空题

1. _____数据库类型可以使用 SqlDataSource 控件作为数据源。

2. GridView 控件_____插入记录。

3. GridView 控件设置分页后,默认显示_____条记录。

4. 访问 Access 数据库使用的数据源控件类型是_____。

5. DetailsView 控件中更新记录功能要求数据表必须有_____。

6. Bind()用于_____数据绑定。

二、简答题

1. 在 GridView 控件中启用分页、编辑、更新的必要条件是什么?

2. Access 数据库与 SQL Server 数据库分别使用什么数据源进行连接?

三、实践操作

自行设计一个商品展示页面,显示商品的图片、商品的名称、商品的价格等。

第 11 章 使用 ADO.NET 操作数据库

任务 11.1 设计实现注册、登录页面功能

本任务将设计实现一个注册页面和登录页面。用户通过注册页面进行注册,数据写入数据库的用户表 yhb 中,然后用户可以通过登录页面用注册的信息进行登录,注册页面和登录页面效果如图 11-1 和图 11-2 所示,登录成功页面如图 11-3 所示,用户表 yhb 的设计视图如图 11-4 所示。

图 11-1 注册页面

图 11-2 登录页面

图 11-3 登录成功页面

图 11-4 用户表(yhb)

实现本任务的主要步骤如下。

(1) 在 SQL Server 2008 数据库中创建一个新的数据库 xw,效果如图 11-5 所示。

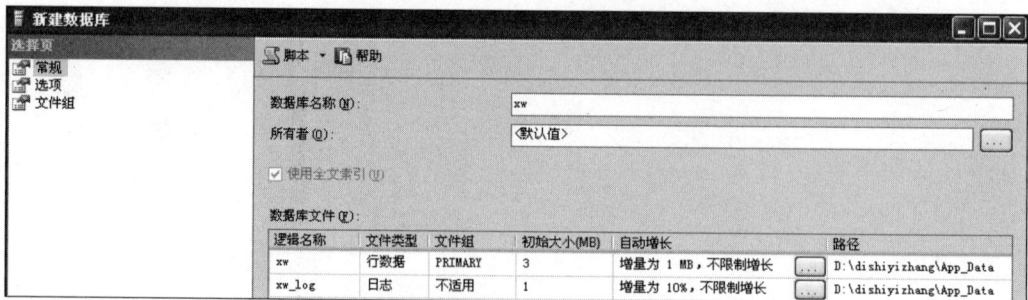

图 11-5 新建 xw 数据库

（2）在 xw 数据库中创建新的数据表 yhb，yhb 的设计视图如图 11-4 所示，其中，id 是主键，并设置成是标识，且自动增加 1。

（3）在站点 D:\dishiyizhang\下新建 Web 窗体 zc.aspx，注册页面的效果如图 11-1 所示，注册页面的设计视图如图 11-6 所示。

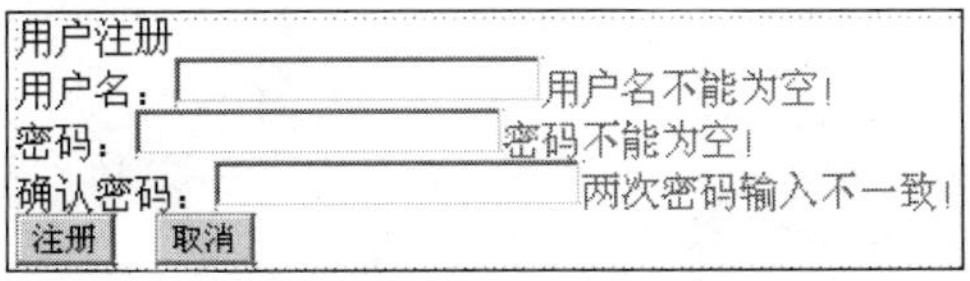

图 11-6　注册页面设计视图

（4）注册页面代码如下。

```
<form id="form1" runat="server">
<div>
  用户注册<br />
  用户名: <asp:TextBox ID="txtUsername" runat="server"></asp:TextBox>
    <asp:RequiredFieldValidator ID="RequiredFieldValidator1" runat="server"
      ControlToValidate="txtUsername" ErrorMessage="用户名不能为空!"
      ForeColor="Red"></asp:RequiredFieldValidator><br />
  密码: <asp:TextBox ID="txtPassword" runat="server" TextMode="Password">
    </asp:TextBox>
    <asp:RequiredFieldValidator ID="RequiredFieldValidator2" runat="server"
      ControlToValidate="txtPassword" ErrorMessage="密码不能为空!"
      ForeColor="Red"></asp:RequiredFieldValidator><br />
  确认密码: <asp:TextBox ID="txtQupassword" runat="server" TextMode=
    "Password"></asp:TextBox>
    <asp:CompareValidator ID="CompareValidator1" runat="server"
      ControlToCompare="txtPassword" ControlToValidate="txtQupassword"
      ErrorMessage="两次密码输入不一致!" ForeColor="Red">
      </asp:CompareValidator><br />
    <asp:Button ID="btnRegister" runat="server" Text="注册"
      onclick="btnRegister_Click" />  <asp:Button ID="btnCancel"
      runat="server" Text="取消" onclick="btnCancel_Click" />
</div>
</form>
```

（5）双击"注册"按钮后，触发 Click 事件，在 zc.aspx.cs 中首先添加新的命名空间："using System.Data;""using System.Data;"，然后在 btnRegister_Click 事件中添加如下代码。

```
protected void btnRegister_Click(object sender, EventArgs e)
{
    SqlConnection cn=new SqlConnection("server=.;database=xw;integrated
    security=True");
    cn.Open();
```

209

```
SqlCommand cmd=new SqlCommand("select * from yhb where username='"+
txtUsername.Text+"'", cn);
SqlDataAdapter da=new SqlDataAdapter(cmd);
DataSet ds=new DataSet();
da.Fill(ds);
if(ds.Tables[0].Rows.Count>0)
{
    this.txtUsername.Text="已经存在这个用户名,请重新取名!";
}
else
{
    //方法一:
    //SqlCommand cmd1=new SqlCommand("insert into yhb(username,password)
      values('"+txtUsername.Text+"','"+txtPassword.Text+"')", cn);
    //cmd1.ExecuteNonQuery();
    //方法二:
    DataRow dr=ds.Tables["aa"].NewRow();
    dr["username"]=txtUsername.Text;
    dr["password"]=txtPassword.Text;
    ds.Tables["aa"].Rows.Add(dr);
    SqlCommandBuilder builder=new SqlCommandBuilder(da);
    da.Update(ds, "aa");
}
cn.Close();
}
```

(6) 运行注册页面并注册。

(7) 在站点 D:\dishiyizhang\下新建 Web 窗体 dl.aspx,登录页面的效果如图 11-2 所示。登录成功页面的效果如图 11-3 所示,登录页面代码如下。

```
<body>
    <form id="form1" runat="server">
    <div>
        <asp:Label ID="lbluser" runat="server" BackColor="White" Text="用户
        登录"></asp:Label>
        <br />
        用户名:
        <asp:TextBox ID="txtUsername" runat="server" Width="130px"></asp:
        TextBox>
        <br />
        密   码:  <asp:TextBox ID="txtPassword" runat="server"
        TextMode="Password" Width="130px"></asp:TextBox>
        <br />
        <br />
        <asp:Button ID="btnLogin" runat="server"  Text="登录" onclick=
        "btnLogin_Click" />
```

```
        <asp:Button ID="btnRegister" runat="server"  Text="注册"
            onclick="btnRegister_Click" />
    </div>
    </form>
</body>
```

（8）双击"登录"按钮后，触发 Click 事件，在 dl. aspx. cs 中首先添加新的命名空间：
"using System. Data;""using System. Data;"，然后在 btnLogin_Click 事件中添加如下
代码。

```
protected void btnLogin_Click(object sender, EventArgs e)
{
    SqlConnection cn=new SqlConnection("server=.;database=xw;integrated
    security=True");
    cn.Open();
    SqlCommand cmd=new SqlCommand("select * from yhb where username='"+
    txtUsername.Text+"' and password='"+txtPassword.Text+"'", cn);
    SqlDataAdapter da=new SqlDataAdapter(cmd);
    DataSet ds=new DataSet();
    da.Fill(ds);
    if(ds.Tables[0].Rows.Count>0)
    {
        this.Session["username"]=this.txtUsername.Text;
        this.Session["password"]=this.txtPassword.Text;
        this.Session["id"]=ds.Tables[0].Rows[0]["id"].ToString();
        this.lbluser.Text="登录成功! 当前用户: "+this.txtUsername.Text;
    }
}
```

11.1.1　ADO. NET 简介

ADO. NET 提供了一种数据访问的方式，它相当于数据和程序之间的桥梁，一方面
连接数据库读取数据；另一方面连接应用程序输出数据，由于在程序间传输数据的格式是
XML 格式，所以所有能够读取 XML 数据的应用程序都可以进行数据操作。

ADO. NET 有五大对象，分别是连接对象、执行对象、Reader 对象、适配器对象和数据
集对象，即 Connection、Command、DataReader、DataAdapter 和 DataSet 对象。以 SQL Server
为例，DataSet 对象位于 System. Data 命名空间中，其他 4 个对象位于 System. Data.
SqlClient 命名空间中，因此，在使用 ADO. NET 五大对象时需要引用 System. Data 和
System. Data. SqlClient 这 2 个命名空间。ADO. NET 五大对象之间的关系如图 11-7
所示。

. NET 规定了一套访问数据库的标准，这个标准以接口的形式存在，各数据库只要实
现了这些接口就可以在 ADO. NET 下工作。当连接到数据源时，首先选择一个. NET 数
据提供程序；数据提供程序包括一些能够迅速连接到数据源的类，高效地读取数据、修改

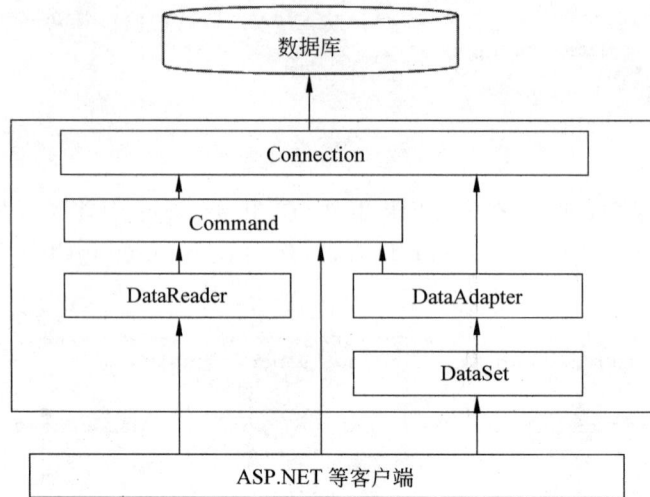

图 11-7   ADO.NET 框架示意图

数据、操纵数据以及更新数据。ADO.NET 已经集成了 SQL Server、Access 和 Oracle 操作类,实现了接口的操作类如表 11-1 所示。

表 11-1   数据库操作类

接口 数据库	IDbConnection	IDbCommand	IDbDataAdapter	IDataReader
SQLServer	SqlConnection	SqlCommand	SqlDataAdapter	SqlDataReader
Access	OleDbConnection	OleDbCommand	OleDbDataAdapter	OleDbDataReader
Oracle	OracleConnection	OracleCommand	OracleDataAdapter	OracleDataReader
MySql	MySqlConnection	MySqlCommand	MySqlDataAdapter	MySqlDataReader

注意:.NET FrameWork 框架没有集成 MySQL 数据库的操作类,需要使用时在 MySQL 官网上下载。

11.1.2   使用 Connection 对象连接数据库

Connection 对象实际并不存在,它是对所有数据库操作类的连接对象的一个抽象说法。对任何数据库进行操作之前,首先要建立与数据库的连接。Connection 对象主要提供与数据库的连接功能。

1. 创建一个新的连接对象

ADO.NET 专门提供了 SQL Server 的.NET 数据提供程序,其中 SqlConnection 类主要用于建立与 SQL Server 服务器的连接。创建一个新的连接对象,有以下两种方法,对应 SqlConnection 的两个构造函数,分别说明如下。

方法一:这种方法构造一个连接对象的实例,这个实例只是在内存中占据一块空间。

```
SqlConnection cn=new SqlConnection();
```

方法二：连接数据库采用信任方式连接，即 Windows 验证。

```
SqlConnection cn= new SqlConnection("server=服务器名;database=数据库名称;
integrated security=True");
```

或连接数据库采用非信任方式连接，即 SQL Server 身份验证。

```
SqlConnection cn= new SqlConnection("server=服务器名;database=数据库名称;
User ID=用户名;Password=连接数据库的用户密码;integrated security=Flase");
```

这种方法构造一个连接对象，包含连接字符串，该字符串描述了对象要连接到哪台服务器上的哪个数据库。连接字符串的解析如下。

- Server 或 Data Source 描述的是服务器的地址，通常用"."表示数据库在本机，也可以使用 local 或 127.0.0.1 来表示本机。
- Database 或 Initial Catalog 描述的是连接到的数据库名。
- integrated security 描述的是身份验证的方式，但可采用非信任连接方式，这样可以避免很多出错的情况。
- User ID 描述的是登录数据库的用户名。
- Password 描述的是登录数据库的密码。

2. 打开和关闭连接

SqlConnection 对象在创建并初始化完成后，需要打开连接。SqlConnection 对象可以打开的前提是它已经包含连接字符串。

方法一：使用如下方式来创建连接对象，需要给对象赋值连接字符串以后再打开连接。

```
SqlConnection cn=new SqlConnection();
cn.ConnectingString=连接字符串;
cn.open();
```

方法二：使用如下方式来创建连接对象，可以直接调用打开方法。

```
SqlConnection cn= new SqlConnection("server=服务器名;database=数据库名称;
integrated security=True");
cn.open();
```

或

```
SqlConnection cn= new SqlConnection("server=服务器名;database=数据库名称;
User ID=用户名;Password=连接数据库的用户密码;integrated security=Flase");
cn.open();
```

例如,用户注册案例和用户登录案例中都使用了第二种方法来创建连接对象,与数据库的连接语句如下所示。

```
SqlConnection cn = new SqlConnection (" server =.; database = xw; integrated
security=True");
cn.Open();
```

打开数据库连接后,在不需要操作数据库时要关闭此连接,这样可以节省内存资源。关闭的方法是采用 Close()方法。

例如,用户注册案例和用户登录案例中,都使用了下面这种方法来关闭连接对象。

```
cn.Close();
```

11.1.3　使用 Command 对象操作数据库

Command 对象也称作数据库命令对象,使用 Connection 对象与数据源建立连接后,可以使用 Command 对象对数据源进行各种操作,如查询数据、添加数据、删除数据、修改数据等。Command 对象实际也并不存在,它是对.NET FrameWork 中所有的数据库命令对象的一个抽象说法。

ADO.NET 专门提供了 SQL Server 的.NET 数据操作对象 SqlCommand,用来执行 SQL 语句和存储过程。下面以 SqlCommand 对象类讲解。

1. Command 对象常用的属性和方法

Command 对象可以根据指定的 SQL 语句实现的功能来选择 SelectCommand、InsertCommand、UpdateCommand、DeleteCommand 等命令。Command 对象常用的属性及说明如表 11-2 所示。

表 11-2　Command 对象常用的属性及说明

属　　性	说　　明
CommandText	获取或设置要对数据源执行的 SQL 语句、储存过程或表名
CommandTimeout	获取或设置在终止对执行命令的尝试并生成错误之前的等待时间
CommandType	获取或设置 Command 对象要执行命令的类型
Connection	获取或设置 Command 对象使用的 Connection 对象的名称
Parameters	获取 Command 对象需要使用的参数集合

Command 对象常用的方法及说明如表 11-3 所示。

表 11-3　Command 对象常用的方法及说明

方　　法	说　　明
ExecuteNonQuery	执行 SQL 语句并返回受影响的行数
ExecuteReader	执行返回数据集的 Select 语句
ExecuteScalar	执行查询,并返回查询所返回的结果集中第 1 行的第 1 列

2. 创建一个 Command 对象

创建一个 Command 对象,常用的方法有以下 3 种,分别介绍如下。

方法一:使用如下方式来创建一个 Command 对象,这个对象只在内存中占空间,不包含其他信息。

```
SqlCommand cmd=new SqlCommand();
```

方法二:使用如下方式来创建一个 Command 对象,这个对象包含要执行的 SQL 语句。

```
SqlCommand cmd=new SqlCommand(SQL 语句);
```

方法三:使用如下方式来创建一个 Command 对象,这个对象包含连接对象和要执行的 SQL 语句。这种方法写起来简单,读起来易懂,推荐大家使用该方法。

```
SqlCommand cmd=new SqlCommand(SQL 语句, 连接对象名);
```

例如,本任务中的用户注册模块就使用了第三种方法来创建 Command 对象,语句如下所示。

```
SqlCommand cmd=new SqlCommand("select * from yhb where username='"+
txtUsername.Text+"'", cn);
```

例如,用户登录模块也使用了第三种方法来创建 Command 对象,语句如下所示。

```
SqlCommand cmd=new SqlCommand("select * from yhb where username='"+
txtUsername.Text+"' and password='"+txtPassword.Text+"'", cn);
```

11.1.4　使用 DataSet 对象和 DataAdapter 对象

1. DataSet 对象

DataSet 类是一个具体存在的类,它属于命名空间 System.Data。DataSet 对象用来描述一个数据集,它是创建在内存中的集合对象,它可以包含任意数量的数据表,以及所有表的约束、索引和关系,相当于在内存中的一个小型关系数据库。一个 DataSet 对象包括一组 DataTable 对象,每个 DataTable 对象由 DataColumn 和 DataRow 对象组成,一个

DataTable 表对象包含多行多列，每一列都是一个 DataColumn 对象，每一行都是一个 DataRow 对象。DataSet 对象是 DataTable 对象的集合，给控件绑定数据源时，可以选择 DataTable 对象作为数据源，因此可以使用索引或者表名来确定数据源。

DataSet 对象的使用方法有以下几种，这些方法可以单独使用，也可以结合应用。

- 以编程方式在 DataSet 中创建 DataTable 等，并使用数据填充表。
- 通过 DataAdapter 用现有关系数据源中的数据表填充 DataSet。
- 使用 XML 加载和保持 DataSet 中的内容。

2. DataAdapter 对象

DataAdapter 对象也称作适配器对象，它是对. NET FrameWork 中所有的适配器对象的一个抽象说法。DataAdapter 对象是 DataSet 对象和数据源之间联系的桥梁，主要作用是从数据源中检索数据、填充 DataSet 对象中的表，或者把用户对 DataSet 对象做出的更改写入数据源。

1) DataAdapter 对象常用的属性及说明和方法

DataAdapter 对象常用的属性如表 11-4 所示。

表 11-4　DataAdapter 对象常用的属性及说明

属　　性	说　　明
SelectCommand	获取或设置用于在数据源中选择记录的命令
InsertCommand	获取或设置用于将新记录插入数据源中的命令
UpdateCommand	获取或设置用于更新数据源中记录的命令
DeleteCommand	获取或设置用于从数据集中删除记录的命令

DataAdapter 对象常用的方法及说明如表 11-5 所示。

表 11-5　DataAdapter 对象常用的方法及说明

方　　法	说　　明
Fill(DataSet)	填充数据集
Fill(DataTable)	在 DataSet 的指定范围中添加或刷新行，以与使用 DataTable 名称的数据源中的行匹配
Fill(DataSet,String)	填充数据集，并给添加的 DataTable 命名
Update(DataSet)	为指定 DataSet 中每个已插入、已更新或已删除的行调用相应的 INSERT、UPDATE 或 DELECT 语句
Update(DataTable)	为指定 DataTable 中每个已插入、已更新或已删除的行调用相应的 INSERT、UPDATE 或 DELECT 语句

2) 创建一个 DataAdapter 对象

ADO. NET 专门提供了 SQL Server 的. NET 数据适配器对象 SqlDataAdapter，该对象利用连接对象来连接 SQL Server 数据库，使用 SqlCommand 对象来检索数据，检索的数据一般被送往 DataSet 中，该对象也可以把更新后的数据送回到数据源中。下面以对象 SqlDataAdapter 来讲解。

创建一个 SqlDataAdapter 有以下 4 种方法。

方法一：使用如下方式来创建一个 SqlDataAdapter 对象，这个对象只在内存中占空间，不包含其他信息。

```
SqlDataAdapter da=new SqlDataAdapter();
```

方法二：使用如下方式来创建一个 SqlDataAdapter 对象，这个对象包含一个 SqlCommand 对象。

```
SqlDataAdapter da=new SqlDataAdapter(SqlCommand);
```

方法三：使用如下方式来创建一个 SqlDataAdapter 对象，这个对象包含一个 SQL 语句和连接对象。

```
SqlDataAdapter da=new SqlDataAdapter(sqlStr,SqlConnection);
```

方法四：使用如下方式来创建一个 SqlDataAdapter 对象，这个对象包含一个 SQL 语句和连接字符串。

```
SqlDataAdapter da=new SqlDataAdapter(sqlStr,conStr);
```

例如，在用户注册案例和用户登录案例中都使用了第二种方法来创建 SqlDataAdapter 对象，语句如下所示。

```
SqlDataAdapter da=new SqlDataAdapter(cmd);
```

配合使用 SqlDataAdapter 和 DataSet 对象配置数据源，是目前最流行的，因为这种方法是基于无连接的，可以节省宝贵的网络资源。

3）填充数据集

使用 DataAdapter 填充数据需要以下 5 个步骤。

（1）创建数据库连接对象（Connection 对象）。

（2）打开连接。

（3）创建 Command 对象。

（4）创建 DataAdapter 对象。

（5）调用 DataAdapter 对象的 Fill()方法填充数据集：DataAdapter 对象.Fill(数据集对象,"数据表名称字符串")。

说明：数据表名称字符串，如果数据集中原来没有这个数据表，调用 Fill()方法后就会创建一个数据表。如果数据集中原来有这个数据表，就会把现在查出的数据继续添加到数据表中。以下的 aa 就是数据表的名称，可以与数据库中表名相同，也可以不同。

或者采用以下步骤。

（1）创建数据库连接对象（Connection 对象）。

（2）打开连接。

（3）创建从数据库查询数据用的 SQL 语句。

（4）利用上面创建的 SQL 语句和 Connection 对象创建 DataAdapter 对象：SqlDataAdapter 对象名＝new SqlDataAdapter(查询数据用的 SQL 语句，数据库连接)。

（5）调用 DataAdapter 对象的 Fill()方法填充数据集：DataAdapter 对象.Fill(数据集对象，"数据表名称字符串")。

例如，在用户注册案例和用户登录案例中，都是在建立 SqlDataAdapter 对象和 DataSet 对象后，再采用 SqlDataAdapter 对象的 Fill(DataSet)方法来填充数据集。

```
SqlDataAdapter da=new SqlDataAdapter(cmd);
DataSet ds=new DataSet();
da.Fill(ds, "aa");
```

4）更新数据集

在.NET 中使用 ADO.NET 更新数据库的方法有两种：一种是直接更新数据源；另一种是先更新数据集，再通过数据适配器的 Update()方法更新数据源。

怎样把数据集中修改过的数据保存到数据库中呢？需要使用 DataAdapter 的 Update()方法，同时也需要相关的命令，.NET 为我们提供了一个 SqlCommandBuilder 对象(构造 SQL 命令)，使用它可以自动生成需要的 SQL 命令。把数据集中修改过的数据保存到数据库中，只需要两个步骤。

第一步，使用 SqlCommandBuilder 对象生成更新用的相关命令 SqlCommandBuilder builder＝new SqlCommandBuilder(已创建的 DataAdapter 对象)。

第二步，调用 DataAdapter 的 Update()方法：DataAdapter 对象.Update(数据集对象，"数据表名称字符串")。

例如，用户注册案例中，把用户注册的信息插入数据库用户表中可以采用两种方法。

第一种方法是直接更新数据源，调用 ExecuteNonQuery()方法。

```
SqlCommand cmd1=new SqlCommand("insert into yhb(username,password) values
('"+txtUsername.Text+"','"+txtPassword.Text+"')", cn);
cmd1.ExecuteNonQuery();
```

第二种方法是先更新数据集，再通过数据适配器的 Update()方法更新数据源。

```
DataRow dr=ds.Tables["aa"].NewRow();
dr["username"]=txtUsername.Text;
dr["password"]=txtPassword.Text;
ds.Tables["aa"].Rows.Add(dr);
SqlCommandBuilder builder=new SqlCommandBuilder(da);
da.Update(ds, "aa");
```

任务 11.2　显示新闻序号和内容

本任务将设计实现一个页面,用来显示新闻的序号和内容。页面效果如图 11-8 所示,新闻表(xwb)的设计视图如图 11-9 所示。

序号	新闻内容
1	九旬老太出资500万元助建宁波二院,她是港胞曹素玉。宁波二院曹素玉眼科中心正式揭牌成立。
2	支付宝"良心"建议:伴随着支付宝对转账到卡收取手续费,消费者在转账到卡时,请大家用银行免费转账。
3	韩国总统朴槿惠亲信"干政"事件曝光后,潘基文一直被视为执政党新国家党潜在的总统候选人。最新民调结

图 11-8　新闻显示页面

列名	数据类型	允许 Null 值
id	int	☐
title	nvarchar(50)	☑
contents	nvarchar(MAX)	☑

图 11-9　新闻表(xwb)

实现步骤如下。

(1) 在数据库 xw 中创建新的数据表 xwb,xwb 的设计视图如图 11-6 所示,其中,id 是主键,并设置成标识,自动增加 1。

(2) 在站点 D:\dishiyizhang\ 下新建 Web 窗体 news. aspx,并在 news. aspx 中添加一个 Label 控件。

(3) 在 news. aspx. cs 中首先添加新的命名空间:即"using System. Data;""using System. Data;",然后在 Page_Load 中添加如下代码。

```
SqlConnection cn = new SqlConnection ( " server =.; database = xw; integrated
security=True");
cn.Open();
SqlCommand cmd=new SqlCommand("select * from xwb", cn);
SqlDataReader sdr=cmd.ExecuteReader();
this.Label1.Text="序号              
           新闻内容<br>";
while(sdr.Read())
{
    this.Label1.Text=this.Label1.Text+sdr["id"]+"    
                "+sdr
        ["contents"]+"<br>";
}
sdr.Close();
```

DataReader 对象是对. NET FrameWork 中所有的读取数据的 DataReader 对象的一个抽象说法。DataReader 对象是一个简单的数据集,用于从数据源中检索只读数据集,常用于检索大量的数据。

DataReader 对象每次读取数据时只在内存中保留一行记录,所以开销非常小。ADO.NET 专门提供了 SQL Server 的.NET 读取数据的 SqlDataReader 对象,下面以 SqlDataReader 对象来讲解。

1. DataReader 对象常用的属性和方法

DataReader 对象常用的属性及说明如表 11-6 所示。

表 11-6　DataReader 对象常用的属性及说明

属　　性	说　　明
FieldCount	获取当前行中的列数
RecordsAffected	获取执行 SQL 语句所更改、添加或删除的行数

DataReader 对象常用的方法及说明如表 11-7 所示。

表 11-7　DataReader 对象常用的方法及说明

方　　法	说　　明
Read()	读取下一条记录
Close()	关闭 DataReader 对象
Get()	获取数据集的当前行的某一列数据

2. 创建一个 DataReader 对象

SqlDataReader 对象不能以 new 方式来创建,必须使用 SqlCommand 对象的 ExecuteReader 方法进行创建。假设 SqlCommand 对象实例名是 cmd,SqlDataReader 对象实例名是 sdr,创建的方法如下所示。

```
SqlDataReader sdr=cmd.ExecuteReader();
```

创建一个 DataReader 对象后,SqlDataReader 对象读取数据需要使用 Read()方法,这个方法每次读取一行数据,直到将数据读取完成。SqlDataReader 对象只能顺序向前读取数据,不能反复读取数据,也不能对数据库中的数据进行修改。

```
sdr.Read();
```

调用上述方法后,sdr 中就已经有数据了,可以通过索引的方式来获取数据,例如 sdr[0]。

SqlDataReader 对象在读取数据时,要始终保持与数据库的连接,不能断开,否则将出现异常。

例如,显示新闻序号和内容任务中,创建 SqlDataReader 对象就是采用 SqlCommand 对象的 ExecuteReader 方法进行创建的,语句如下所示。

```
SqlCommand cmd=new SqlCommand("select * from xwb", cn);
SqlDataReader sdr=cmd.ExecuteReader();
```

SqlDataReader 对象创建完成后,使用 Read()方法来逐行向前读取数据,这里采用循环语句和 Label1 标签内容自加的方法来显示 xwb 中的所有内容。

```
while(sdr.Read())
{
this.Label1.Text=this.Label1.Text+sdr["id"]+"    
         " + sdr
["contents"]+"<br>";
}
```

思考: 上述代码修改成如下形式,页面中会显示什么内容?

```
sdr.Read();
this.Label1.Text=sdr["id"]+"      
       "+sdr["contents"]+"<br>";
```

3. DataReader 对象与 DataSet 对象的比较

ADO.NET 提供的 DataSet 对象和 DataReader 对象用于检索关系数据,并把它们存储在内存中。DataSet 对象提供内存中关系数据的表现:表和次序、约束等表间的关系和完整数据的集合;DataReader 对象提供快速、只向前、只读的来自数据库的数据流。下面从两个方面对这两个对象进行比较。

1) 实现应用程序功能时

DataSet 对象,一般使用 DataAdapter 对象与数据源交互,采用 DataView 对 DataSet 中的数据进行排序和过滤。使用 DataSet 对象主要是为了实现应用程序的以下功能。

- 结果中的多个分离的表。
- 来自多个源(多数据库、XML 文件等)的数据。
- 缓冲重复使用相同行集合以提高性能。
- 对数据执行大量的处理,不需要与数据源一直保持连接状态,可以将连接释放给其他客户端使用。

使用 DataReader 对象主要是为了实现应用程序的以下功能。

- 需要缓冲数据。
- 正在处理的结果集太大而不能全部放入内存中。
- 需要迅速、一次性地访问数据,且采用向前的只读方式。

2) 为用户查询数据时

DataSet 对象为用户查询数据时过程如下。

(1) 创建 DataAdapter 对象。

(2) 定义 DataSet 对象。

(3) 执行 DataAdapter 对象的 Fill 方法。

（4）将 DataSet 中的表绑定到数据控件中。

DataReader 对象为用户查询数据时过程如下。

（1）创建连接。

（2）打开连接。

（3）创建 Command 对象。

（4）执行 Command 对象的 ExecuteReader 方法。

（5）调用 DataReader 对象的 Read()方法读取一行数据。

（6）将 DataReader 对象绑定到数据控件中。

（7）关闭 DataReader 对象。

（8）关闭连接。

任务 11.3　编写数据库操作类

从上面的两个任务可以看出，对数据库进行增、删、改、查的操作时，要进行代码的实现，首先要创建与数据库的连接对象 SqlConnection，然后用 Open()方法打开连接；接下来是创建 SqlCommand 对象和设置 SQL 语句，再根据要执行的 SQL 语句的类型选择执行的方式，最后要关闭数据库的连接。每次操作数据库时都要重复地输入这些代码，但存在以下几个方面的问题。

- 编程的效率比较低，项目中会充斥着大量的冗余代码。
- 如果数据库改变了，必须一个页面一个页面地去更改数据库连接代码，代码的维护比较麻烦。

如何解决这个问题呢？可以编写一个数据库操作的公共类，在需要操作数据库时，直接调用这些类就可以了。

11.3.1　配置 web.config 文件

为了方便数据操作和网页维护，同时也为了减少程序对数据库环境的依赖，可以将一些配置参数放在 web.config 文件中。web.config 是网站的配置文件，它以 XML 格式存储数据。

在 web.config 文件中添加与上述数据库 xw 连接的方法如下。

（1）打开站点 D:\dishiyizhang\，在"解决方案资源管理器"中打开 web.config 文件，在＜configuration＞和＜/configuration＞之间输入＜，Visual Studio 会提示这个节点包含的一些子节点，效果如图 11-10 所示。选择节点 connectionStrings，该节点可以用来存储数据库连接的字符串。

（2）在＜connectionStrings＞和＜/connectionStrings＞之间输入＜，Visual Studio 会提示这个节点包含的一些子节点，选择节点 add；然后按空格键来显示 add 中的相关属性，选择 name，该属性用来设置需要连接的数据库名，设置值为 xw；再按空格键后选择

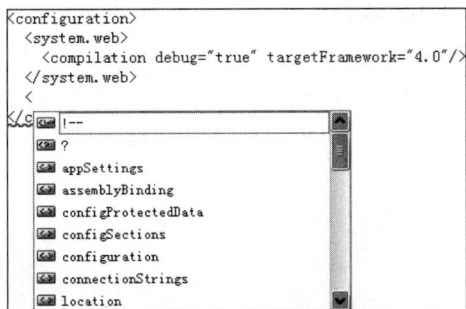

图 11-10　web.config 文件

connectionString，该属性用来设置数据库的连接字符串，设置值为 server＝.；database＝ xw；integrated security＝True。

（3）设置完成后，web.config 文件中的代码如下。

```
<?xml version="1.0"?>
<!--
   有关如何配置 ASP.NET 应用程序的详细信息，请访问
   http://go.microsoft.com/fwlink/?LinkId=169433
   -->
<configuration>
    <system.web>
        <compilation debug="true" targetFramework="4.0"/>
    </system.web>
<connectionStrings>
    <add name="xw" connectionString="server=.;database=xw;integrated
    security=True" />
</connectionStrings>
</configuration>
```

11.3.2　编写数据库操作类

在站点 D:\dishiyizhang\下创建数据库操作类创建的方法如下。

（1）在站点 D:\dishiyizhang\下新建数据库操作类 DB.cs。打开 DB.cs。首先增加 3 个命名空间，即"using System.Configuration;""using System.Data;"和"using System. Data.SqlClient;"。

添加命名空间"using System.Configuration;"的原因是：该命名空间中有一个类 ConfigurationManager 可以实现对数据库连接字符串的访问。类 ConfigurationManager 可以通过连接字符串的名字来访问对应的连接字符串。

本任务中访问数据库连接字符串的代码如下。

```
string myStr=ConfigurationManager.ConnectionStrings["xw"].ConnectionString;
```

223

其中,xw 对应 web. config 文件中的 name 属性,ConnectionString 对应 web. config 文件中的 connectionString 属性。

(2) 为了在不实例化时也能方便地访问类 DB. cs 及其方法和属性,可以将 DB. cs 类设置为静态类,即 public static class DB,并删除"构造函数"(因为静态类不能有实例构造函数),也就是删除如下代码。

```
public DB()
{
    //
    //TODO:在此处添加构造函数逻辑
    //
}
```

(3) 在 DB. cs 类中创建一个私有的静态字段 cn,代码如下。

```
private static SqlConnection cn;
```

(4) 编写 GetCn()方法,该方法主要用于连接数据库,代码如下。

```
public static SqlConnection GetCn()
{
    string myStr=ConfigurationManager.ConnectionStrings["xw"].ConnectionString;

    if(cn==null||cn.State==ConnectionState.Closed)
    {
        cn=new SqlConnection(myStr);
        //打开连接
        cn.Open();
    }
    //返回打开的连接对象
    return cn;
}
```

(5) 编写 GetDataSet(string sql)方法,该方法主要用于返回数据集,返回的数据类型是 DataTable,根据字符串类型的参数 sql 来执行数据库的查询操作,代码如下。

```
public static DataTable GetDataSet(string sql)
{
    SqlCommand cmd=new SqlCommand(sql, cn);
    SqlDataAdapter da=new SqlDataAdapter(cmd);
    DataSet ds=new DataSet();
    da.Fill(ds);
    return ds.Tables[0];
}
```

(6) 编写 sqlEx(string sql)方法,该方法主要用于执行增、删、改操作,返回的数据类型是 Boolean,根据字符串类型的参数 sql 来执行数据库的增、删、改操作,代码如下。

```
public static Boolean sqlEx(string sql)
{
    SqlCommand cmd=new SqlCommand(sql, cn);
    try
    {
        cmd.ExecuteNonQuery();
        cn.Close();
    }
    catch
    {
        cn.Close();
        return false;
    }
    return true;
}
```

11.3.3　使用数据库操作类

数据库操作类编写完成后,采用数据库操作类来实现注册和登录效果,首先来实现注册效果,方法如下。

(1) 在站点 D:\dishiyizhang\下创建新的 Web 窗体 zc lei. aspx,其中界面效果如图 11-6 所示。

(2) 首先在 zc lei. aspx. cs 页面中添加两个命名空间,即"using System. Data;"和"using System. Data. SqlClient;",然后在 btnRegister_Click 事件中编写如下代码。

```
protected void btnRegister_Click(object sender, EventArgs e)
{
    DB.GetCn();
    string str="select * from yhb where username='"+txtUsername.Text.Trim()+"'";
    DataTable dt=DB.GetDataSet(str);
    if(dt.Rows.Count>0)
    {
        this.txtUsername.Text="这个用户名已经存在,请重新取名!";
    }
    else
    {
        str="insert into yhb(username,password) values('"+txtUsername.Text.
        Trim()+"','"+txtPassword.Text.Trim()+"')";
        DB.sqlEx(str);
    }
}
```

实现登录效果方法如下。

(1) 在站点 D:\dishiyizhang\下创建新的 Web 窗体 dl lei. aspx,其中界面效果如图 11-2 所示。

225

(2) 首先在 dl lei. aspx. cs 页面中添加两个命名空间,即"using System. Data;"和"using System. Data. SqlClient;",然后在 btnLogin_Click 事件中编写如下代码。

```
protected void btnLogin_Click(object sender, EventArgs e)
{
    DB.GetCn();
    string str="select * from yhb where username='"+txtUsername.Text.Trim()
    +"' and password='"+txtPassword.Text.Trim()+"'";
    DataTable dt=DB.GetDataSet(str);
    if(dt.Rows.Count>0)
    {
        this.Session["username"]=this.txtUsername.Text;
        this.Session["password"]=this.txtPassword.Text;
        this.Session["id"]=dt.Rows[0]["id"].ToString();
        this.lbluser.Text="登录成功! 当前用户: "+this.txtUsername.Text;
    }
    else
    {
        this.lbluser.Text="用户名或密码错误,请重新输入!";
    }
}
```

11.3.4 补充数据库操作类

11.3.3 小节中的注册、登录使用 11.3.2 小节中的 sqlEx(string sql)和 GetDataSet (string sql)方法,在使用时,sql 语句是有参数的。对于有参数的 sql 语句,SqlCommand 对象需要的参数由 sqlParameter 提供,因此,数据库操作类中也可以补充两个方法 GetDataSet(string sql,SqlParameter[] sqlParameter)和 sqlEx(string sql,SqlParameter[] sqlParameter),代码如下。

```
public static DataTable GetDataSet(string sql, SqlParameter[] sqlParameter)
{
    SqlCommand cmd=new SqlCommand(sql, cn);
    foreach (SqlParameter Parameter in sqlParameter)
    {
        cmd.Parameters.Add(Parameter);
    }
    SqlDataAdapter da=new SqlDataAdapter(cmd);
    DataSet ds=new DataSet();
    da.Fill(ds);
    return ds.Tables[0];
}
public static Boolean sqlEx(string sql, SqlParameter[] sqlParameter)
{
    SqlCommand cmd=new SqlCommand(sql, cn);
    foreach(SqlParameter Parameter in sqlParameter)
```

```
    {
        cmd.Parameters.Add(Parameter);
    }
    try
    {
        cmd.ExecuteNonQuery();
        cn.Close();
    }
    catch
    {
        cn.Close();
        return false;
    }
    return true;
}
```

这里使用了方法的重载：对于没有参数的 sql 语句，可以调用 GetDataSet（string sql）和 sqlEx（string sql）方法；对于有参数的 sql 语句，可以调用 GetDataSet（string sql，SqlParameter[] sqlParameter）和 sqlEx（string sql，SqlParameter[] sqlParameter）。那么 zc lei.aspx.cs 的 btnRegister_Click 事件中，代码也可以写成如下形式。

```
protected void btnRegister_Click(object sender, EventArgs e)
{
    DB.GetCn();
    string str="select * from yhb where username=@username";
    SqlParameter[] pr=new SqlParameter[]
    {
        new SqlParameter("@username",txtUsername.Text.Trim())
    };
    DataTable dt=DB.GetDataSet(str, pr);

    if(dt.Rows.Count>0)
    {
        this.txtUsername.Text="这个用户名已经存在,请重新取名!";
    }
    else
    {
        str="insert into yhb(username,password) values(@username,@password)";
        pr=new SqlParameter[]
        {
            new SqlParameter("@username",txtUsername.Text.Trim()),
            new SqlParameter("@password",txtPassword.Text.Trim())
        };
        DB.sqlEx(str, pr);
    }
}
```

dl lei.aspx.cs 中的 btnLogin_Click 事件中，代码也可以写成如下形式。

```
protected void btnLogin_Click(object sender, EventArgs e)
{
    DB.GetCn();
    string str="select * from yhb where username=@username and password=@
        password";
    SqlParameter[] pr=new SqlParameter[]
    {
        new SqlParameter("@username",txtUsername.Text.Trim()),
        new SqlParameter("@password",txtPassword.Text.Trim())
    };
    DataTable dt=DB.GetDataSet(str, pr);
    if(dt.Rows.Count>0)
    {
        this.Session["username"]=this.txtUsername.Text;
        this.Session["password"]=this.txtPassword.Text;
        this.Session["id"]=dt.Rows[0]["id"].ToString();
        this.lbluser.Text="登录成功！当前用户："+this.txtUsername.Text;
    }
    else
    {
        this.lbluser.Text="用户名或密码错误，请重新输入！";
    }
}
```

本 章 小 结

本章主要学习了 ADO.NET 及其 5 大对象，重点掌握以下内容。

- Connection 对象的使用。
- Command 对象的使用。
- DataAdapter 对象的使用。
- DataSet 对象的使用。
- DataReader 对象的使用。

练 习 与 实 践

一、填空题

1. _____对象提供与数据源的连接。

2. _____对象用于返回数据、修改数据等的数据库命令。

3. _____对象使用 Command 对象在数据源中执行 SQL 语句，以便将数据加载到 DataSet 对象中，并使 DataSet 中数据的更改与数据源保持一致。

4. Connection 对象的＿＿＿＿＿＿属性用来设置或获取用于打开数据源的连接字符串，给出了数据源的位置、数据库的名称、用户名、密码以及打开方式等。

5. ＿＿＿＿＿方法用于执行不需要返回结果的 SQL 语句，比如 INSERT、UPADATE、DELECTE 等，执行后返回受影响的行数。

二、实践操作

1. 设计新闻添加页面进行新闻的添加（数据表可以采用文中的 xw 数据库中的 xwb），效果如图 11-11 所示。

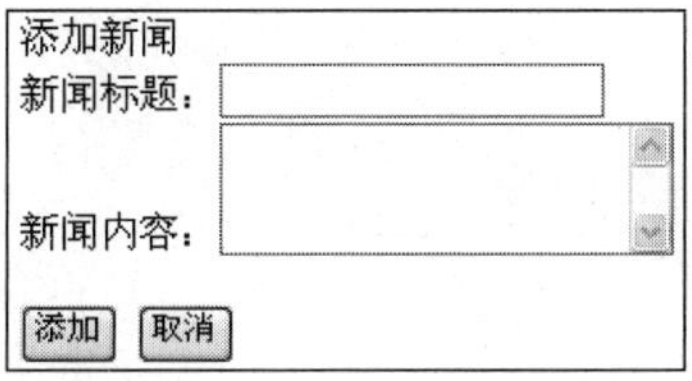

图 11-11　　导航菜单的效果

2. 创建一个页面，单击"读取密码"按钮后，在下方的 Label 中显示 yhb 中 admin 用户的密码（数据表可以采用文中的 xw 数据库中的 yhb），效果如图 11-12 所示。

图 11-12　　读取密码的效果

3. 创建一个页面，单击"获取用户名和密码"按钮后，在下方用户名后面的文本框中显示 yhb 中第一条记录的用户名，在下方密码后面的文本框中显示 yhb 中第一条记录的密码（数据表可以采用文中的 xw 数据库中的 xwb），效果如图 11-13 所示。

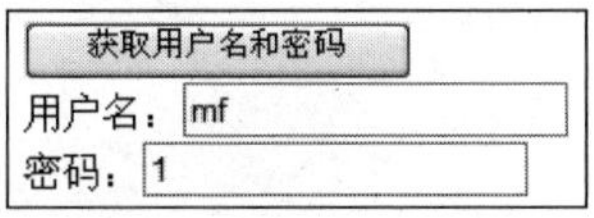

图 11-13　　获取用户名和密码的效果

第三篇
项 目 实 战

第12章 "新闻发布网站"的设计与开发

任务 12.1 "新闻发布网站"的总体设计

本任务将设计实现一个后台功能基本完备的简易的"新闻发布网站",让学生通过这个网站的设计,对 ASP. NET 项目的开发流程有个大致的认识,提高对前面所学知识综合运用的能力。

12.1.1 需求分析

"新闻发布网站"具备的基本功能如下。
- 所有的用户都能够浏览新闻,但不能发布信息、管理新闻等。
- 用户注册登录成功后,可以在个人中心中修改自己的密码,发布新闻,管理自己发布的新闻。
- 管理员登录成功后,可以在后台管理中修改自己的密码,发布新闻,管理所有的新闻和管理所有用户的信息。

12.1.2 任务分析

"新闻发布网站"总体分前台、普通用户个人中心和管理员后台管理三部分,三个功能模块各自的功能页面及描述如表12-1所示。

表 12-1 "新闻发布网站"项目分析

项目分块	模块名	子 页 面	描 述
前台	新闻展示	首页	能显示最新的 10 条新闻
		详细新闻页面	能显示新闻的标题、发布时间和详细内容
		更多信息页面	能显示全部的新闻
		按类别显示新闻页面	能按类别显示新闻
	用户管理	用户登录页面	能实现用户登录功能
		用户注册页面	能实现用户注册功能
		用户注销页面	能实现用户注销功能

续表

项目分块	模块名	子 页 面	描 述
普通用户个人中心	用户管理	密码修改页面	能实现用户密码修改功能
	新闻管理	新闻发布页面	能实现用户新闻发布功能
		自己发布新闻管理页面	能实现用户管理自己发布的新闻功能
		返回首页页面	能帮助用户返回首页
管理员后台管理	用户管理	密码修改页面	能实现管理员密码修改功能
		所有用户信息管理页面	能实现管理员管理所有用户信息的功能
	新闻管理	新闻发布页面	能实现管理员发布新闻的功能
		所有新闻管理页面	能实现管理员管理所有新闻的功能
		返回首页页面	能帮助管理员返回首页

12.1.3 "新闻发布网站"页面浏览

本任务的主要页面及效果图如下所示。

1. 首页(index. aspx)

首页效果如图 12-1 所示。

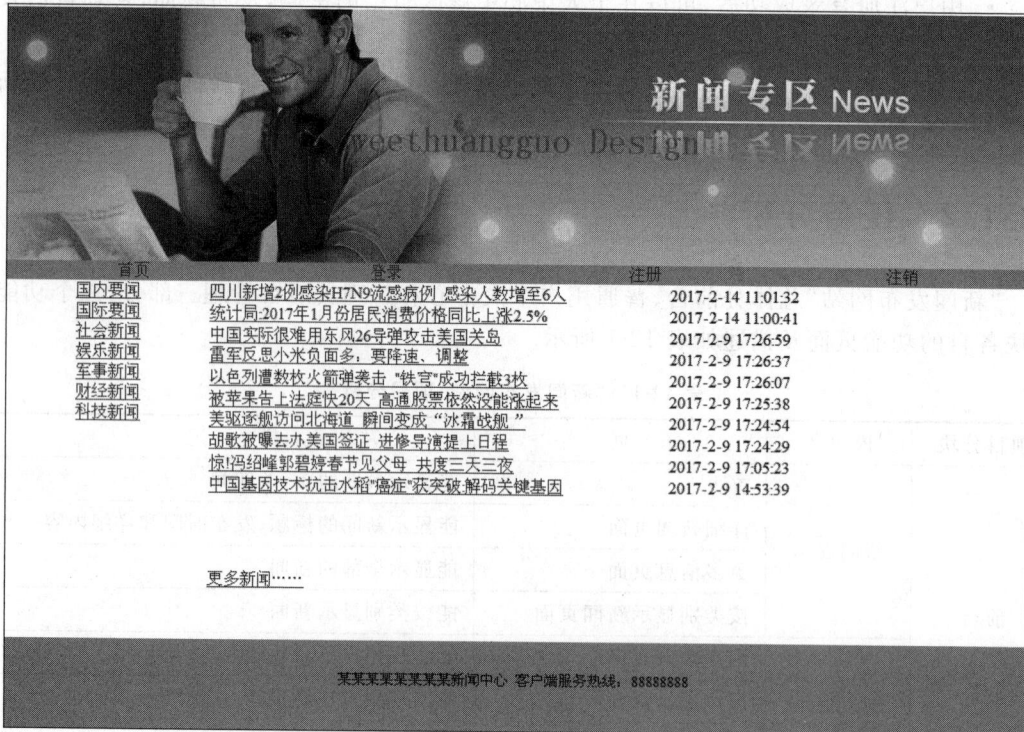

图 12-1 首页效果

2. 详细新闻页面（newsdetail. aspx）

详细新闻页面效果如图 12-2 所示。

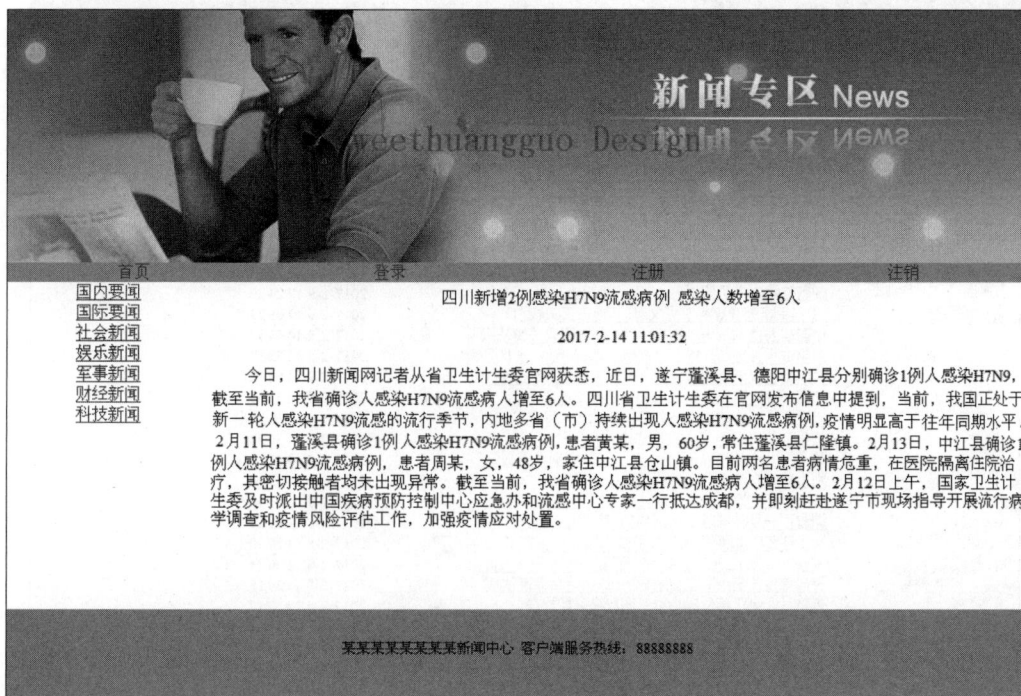

图 12-2 详细新闻页面效果

3. 更多新闻页面（morenews. aspx）

更多新闻页面效果如图 12-3 所示。

4. 登录页面（login. aspx）

登录页面效果如图 12-4 所示。

5. 注册页面（register. aspx）

注册页面效果如图 12-5 所示。

6. 注销页面（changepassword. aspx）

单击注销后会跳转到登录页面。

7. 按类别显示新闻页面（showNewsByCategoryname. aspx）

"国内要闻"显示页面效果如图 12-6 所示。

图 12-3　更多新闻页面效果

图 12-4　登录页面效果

图 12-5 注册页面效果

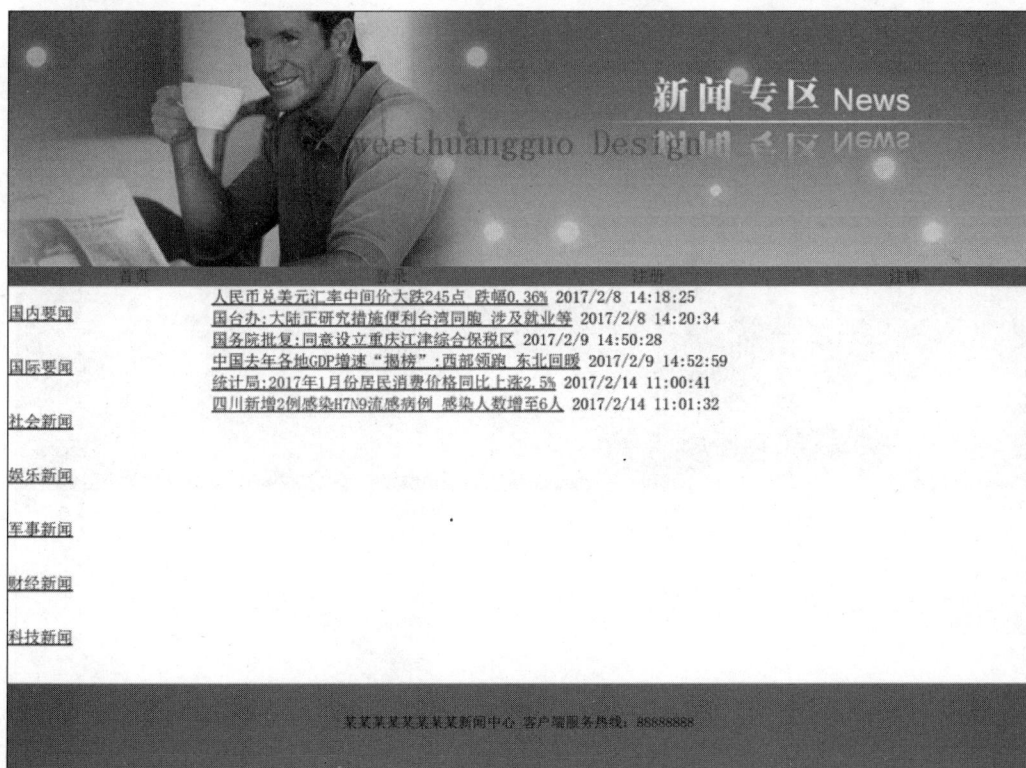

图 12-6 "国内要闻"显示页面效果

8. 个人中心修改密码页面(changepassword.aspx)

个人中心修改密码页面效果如图 12-7 所示。

图 12-7　个人中心修改密码页面效果

9. 个人中心发布新闻页面(addnews.aspx)

个人中心发布新闻页面效果如图 12-8 所示。

图 12-8　个人中心发布新闻页面效果

10．个人中心管理新闻页面（adminnews.aspx）

个人中心管理新闻页面效果如图 12-9 所示。

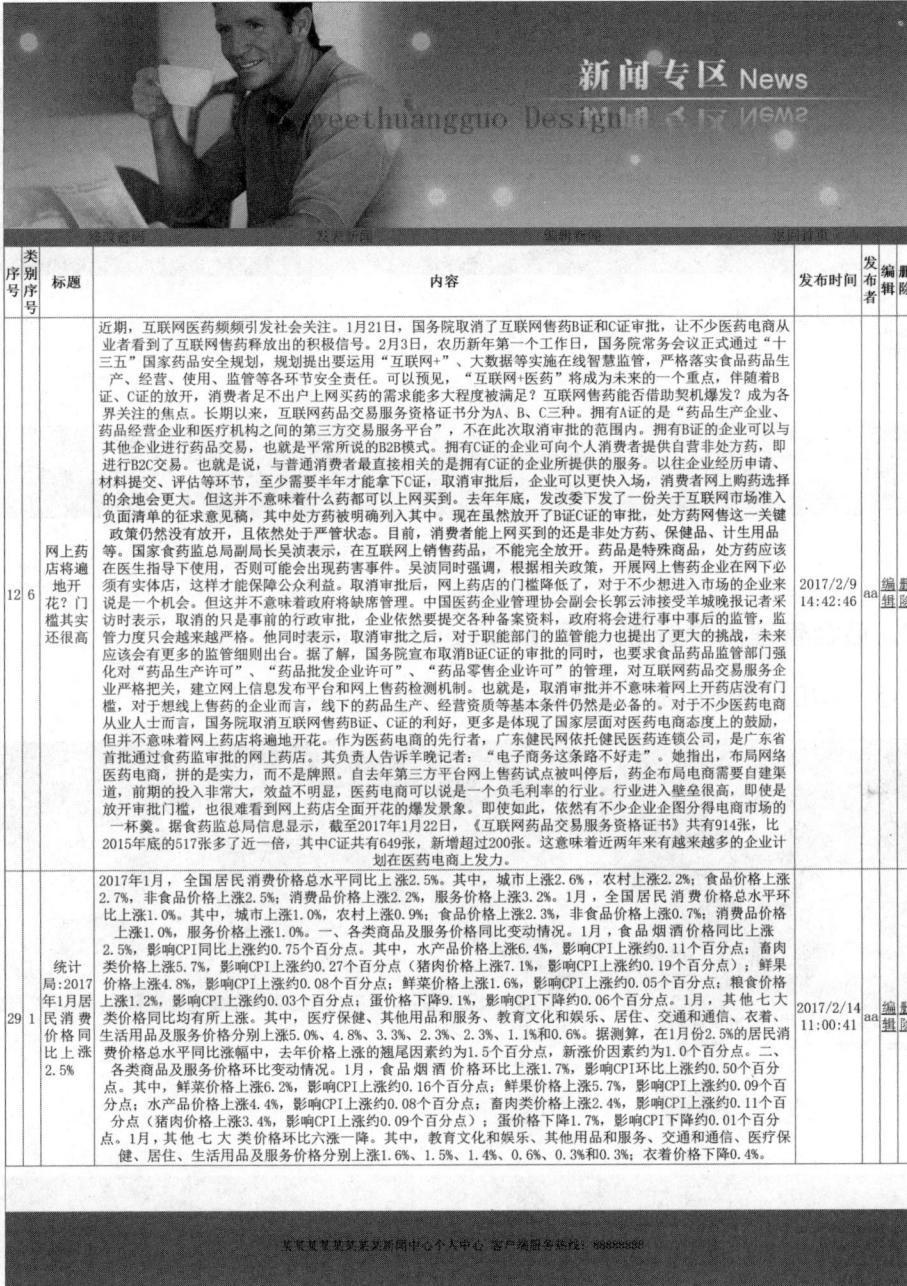

序号	类别序号	标题	内容	发布时间	发布者	编辑	删除
12	6	网上药店将遍地开花？门槛其实还很高	近期，互联网医药频频引发社会关注。1月21日，国务院取消了互联网售药B证和C证审批，让不少医药电商从业者看到了互联网售药释放出的积极信号。2月3日，农历新年第一个工作日，国务院常务会议正式通过"十三五"国家药品安全规划，规划提出要运用"互联网+"、大数据等实施在线智慧监管，严格落实食品药品生产、经营、使用、监管等各环节安全责任。可以预见，"互联网+医药"将成为未来的一个重点，伴随着B证、C证的放开，消费者是不出户上网买药的需求能多大程度被满足？成为各界关注的焦点。长期以来，互联网药品交易服务资格证书分为A、B、C三种。拥有A证的是"药品生产企业、药品经营企业和医疗机构之间的第三方交易服务平台"，并不在此次取消审批的范围内。拥有B证的企业可以与其他企业进行药品交易，也就是平常所说的B2B模式。拥有C证的企业可向个人消费者提供自营非处方药，即进行B2C交易。也就是说，与普通消费者最直接相关的是拥有C证的企业所提供的服务。以往企业经历申请、材料提交、评估等环节，至少需要半年才能拿C证，取消审批后，企业可以更快进入场，消费者网上购药选择的余地也会更大。但这并不意味着什么药都可以上网买到。去年年底，曾改变华下发了一份关于互联网市场准入负面清单的征求意见稿，其中处方药被明确列入其中。现在虽然放开了B证C证的审批，处方药网售这一关键政策仍然没有放开，也就是说，消费者能够拿到网上买到的还是非处方药、保健品、计生用品等。国家食药监总局副局长吴浈表示，在互联网上销售药品，不能完全放开。药品是特殊商品，处方药应该在医生指导下使用，否则可能会出现药害事件。吴浈同时强调，根据相关政策，开展网上售药企业在网下必须有实体店，这样审批后，可以保障公众利益。取消审批后，网售的门槛降低了，对于不少想进入市场的企业来说是一个机会。但这并不意味着政府将缺席管理。中国医药企业管理协会副会长郭云沛接受羊城晚报记者采访时表示，取消的只是事前的行政审批，企业依然要提交各种备案资料，政府将会进行事中事后的监管，监管力度只会越来越严格。他同时表示，取消审批之后，对于职能部门的监管能力也提出了更大的挑战，未来应该会有更多的监管细则出台。据了解，国务院宣布取消B证C证的审批的同时，也要求食品药品监管部门强化对"药品生产许可"、"药品批发企业许可"和"药品零售企业许可"的管理，对互联网药品交易服务企业严格把关，建立网上信息发布平台和网上售药检测机制。也就是，取消审批并不意味着网上开药店没有门槛，对于想线上售药的企业而言，线下的药品生产、经营资质等基本条件仍然是必备的。对于不少医药电商从业人士而言，国务院取消互联网售药B证、C证的利好，更多地体现了国家层面对医药电商态度上的鼓励，但并不意味着网上药店将遍地开花。作为医药电商的先行者，广东健民网依托健民医药连锁公司，是广东省首批通过食药监审批的网上药店。其负责人告诉羊晚记者："电子商务这条路不好走"。她指出，布局网络医药电商，拼的是实力，而不是牌照。自去年第三方平台网上售药试点被叫停后，药企布局电商需要自建渠道，前期的投入非常大，效益不明显，医药电商可以说是一个负毛利率的行业。行业进入壁垒很高，即使是放开审批门槛，也很难看到网上药店全面开花的爆发景象。尽管如此，依然有不少企业企图分得互联网医药的一杯羹。据食药监总局信息显示，截至2017年1月22日，《互联网药品交易服务资格证书》共有914张，比2015年底的517张多了近一倍，其中C证共有649张，这意味着近两年来有越来越多的企业计划在医药电商上发力。	2017/2/9 14:42:46	aa	编辑	删除
29	1	统计局：2017年1月居民消费价格同比上涨2.5%	2017年1月，全国居民消费价格总水平同比上涨2.5%。其中，城市上涨2.6%，农村上涨2.2%；食品价格上涨2.7%，非食品价格上涨2.5%；消费品价格上涨2.3%，服务价格上涨3.2%。1月，全国居民消费价格总水平环比上涨1.0%。其中，城市上涨1.0%，农村上涨0.9%；食品价格上涨2.3%，非食品价格上涨0.7%；消费品价格上涨1.0%，服务价格上涨1.0%。一、各类商品及服务价格同比变动情况。1月，食品烟酒价格同比上涨2.5%，影响CPI同比上涨约0.75个百分点。其中，水产品价格上涨6.4%，影响CPI上涨约0.11个百分点；畜肉类价格上涨5.7%，影响CPI上涨约0.27个百分点（猪肉价格上涨7.1%，影响CPI上涨约0.19个百分点）；鲜果价格上涨4.8%，影响CPI上涨约0.08个百分点；鲜菜价格上涨1.6%，影响CPI上涨约0.05个百分点；粮食价格上涨1.2%，影响CPI上涨约0.03个百分点；蛋价格下降9.1%，影响CPI下降约0.06个百分点。1月，其他七大类价格同比均有所上涨。其中，医疗保健、其他用品和服务、教育文化和娱乐、居住、交通和通信、衣着、生活用品及服务价格分别上涨5.0%、4.8%、3.3%、2.3%、2.3%、1.6%和0.6%。据测算，在1月份2.5%的居民消费价格总水平同比涨幅中，去年价格上涨的翘尾因素约为1.5个百分点，新涨价因素约为1.0个百分点。二、各类商品及服务价格环比变动情况。1月，食品烟酒价格环比上涨1.7%，影响CPI上涨约0.50个百分点。其中，鲜菜价格上涨6.2%，影响CPI上涨约0.16个百分点；鲜果价格上涨5.7%，影响CPI上涨约0.09个百分点；水产品价格上涨4.4%，影响CPI上涨约0.08个百分点；畜肉类价格上涨2.4%，影响CPI上涨约0.11个百分点（猪肉价格上涨3.4%，影响CPI上涨约0.09个百分点）。1月，其他七大类价格环比六涨一降。其中，教育文化和娱乐、其他用品和服务、交通和通信、医疗保健、居住、生活用品及服务价格分别上涨1.6%、1.5%、1.4%、0.6%、0.3%和0.3%；衣着价格下降0.4%。	2017/2/14 11:00:41	aa	编辑	删除

图 12-9　个人中心编辑新闻页面效果

11. 后台管理修改密码页面(adminchangepassword.aspx)

后台管理修改密码页面效果如图 12-10 所示。

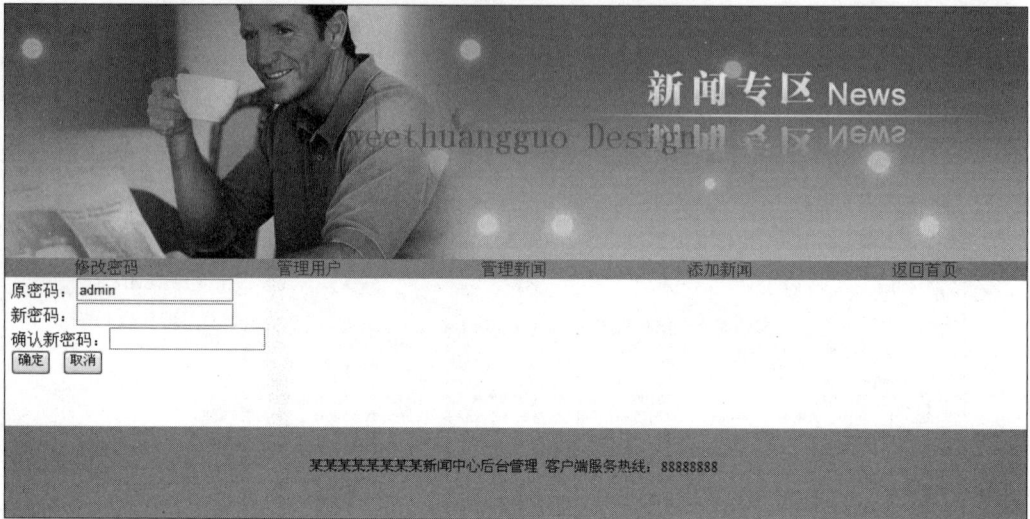

图 12-10　后台管理修改密码页面效果

12. 后台管理用户管理页面(manageusers.aspx)

后台管理用户管理页面效果如图 12-11 所示。

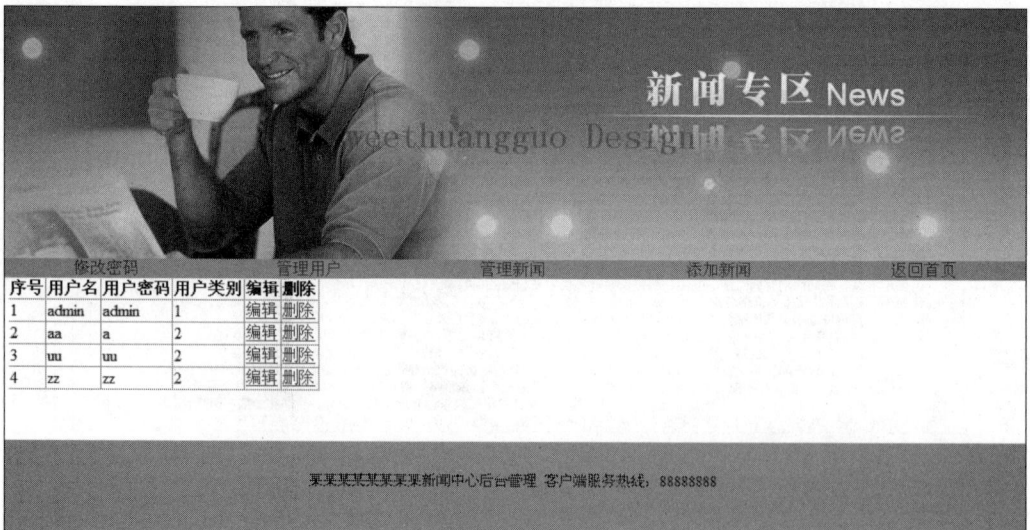

图 12-11　后台管理用户管理页面效果

13. 后台管理新闻管理页面（managenews. aspx）

后台管理新闻管理页面效果如图 12-12 和图 12-13 所示。

图 12-12 后台管理新闻管理页面效果(1)

图 12-13 后台管理新闻管理页面效果(2)

14. 后台管理发布新闻页面（adminaddnews. aspx）

后台管理发布新闻页面效果如图 12-14 所示。

12.1.4 数据库设计

本任务采用 SQL Server 数据库，版本是 SQL Server 2008，数据库名称为 xw，总共设计了 3 张表，每张表的结构及功能如表 12-2～表 12-4 所示。

图 12-14　后台管理发布新闻页面效果

表 12-2　xwb 表结构及功能

字段名	数据类型	长度	标识	主键	外键	允许空	说　　明
id	int	4	是	是		否	新闻标号
categoryid	int	4			是	是	新闻类别编号
title	nvarchar(50)	50				是	新闻标题
contents	nvarchar(MAX)	MAX				是	新闻内容
submitdate	datetime	8				是	发布时间，默认值或绑定为 getdate()
publisher	nvarchar(50)	50				是	发布者

说明：设置字段为"标识"，表明字段的内容会自动增加，比如默认每次自动增加 1。submitdate 字段默认值或绑定为 getdate() 后，在 xwb 中添加记录时，该字段不需要输入内容，选择"查询设计器"→"执行 SQL(X)"命令，或者按 Ctrl＋R 组合键，或者单击工具栏中的 ! 按钮，将会自动获取到系统的时间。

表 12-3　category 表结构及功能

字段名	数据类型	长度	标识	主键	外键	允许空	说　　明
categoryid	int	4	是	是		否	新闻类别编号
categoryname	nvarchar(50)	50				是	新闻类别名称

表 12-4　yhb 表结构及功能

字段名	数据类型	长度	标识	主键	外键	允许空	说　　明
id	int	4	是	是		否	用户编号
username	nvarchar(50)	50				是	用户名

续表

字段名	数据类型	长度	标识	主键	外键	允许空	说　明
password	nvarchar(50)	50				是	用户密码
keys	nvarchar(50)	50				是	用户类别,值可以为 1 或 2

3 张表建立完成后,yhb 表要求添加至少 4 条记录,其中 keys 的值为 1 或 2。category 表要求添加 7 条记录,效果如图 12-15 所示。

categoryid	categoryname
1	国内要闻
2	国际要闻
3	社会新闻
4	娱乐新闻
5	军事新闻
6	财经新闻
7	科技新闻
NULL	NULL

图 12-15　category 表记录效果

xwb 表中要求自行添加至少 10 条记录,其中,categoryid 字段的值要求与 category 表中 categoryid 字段的值一致,取值为 1～7。

任务 12.2　前台主要功能模块设计

“新闻发布网站”的前台是给所有用户使用的,前台的主要功能是:展示新闻、用户注册、用户登录和用户注销。

12.2.1　前台母版设计

“新闻发布网站”的前台页面有统一的风格,因此,首先设计“新闻发布网站”前台的母版页,步骤如下。

(1) 单击 Microsoft Visual Studio 2010 图标,启动 Microsoft Visual Studio 2010,选择“文件”→“新建”→“网站”命令,在弹出的对话框中选择“ASP. NET 空网站”,确保“已安装的模板”下方 Visual C# 处于选中状态,“Web 位置”处选择“文件系统”,可以通过单击“浏览”按钮,选择合适的路径 D:\dishierzhang。

(2) 站点创建完成后,保存解决方案到站点 D:\dishierzhang 下。

(3) 在站点下右击,选择“添加 ASP. NET 文件夹”→App_Data 命令,并在 SQL Server 2008 中建立数据库 xw(按照第 4 章的方法),xw 数据库保存的路径是 D:\dishierzhang\App_Data,并在 xw 数据库中按照 12.1.4 小节中表的结构建立 3 张数据表 xwb、category 和 yhb,并按照要求在 3 张表中添加记录。

(4) 在站点下右击,选择“新建文件夹”命令,新建 images 文件夹,专门用来存放站点中用到的图片。

(5) 在"解决方案资源管理器"窗口中右击 D:\dishierzhang\,选择"添加新项"命令,在弹出的窗口中选择"母版页",保持默认的文件名 MasterPage.master,然后单击"添加"按钮,这个页面即为前台的母版页。在 MasterPage.master 母版页的源视图下进行布局设计,代码如下。

```
<form id="form1" runat="server">
    <div id="page">
    <div id="banner"></div>
    <div id="menu"></div>
    <div id="left"></div>
    <div id="contents">
        <asp:ContentPlaceHolder id="ContentPlaceHolder1" runat="server">

        </asp:ContentPlaceHolder>
    </div>
    <div id="foot"></div>
    </div>
</form>
```

(6) 在"解决方案资源管理器"窗口中右击 D:\dishierzhang\,选择"添加新项"命令,在弹出的窗口中选择"样式表",保持默认的文件名 StyleSheet.css,然后单击"添加"按钮。

(7) 在 StyleSheet.css 中代码如下。

```
body
{
    margin:0px;
    text-align:center;
}
#page
{
    margin:0 auto;
    width:1003px;
}
#banner
{
    width:1003px;
    height:250px;
}
#menu
{
    width:1003px;
    background-color:GrayText;
}
```

```
#left
{
    float:left;
    width:200px;
    text-align:center;
}
#contents
{
    width:803px;
    float:right;
    text-align:left;
}
#foot
{
    width:1003px;
    height:50px;
    font-size:14px;
    background-color:GrayText;
    text-align:center;
    margin-top:50px;
    clear:both;
    padding:30px 0px 10px 0px;
}
```

（8）关闭 StyleSheet. css 文件，并打开 MasterPage. master 的源视图，把 StyleSheet. css 文件拖动到＜head runat＝"server"＞和＜/head＞之间，那么＜head runat＝"server"＞ 和＜/head＞之间会出现如下代码。

```
<link href="StyleSheet.css" rel="stylesheet" type="text/css" />
```

或者在＜head runat＝"server"＞和＜/head＞之间直接输入上述代码，表示该母版 页和该样式表文件建立了关联。母版效果如图 12-16 所示。

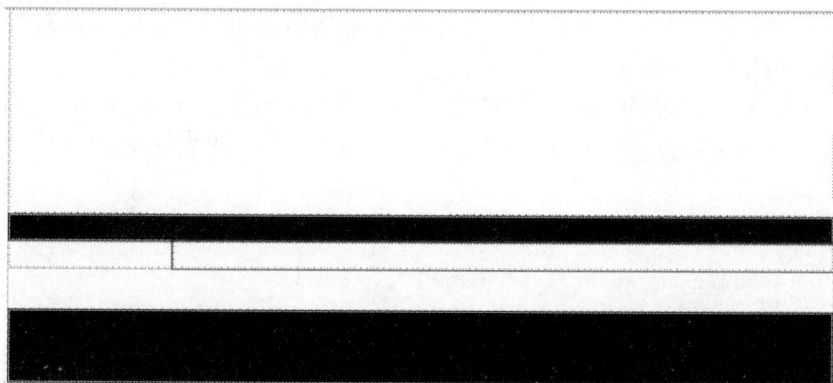

图 12-16 "新闻发布网站"前台的母版页效果

245

（9）在"解决方案资源管理器"窗口中右击 D:\dishierzhang\,选择"添加新项"命令，在弹出的窗口中选择"Web 窗体"，并选中"选择母版页"，分别新建如下几个文件：首页（index. aspx）、登录页面（login. aspx）、注册页面（register. aspx）、注销页面（logout. aspx）、详细新闻页面（newsdetail. aspx）、更多新闻页面（morenews. aspx）和分类显示新闻页面（showNewsByCategoryname. aspx）。

（10）设计 banner 部分，把设计好的 banner. jpg 放到站点下的 images 文件夹中。首先在＜div id＝"banner"＞和＜/div＞之间插入 Image 控件，然后单击 ImageUrl 属性后的按钮，弹出"选择图像"对话框，从中选择 images 文件夹中的 banner. jpg 图片，如图 12-17 所示。

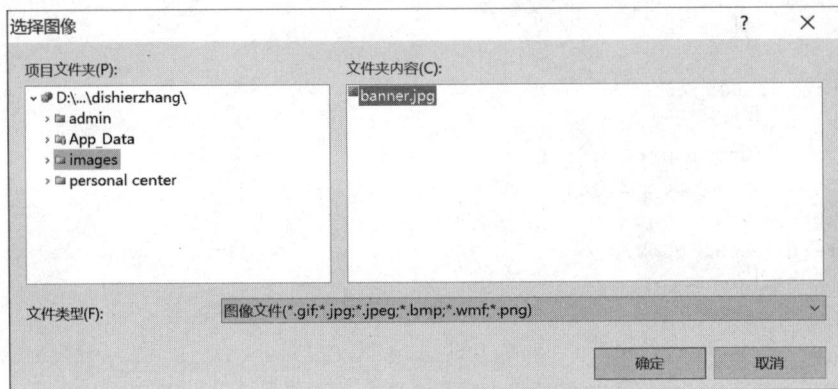

图 12-17 "选择图像"对话框

代码如下所示。

```
<div id="banner">
    <asp:Image ID="Image1" runat="server" ImageUrl="~/images/banner.jpg" />
</div>
```

（11）设计 menu 部分，制作网站的导航文字。在＜div id＝"menu"＞和＜/div＞之间插入 Menu 控件，单击"Menu 任务"中的"编辑菜单项"，打开"菜单项编辑器"对话框，添加 4 个菜单，如图 12-18 所示。

（12）选择 Menu 控件，在属性窗口中设置 Orientation 属性为 Horizontal，设置 Width 属性为 1003px，设置 RenderingMode 属性为 Table。代码如下。

```
<div id="menu">
    <asp:Menu ID="Menu1" runat="server" Orientation="Horizontal"
        RenderingMode="Table" Width="1003px">
        <Items>
            <asp:MenuItem Text="首页" Value="首页" NavigateUrl="~/index.
                aspx"></asp:MenuItem>
            <asp:MenuItem Text="登录" Value="登录" NavigateUrl="~/login.
                aspx"></asp:MenuItem>
```

```
            <asp:MenuItem Text="注册" Value="注册" NavigateUrl="~/register.
                aspx"></asp:MenuItem>
            <asp:MenuItem Text="注销" Value="注销" NavigateUrl="~/logout.
                aspx"></asp:MenuItem>
        </Items>
    </asp:Menu>
</div>
```

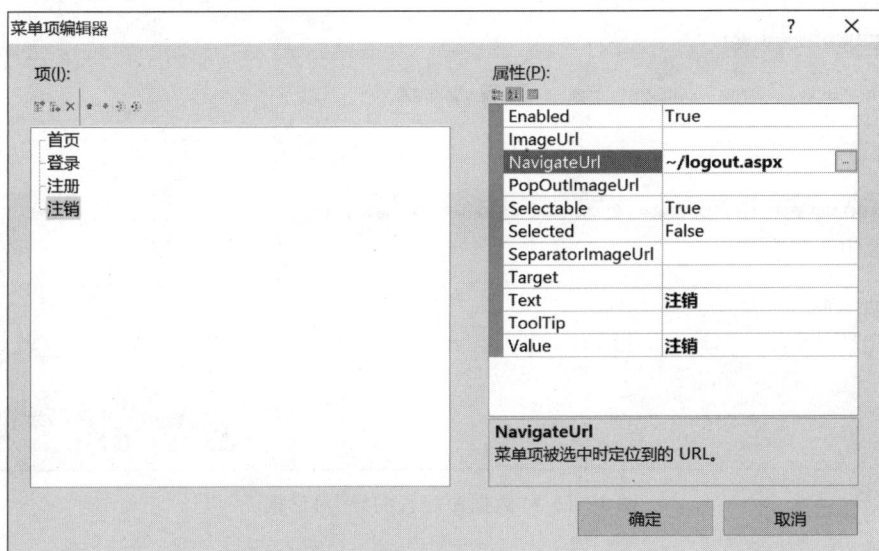

图 12-18　"菜单项编辑器"对话框效果

（13）设计 left 部分，制作网站的左侧导航文字，有两种方法。第一种方法是在<div id="left">和</div>之间插入数据绑定控件 DataList。在 MasterPage. master. cs 中设置 DataList 控件的数据源，数据应该在页面第一加载时显示，所以代码应该写在 Page_ Load 中，并且采用！IsPostBack 或者！Page. IsPostBack 来判断是不是第一次加载，代码如下。

```
if(!IsPostBack)
{
    SqlConnection con=new SqlConnection("data source=.;initial catalog=xw;
integrated security=true");
    con.Open();
    SqlCommand cmd=new SqlCommand("select * from category", con);
    SqlDataAdapter adapter=new SqlDataAdapter(cmd);
    DataSet ds=new DataSet();
    adapter.Fill(ds);
    this.DataList1.DataSource=ds;
    this.DataList1.DataBind();
}
```

（14）还可以用第二种方法设计 left 部分，制作网站的导航文字。在<div id="left">

和</div>之间插入数据绑定控件 DataList。单击 DataList 控件右上方的右向箭头,在弹出的 DataList 任务快捷菜单中选择"数据源"→"新建数据源"命令,打开"数据源配置向导"对话框,在"应用程序从哪里获取数据"中选择"数据库",如图 12-19 所示。

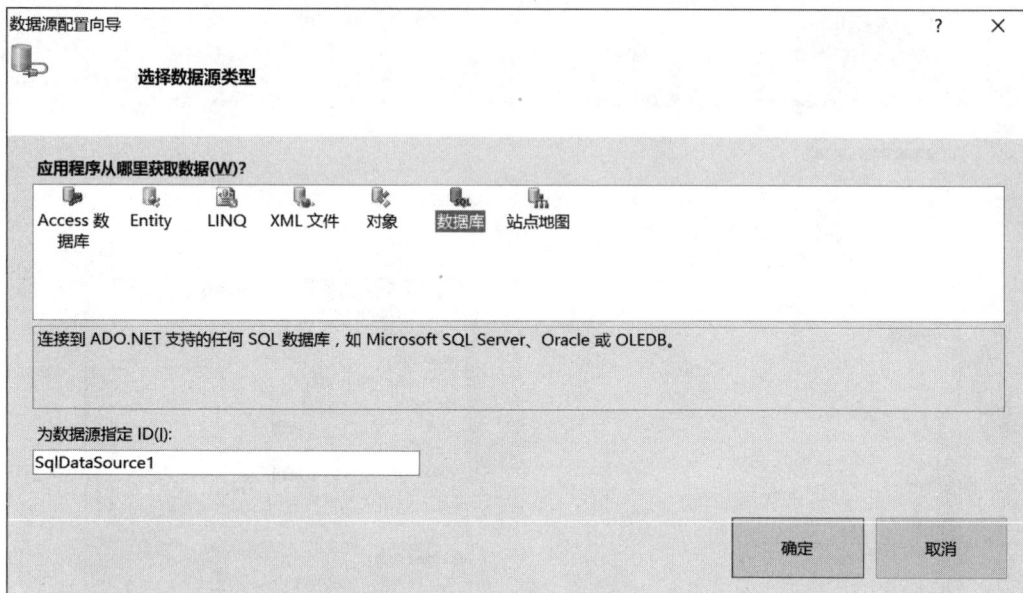

图 12-19 "数据源配置向导"对话框

(15) 单击"确定"按钮,弹出"配置数据源 - SqlDataSource1"对话框,如图 12-20 所示。在该对话框中单击"新建连接"按钮,弹出"添加连接"对话框,在"服务器名"下拉列表中输入".",表示本机;在"选择或输入一个数据库名"下拉列表中选择 xw,如图 12-21 所示。然后单击"测试连接"按钮,连接成功后会弹出"测试连接成功"的提示框,如图 12-22 所示,然后单击"确定"按钮。

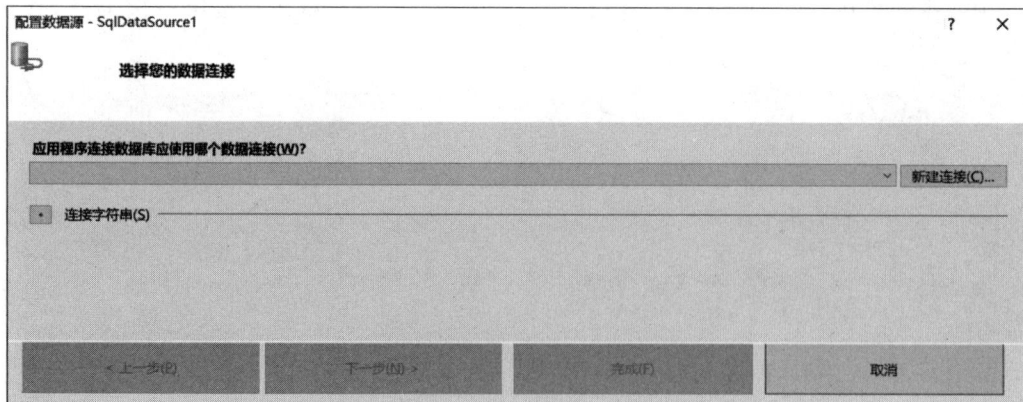

图 12-20 "配置数据源 - SqlDataSource1"对话框

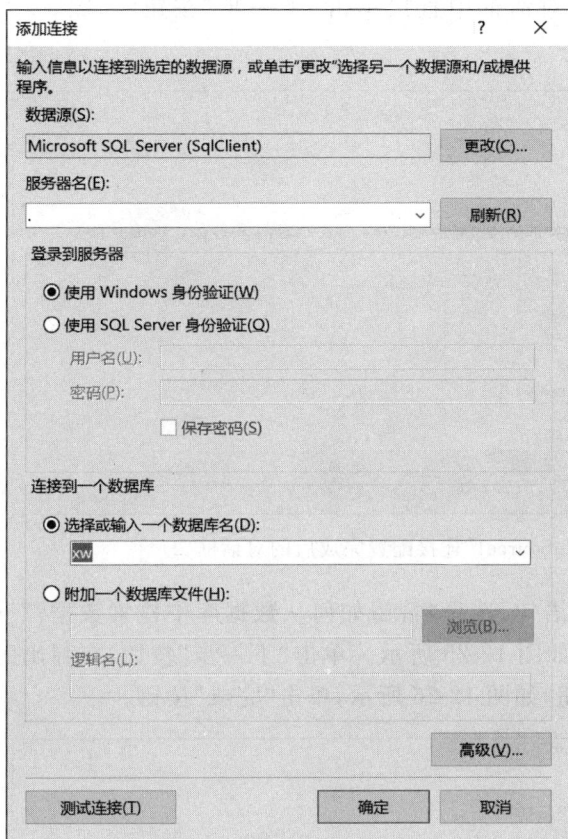

图 12-21 "添加连接"对话框

图 12-22 "测试连接成功"提示框

(16) 单击图 12-20 中"连接字符串"前面的＋号,在下面的展开框中增加了一条连接字符串 Data Source ＝. ; Initial Catalog ＝ xw; Integrated Security ＝ True,如 图 12-23 所示。

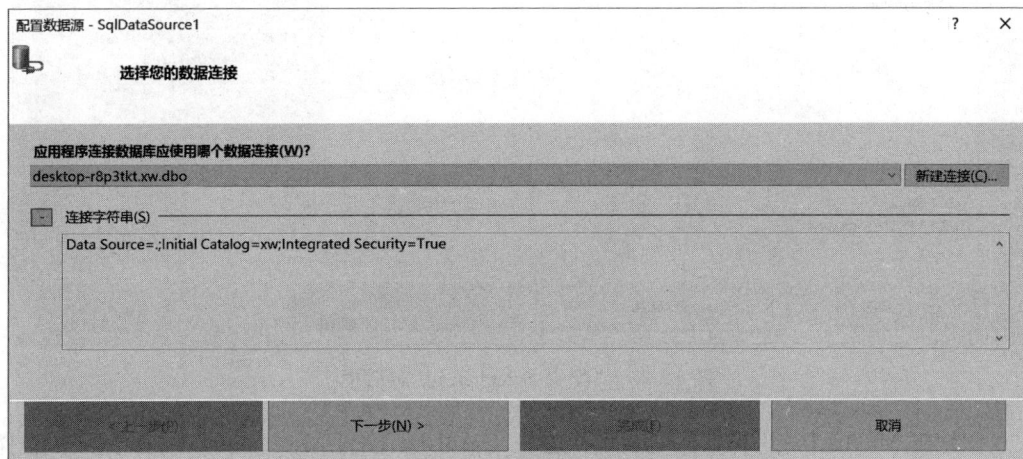

图 12-23 "配置数据源- SqlDataSource1"连接配置完成后的对话框(1)

（17）单击"下一步"按钮，在弹出的对话框中直接单击"下一步"按钮，如图 12-24 所示。

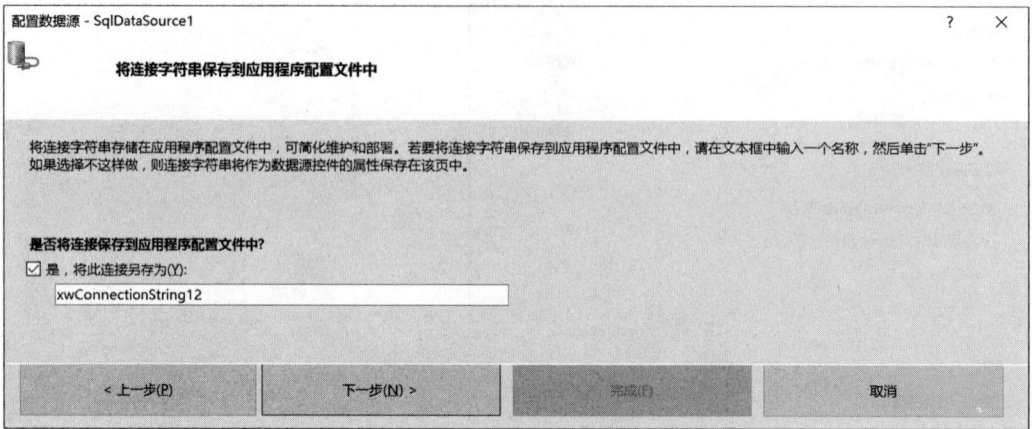

图 12-24　"配置数据源- SqlDataSource1"连接配置完成后的对话框（2）

（18）在弹出的对话框中配置 Select 语句，选择"希望如何从数据库中检索数据？"→"指定来自表或视图的列"→category 表，如图 12-25 所示。单击"下一步"按钮，在弹出的"测试查询"对话框中单击"测试查询"按钮，如图 12-26 所示，单击"完成"按钮。

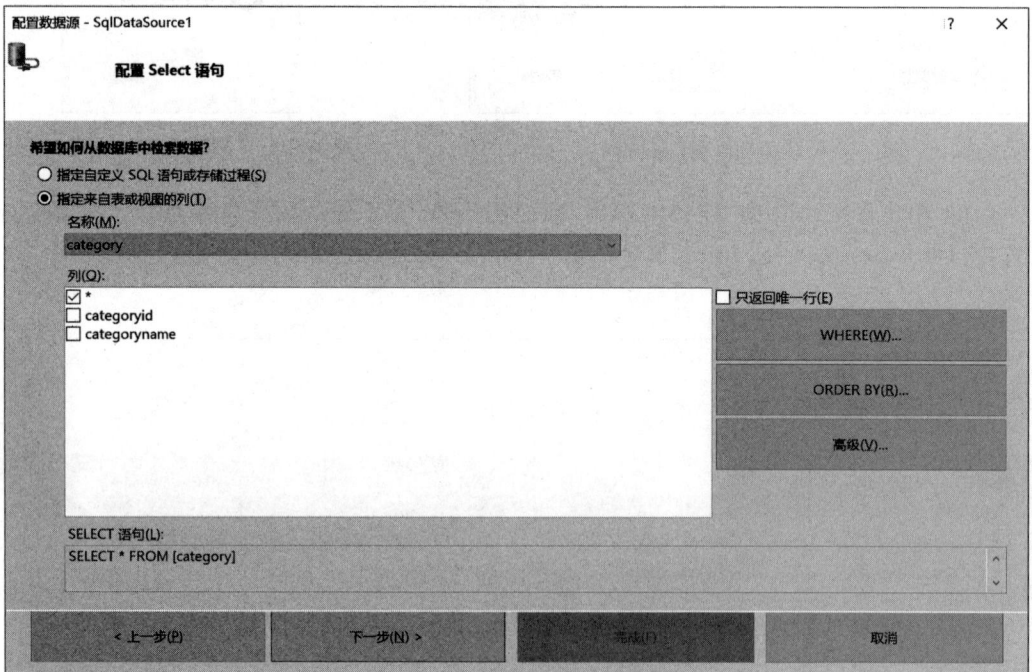

图 12-25　"配置 Select 语句"对话框

（19）在 MasterPage. master 页面中选中 DataList 控件，在"DataList 任务"中选择"编辑模板"命令，在"DataList1 项模板"中添加一个 HyperLink 控件，设置 HyperLink 控

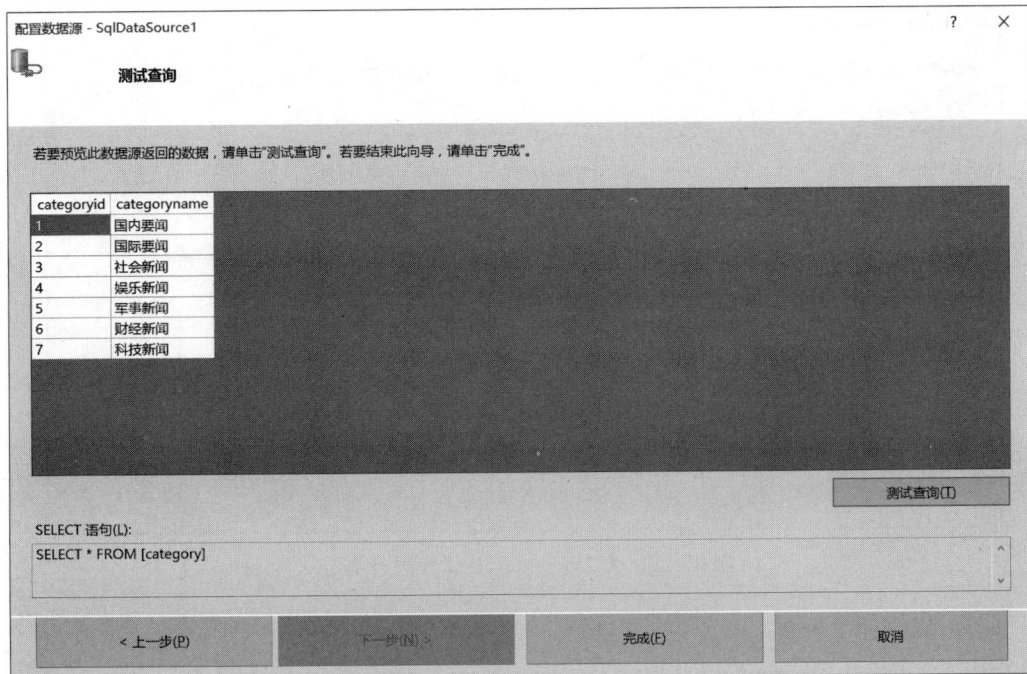

图 12-26　"测试查询"对话框

件的 ID 值为 hlkCategory。

（20）选中 HyperLink 控件，在"HyperLink 任务"中选择"编辑 DataBindings"命令，弹出 hlkCategory DataBindings 对话框，在该对话框中设置"可绑定属性"为 Text，并为 Text 属性绑定为 Eval（"categoryname"），如图 12-27 所示；设置"可绑定属性"为 NavigateUrl 属性，并绑定为"showNewsByCategoryname.aspx?categoryid＝"＋Eval（"categoryid"），如图 12-28 所示。

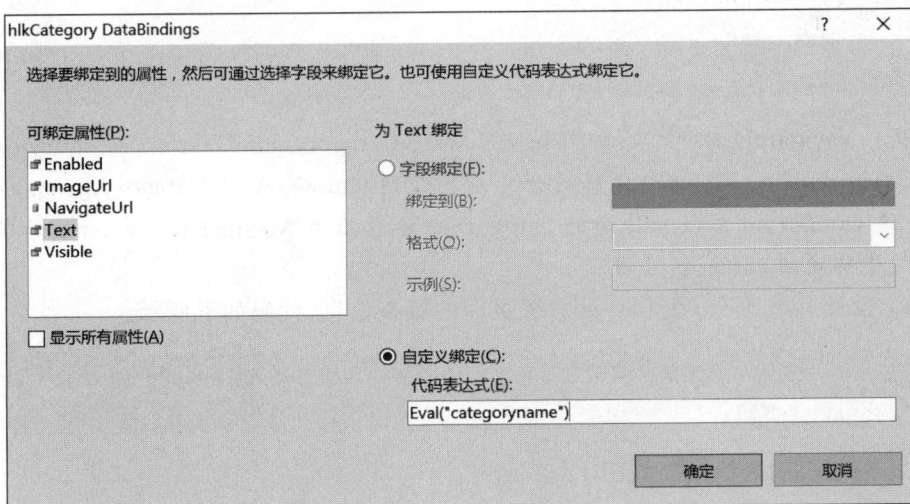

图 12-27　为 Text 属性进行绑定

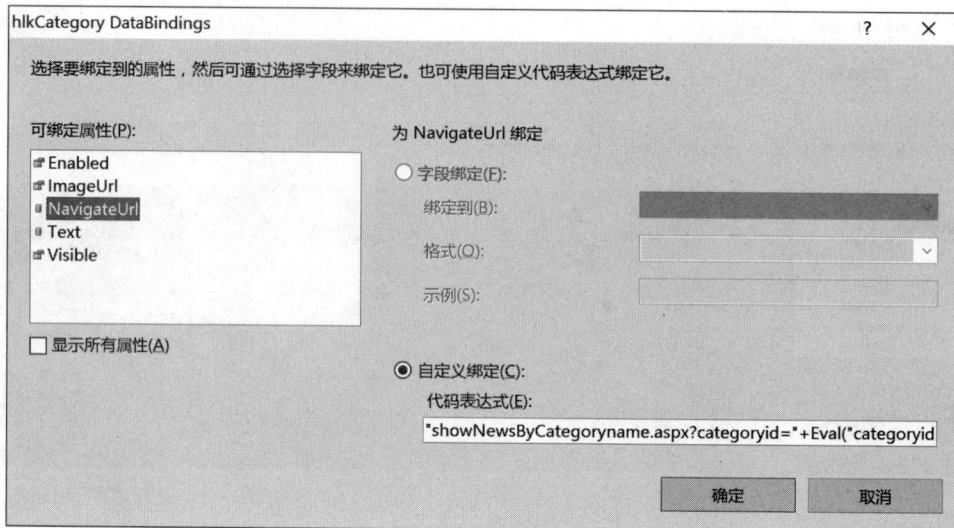

图 12-28 为 NavigateUrl 属性进行绑定

(21) 代码如下所示。

```
<div id="left">
    <asp:DataList ID="DataList1" runat="server">
    <ItemTemplate>
    <p>
    <asp:HyperLink ID="hlkCategory" runat="server" NavigateUrl='<% #
        "showNewsByCategoryname.aspx?categoryid="+Eval("categoryid") % >'>
    <% #Eval("categoryname")% >
    </asp:HyperLink>
    </p>
    </ItemTemplate>
    </asp:DataList>
</div>
```

解析：NavigateUrl='<% # "showNewsByCategoryname. aspx? categoryid=" + Eval("categoryid") %>'这句代码的含义是跳转到 showNewsByCategoryname. aspx 页面，并传递 categoryid 参数。传递的 categoryid 参数值为 MasterPage. master 母版页中左侧框架中绑定的 categoryid 值。

(22) 设计 foot 部分，在 foot 处放置页面的版权信息，代码如下所示。

```
<div id="foot">某某某某某某某新闻中心　客户端服务热线：88888888</div>
</div>
```

(23) 母版页的最终效果如图 12-29 所示。

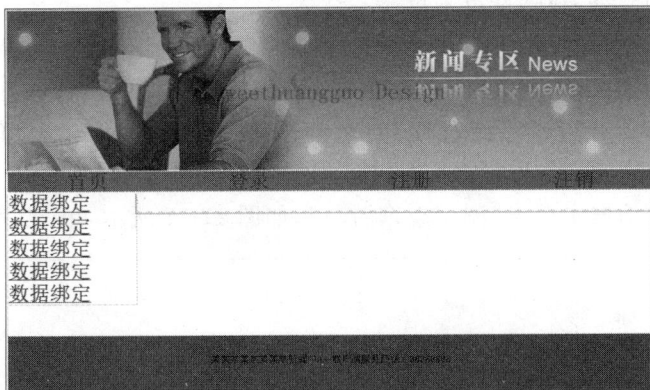

图 12-29 "新闻发布网站"前台母版页的最终效果

12.2.2 首页设计

在首页 index. aspx 页面中,主要是设计 ContentPlaceHolder1 的内容,这部分内容是按照新闻发布的时间顺序显示最新的 8 条新闻的标题和发布时间,并且单击新闻标题后能跳转到详细新闻页面;在首页还有"更多新闻"超链接,以便跳转到更多新闻页面。以下是详细步骤。

(1) 在"解决方案资源管理器"窗口中右击 D:\dishierzhang\,选择"添加新项"命令,在弹出的窗口中选择"Web 窗体",并选中"选择母版页"选项,分别新建如下两个文件:newsdetail. aspx、morenews. aspx。

(2)在 index. aspx 页面中切换到"设计"视图模式(或拆分视图模式),在"工具箱"的"数据"工具中双击 DataList 控件,并将其放置到 ContentPlaceHolder1 处;或者选中该控件,把它拖到设计视图中,如图 12-30 所示。

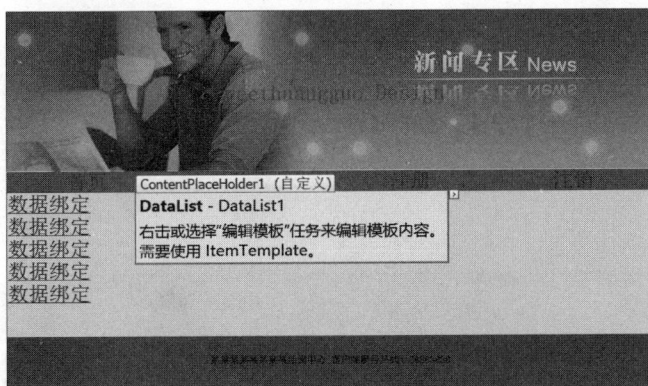

图 12-30 "新闻发布网站"首页中放置 DataList 控件的效果

(3)单击 DataList 控件右上方的右向箭头,在弹出的 DataList 任务快捷菜单中,在"选择数据源"下拉菜单中选择"新建数据源"命令,配置数据源的步骤与 12.2.1 小节中步骤(14)～步骤(17)完全一样,这里不再一一详述。

(4) 配置 Select 语句与 12.2.1 小节中的步骤(18)有所不同,在"希望如何从数据库中检索数据?"下选择"指定自定义 SQL 语句或存储过程"单选按钮,如图 12-31 所示。在弹出的"定义自定义语句或存储过程"对话框中配置 Select 语句为 SELECT top 8 * FROM xwb ORDER BY submitdate DESC,如图 12-32 所示。单击"下一步"按钮,在弹出的"测试查询"对话框中单击"测试查询"按钮,如图 12-33 所示,单击"完成"按钮。

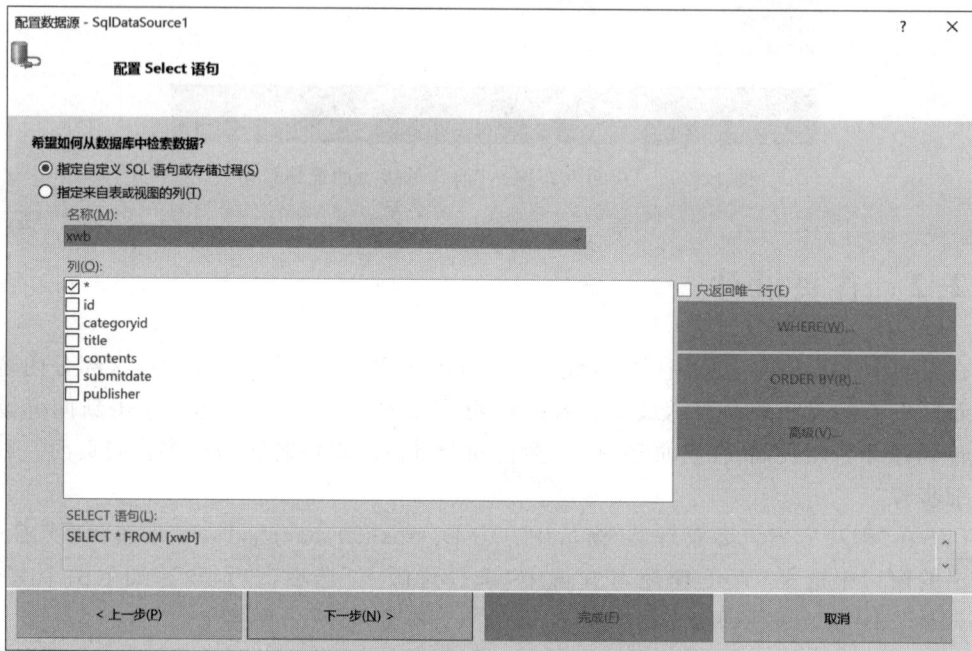

图 12-31 "配置 Select 语句"对话框

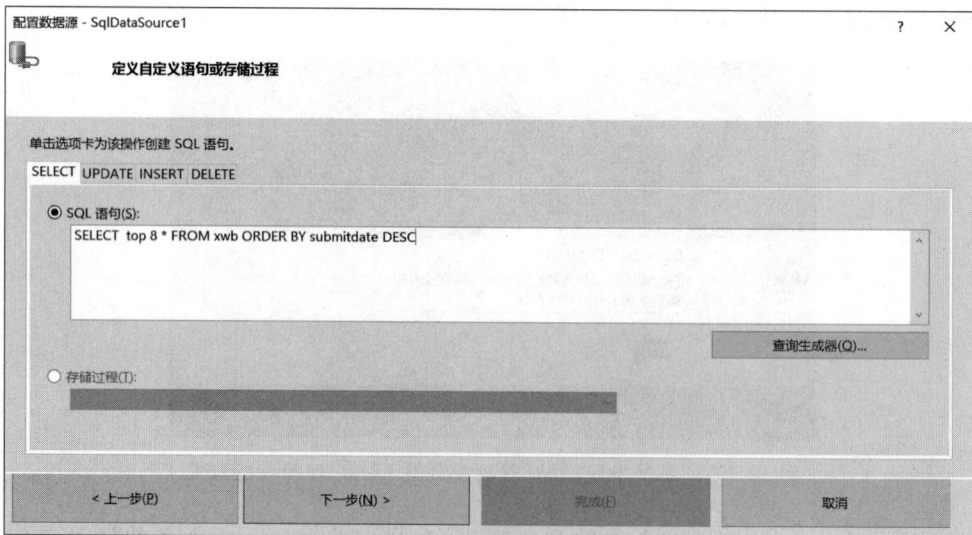

图 12-32 "定义自定义语句或存储过程"对话框

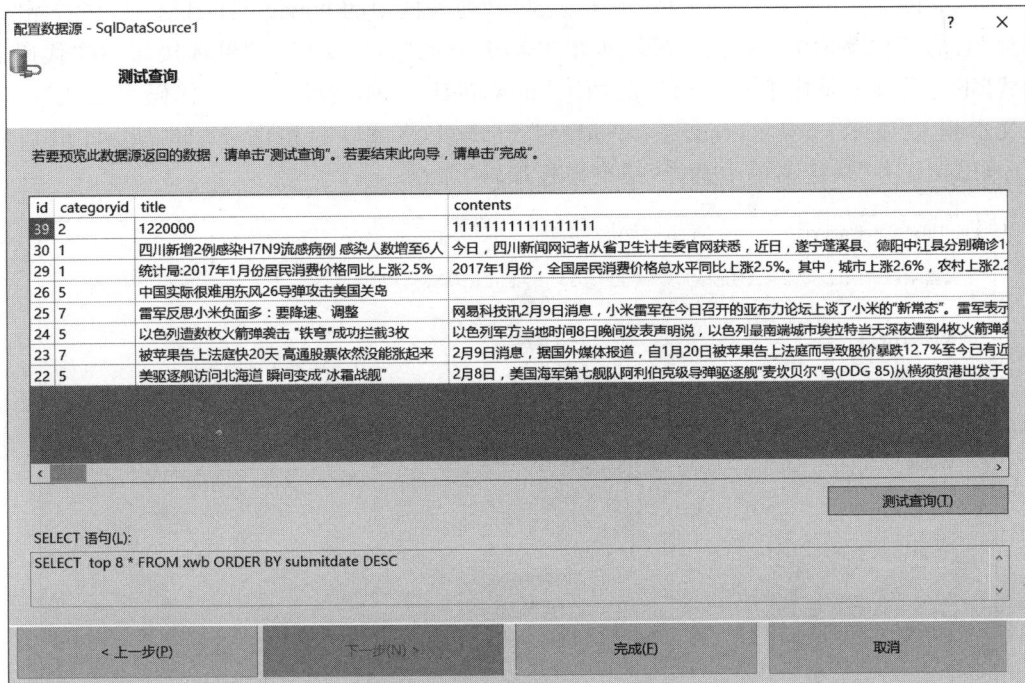

图 12-33　"测试查询"对话框

（5）选中页面中的 DataList1 控件，单击 DataList 控件右上方的右向箭头，在弹出的"DataList 任务"快捷菜单中选择"编辑模板"命令，在"DataList1-项模板"中把 ItemTemplate 中除了［submitdateLabel］控件之外的内容全部删除，并在［submitdateLabel］控件之前添加 HyperLink 控件，如图 12-34 所示。

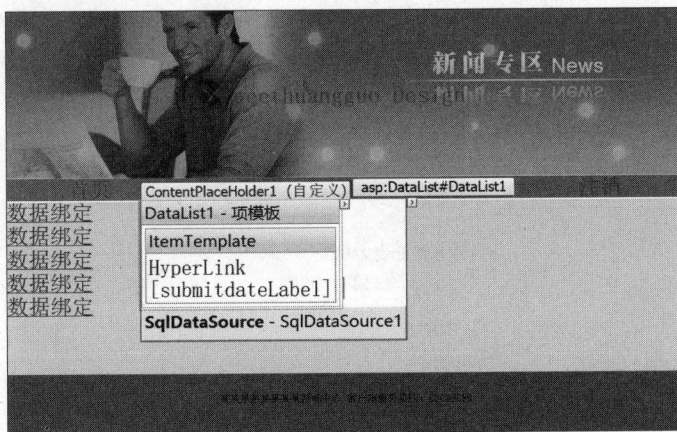

图 12-34　编辑"DataList1-项模板"的效果

（6）选中图 12-34 中的 HyperLink 控件，单击右向的箭头，在弹出的"HyperLink 任务"快捷菜单中选择"编辑 DataBindings"命令，然后在弹出的 HyperLink1 DataBindings 对话框中选择"可绑定属性"列表框中的 Text 选项，在右侧"绑定到"后的下拉菜单中选择 title,如图 12-35 所示。再选择"可绑定属性"列表框中的 NavigateUrl 选项,在右侧"绑定到"后的下拉菜单中选择 id 字段,再单击其下方的"自定义绑定"单选按钮,在"代码表达式"下方的文本框中 Eval("id")前加上"newsdetail.aspx?id="+,"代码表达式"下方的文本框中显示" newsdetail.aspx?id="+Eval("id"),如图 12-36 所示;最后在"DataList 任务"快捷菜单中选择"结束模板编辑"命令。

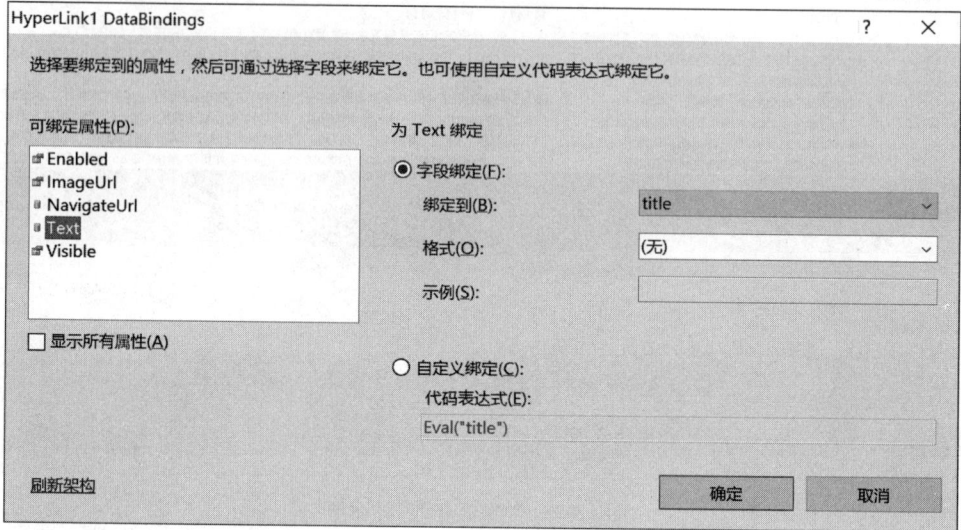

图 12-35 "为 Text 绑定到 title 字段"效果

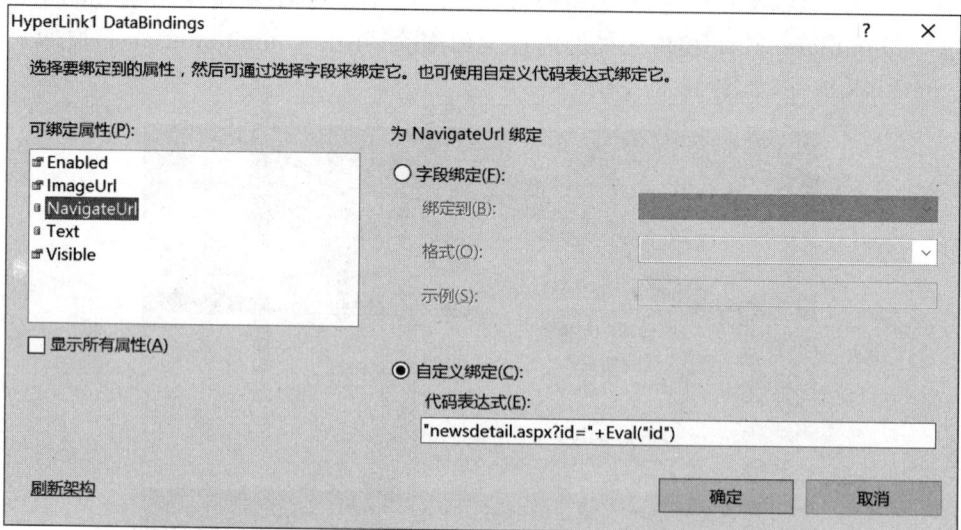

图 12-36 "为 NavigateUrl 绑定到 id 字段"效果

（7）在 SqlDataSource1 控件的下方添加一个 HyperLink 控件,设置 HyperLink 的 NavigateUrl 属性为"~/morenews.aspx"。首页的内容到此添加完成。

（8）index.aspx 页面的主要设计代码如下所示。

```
<asp:Content ID="Content2" ContentPlaceHolderID="ContentPlaceHolder1"
Runat="Server">
    <asp:SqlDataSource ID="SqlDataSource1" runat="server"
    ConnectionString="<% $ ConnectionStrings:xwConnectionString % >"
    SelectCommand="SELECT top 10 * FROM [xwb] ORDER BY [submitdate] DESC">
</asp:SqlDataSource>
<asp:DataList ID="DataList1" runat="server" DataKeyField="id"
    DataSourceID="SqlDataSource1">
    <ItemTemplate>
    <div id="title">
        <asp:HyperLink ID="HyperLink1" runat="server" NavigateUrl='<% #
            "newsdetail.aspx?id="+Eval("id") % >'
            Text='<% #Eval("title") % >'></asp:HyperLink>
    </div>
    <div id="submitedate">
        <asp:Label ID="submitdateLabel" runat="server" Text='<% #Eval
            ("submitdate") % >' Width="200" />
    </div>
    </ItemTemplate>
</asp:DataList>
    <div id="morenews">
    <asp:HyperLink ID="HyperLink2" runat="server" NavigateUrl="~/morenews.
        aspx">更多新闻……</asp:HyperLink>
    </div>
</asp:Content>
```

（9）在 StyleSheet. css 中添加＃title、＃submitedate、＃morenews，代码如下所示。

```
#title
{
    float:left;
    text-align:left;
    margin-right:100px;
}
#submitedate
{
    float:right;
    text-align:left;
}
#morenews
{
    margin-top:200px;
    text-align:left;
    clear:both;
}
```

12.2.3　详细新闻模块设计

在详细新闻页面 newsdetail.aspx 中，主要是设计 ContentPlaceHolder1 的内容，这部分内容是根据首页 index.aspx 传递过来的 id，显示对应的新闻标题、新闻发布时间和新闻内容。以下是详细步骤。

（1）打开 newsdetail.aspx 页面，插入 DataList 控件，为 DataList 控件配置数据源，数据源的配置方法与 12.2.2 小节中的步骤基本相同，不同之处是"配置 Select 语句"时要单击"WHERE"按钮，在弹出的"添加 WHERE 子句"对话框中，在"列"下方的下拉菜单中选择 id，在"运算符"下方的下拉菜单中选择 ＝，在"源"下方的下拉菜单中选择 QueryString，在参数属性"QueryString 字段"下方的文本框中输入 id，如图 12-37 所示。然后单击"添加"按钮，如图 12-38 所示，再单击"确定"按钮，最后单击"完成"按钮即可完成配置。

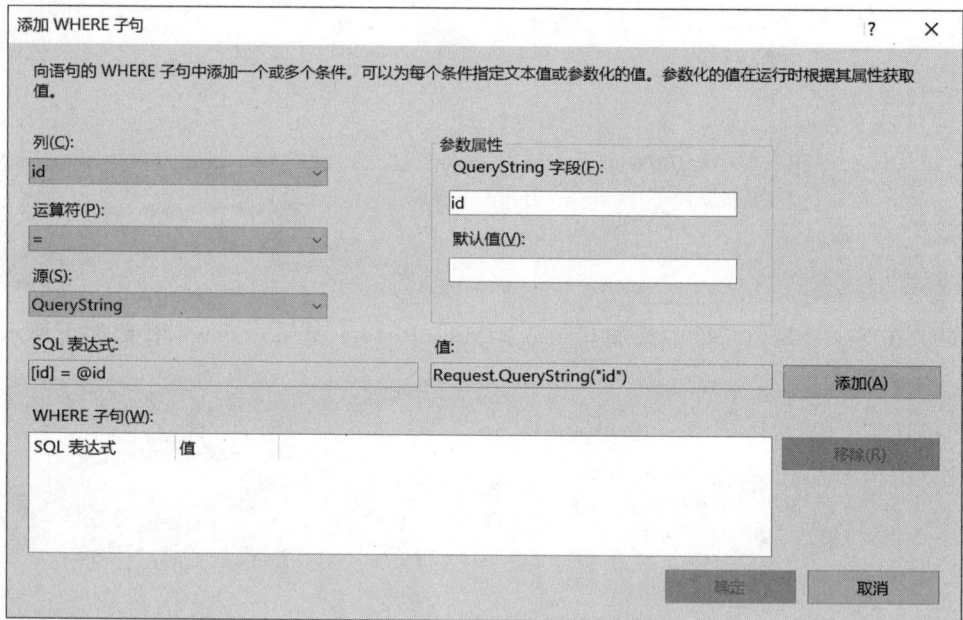

图 12-37　"添加 WHERE 子句"对话框

（2）选中页面中的 DataList1 控件，单击 DataList 控件右上方的右向箭头，在弹出的"DataList 任务"快捷菜单中选择"编辑模板"命令，在"DataList1-项模板"中把 ItemTemplate 中的内容只保留[titleLabel]、[submitdateLabel]和[contentsLabel]三项，其余全部删除，最后选择"结束模板编辑"命令。

（3）newsdetail.aspx 页面的主要设计代码如下所示。

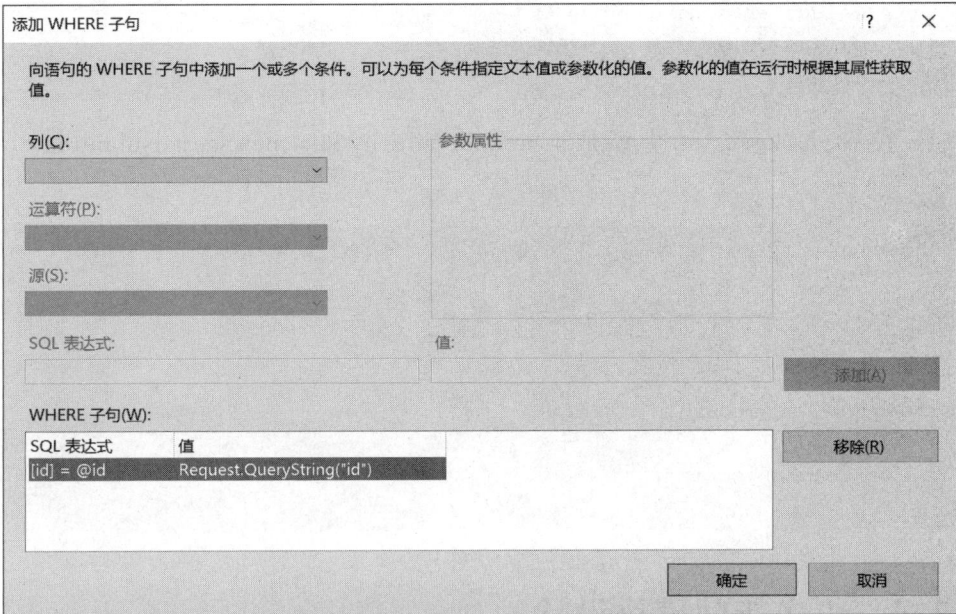

图 12-38 添加查询条件

```
<asp:Content ID="Content2" ContentPlaceHolderID="ContentPlaceHolder1"
  Runat="Server">
    <asp:DataList ID="DataList1" runat="server" DataKeyField="id"
    DataSourceID="SqlDataSource1">
    <ItemTemplate>
        <div id="newsdetailtitle">
        <asp:Label ID="titleLabel" runat="server" Text='<% #Eval("title") %>' />
        </div>
        <br />
        <div id="newsdetailsubmitdate">
        <asp:Label ID="submitdateLabel" runat="server" Text='<% #Eval
            ("submitdate") %>' />
        </div>
        <br />
        <asp:Label ID="contentsLabel" runat="server" Text='<% #Eval
            ("contents") %>' />
        <br /
    </ItemTemplate>
</asp:DataList>
<asp:SqlDataSource ID="SqlDataSource1" runat="server"
    ConnectionString="<% $ ConnectionStrings:xwConnectionString2 %>"
    SelectCommand="SELECT * FROM [xwb] WHERE ([id]=@ id)">
    <SelectParameters>
        <asp:QueryStringParameter Name="id" QueryStringField="id" Type=
            "Int32" />
```

```
    </SelectParameters>
  </asp:SqlDataSource>
</asp:Content>
```

(4) 在 StyleSheet. css 中添加 # newsdetailtitle 和 # newsdetailsubmitdate,代码如下。

```
#newsdetailtitle
{
    text-align:center;
    margin-top:5px;
}
#newsdetailsubmitdate
{
    text-align:center;
}
```

12.2.4 更多新闻模块设计

在"更多新闻"页面 morenews. aspx 中,主要是设计 ContentPlaceHolder1 的内容,这部分内容是按照新闻发布的时间顺序显示新闻表中所有新闻的标题和发布时间,并且单击新闻标题后能跳转到详细新闻页面。以下是详细步骤。

(1) 选中 morenews. aspx 页面,切换到"设计"视图模式(或"拆分"视图模式),在"工具箱"的"数据"工具中选择 DataList 控件,插入页面中,然后单击 DataList 控件右上方的右向箭头,在弹出的 DataList 任务快捷菜单中,在"选择数据源"后的下拉菜单中选择"新建数据源"命令,数据源的配置方法与 12.2.2 小节中的步骤基本相同,差异在于配置 Select 语句时,Select 语句配置为 SELECT ＊ FROM [xwb] ORDER BY [submitdate] DESC。

(2) 单击 DataList 控件右上方的右向箭头,在弹出的 DataList 任务快捷菜单中选择"编辑模板"命令,方法与 12.2.2 小节中的步骤相同。

(3) morenews. aspx 页面的主要设计代码如下所示。

```
<asp:Content ID="Content2" ContentPlaceHolderID="ContentPlaceHolder1"
  Runat="Server">
  <asp:SqlDataSource ID="SqlDataSource1" runat="server"
     ConnectionString="<% $ ConnectionStrings:xwConnectionString % >"
     SelectCommand="SELECT * FROM [xwb] ORDER BY [submitdate] DESC">
  </asp:SqlDataSource>
  <asp:DataList ID="DataList1" runat="server" DataKeyField="id"
     DataSourceID="SqlDataSource1">
     <ItemTemplate>
     <div id="title">
```

```
        <asp:HyperLink ID="HyperLink1" runat="server"
            NavigateUrl='<% #"newsdetail.aspx? id="+Eval("id") % >'
                Text='<% #Eval("title") % >'></asp:HyperLink>
    </div>
    <div id="submitedate">
        <asp:Label ID="submitdateLabel" runat="server" Text='<% #Eval
            ("submitdate") % >' Width="200" />
    </div>
    </ItemTemplate>
  </asp:DataList>
</asp:Content>
```

12.2.5　按新闻类别显示新闻模块设计

在"新闻类别显示新闻"页面 showNewsByCategoryname. aspx 中,主要是设计 ContentPlaceHolder1 的内容,这部分内容是按照传递过来的 categoryid 值按类别显示新闻的标题和新闻的发布时间,并且单击新闻标题后能跳转到详细新闻页面。以下是详细步骤。

(1) 在 showNewsByCategoryname. aspx 页面中切换到"设计"视图模式(或"拆分"视图模式),把"工具箱"的"数据"工具中的 DataList 控件放到页面的可编辑区域。

(2) 在 showNewsByCategoryname. aspx. cs 中首先添加命名空间"using System. Data;"和"using System. Data. SqlClient;"。

(3) 在 showNewsByCategoryname. aspx. cs 中,设置 DataList 控件的数据源,有两种方法,第一种方法是采用编写代码的方式。数据应该在页面第一加载时显示,所以代码应该写在 Page_Load 事件中,并且采用!IsPostBack 或者!Page. IsPostBack 来判断是不是第一次加载,代码如下。

```
protected void Page_Load(object sender, EventArgs e)
{
    if (!IsPostBack)
    {
        SqlConnection cn=new SqlConnection("server= .;database=xw;
            integrated security=True");
        cn.Open();
        SqlCommand cmd=new SqlCommand("select * from xwb where categoryid='"+
            Request.QueryString["categoryid"].ToString()+"'", cn);
        SqlDataAdapter da=new SqlDataAdapter(cmd);
        DataSet ds=new DataSet();
        da.Fill(ds);
        this.DataList1.DataSource=ds;
        this.DataList1.DataBind();
        cn.Close();
    }
}
```

（4）设置 DataList 控件的数据源的第二种方法是采用配置数据源的方式。配置数据源时前面的步骤与 12.2.1 小节中步骤(14)～步骤(17)一样,配置 Select 语句这一步骤不一样,在"希望如何从数据库中检索数据?"下的单选按钮中选择"指定来自表或视图的列"名称下的 xwb 表,如图 12-39 所示。

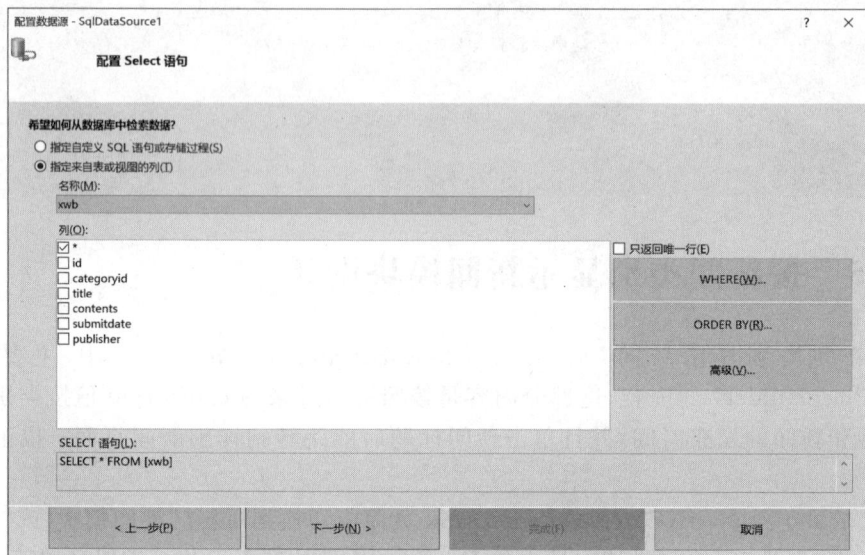

图 12-39 "配置 Select 语句"效果

（5）在图 12-39 中单击 WHERE 按钮,弹出"添加 WHERE 子句"对话框。在"列"下方的下拉菜单中选择 categoryid,在"运算符"下方的下拉菜单中选择"＝",在"源"下方的下拉菜单中选择 QueryString,在参数属性"QueryString 字段"下方的文本框中输入 categoryid,如图 12-40 所示。然后单击"添加"按钮,如图 12-41 所示,再单击"确定"按钮。

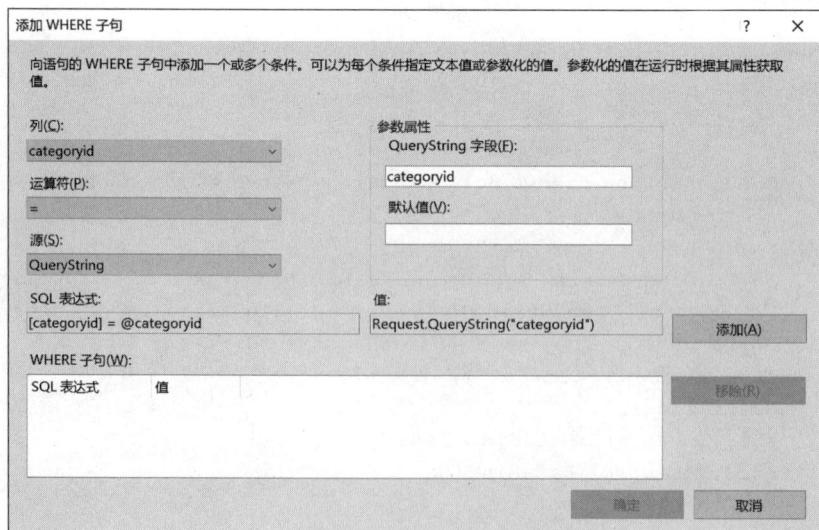

图 12-40 "添加 WHERE 子句"添加条件效果(1)

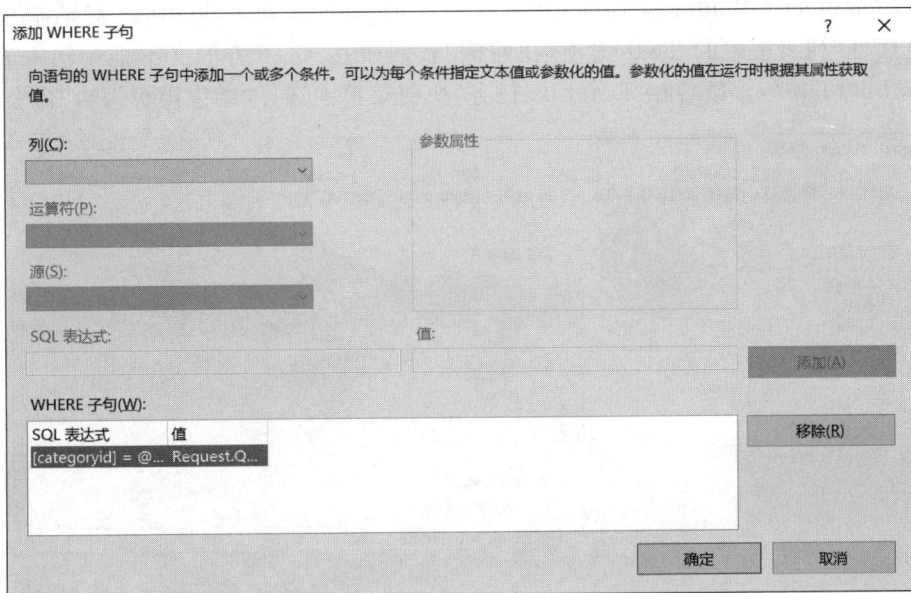

图 12-41　"添加 WHERE 子句"添加条件效果(2)

（6）在 showNewsByCategoryname. aspx 页面中选中 DataList 控件，在"DataList 任务"中选择"编辑模板"命令，这时在"DataList1-项模板"中的 ItemTemplate 中添加一个 HyperLink 控件和一个 Label 控件，效果如图 12-42 所示。

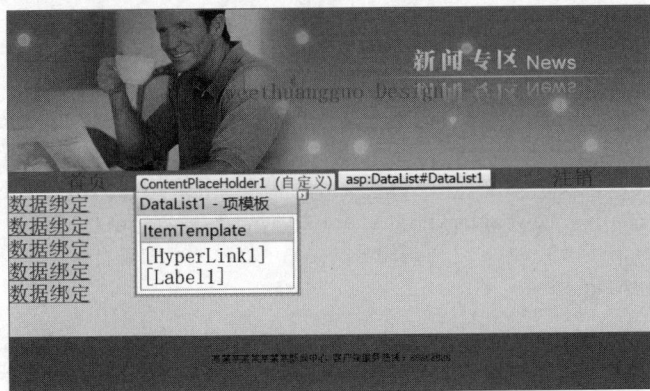

12-42　"showNewsByCategoryname. aspx 页面"添加控件的效果(1)

（7）选中图 12-42 中的 HyperLink1 控件，单击右向的箭头，在弹出的"HyperLink 任务"快捷菜单中选择"编辑 DataBindings"命令，然后在弹出的 HyperLink1 DataBindings 对话框中选择"可绑定属性"列表框中的 Text 选项，在右侧"自定义绑定"列表框中的"代码表达式"下方的文本框中输入表达式 Eval("title")，如图 12-43 所示。

（8）选择"可绑定属性"列表框中的 NavigateUrl 选项，在右侧"自定义绑定"下方的"代码表达式"文本框中输入表达式"newsdetail. aspx?id="＋Eval("id")。

（9）选中图 12-42 中的 Label1 控件，单击右向的箭头，在弹出的"Label 任务"快捷菜单中选择"编辑 DataBindings"命令,然后在弹出的 Label1 DataBindings 对话框中选择"可绑定属性"列表框中的 Text 选项,在右侧"代码表达式"下方的文本框中输入表达式 Eval("submitdate")。最后在"DataList 任务"快捷菜单中选择"结束模板编辑"命令。

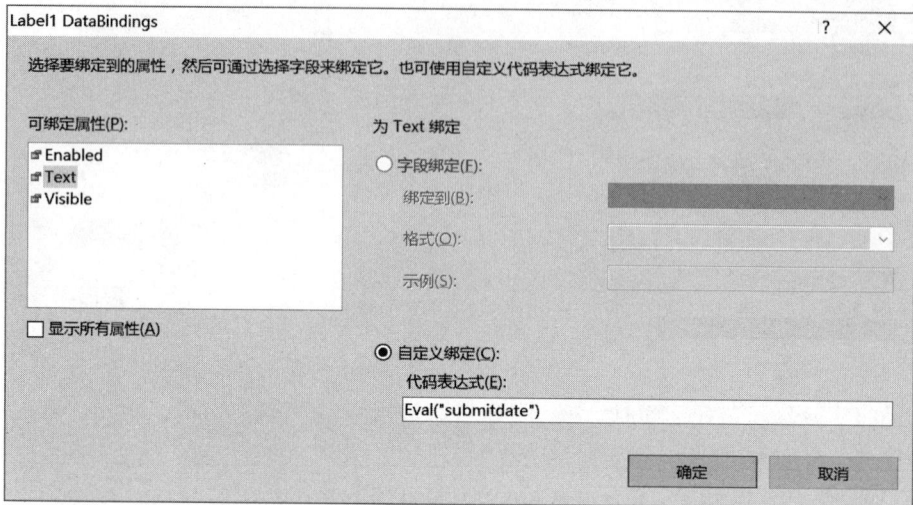

Label1 DataBindings	? ×

选择要绑定到的属性,然后可通过选择字段来绑定它。也可使用自定义代码表达式绑定它。

可绑定属性(P):

- Enabled
- Text
- Visible

☐ 显示所有属性(A)

为 Text 绑定

○ 字段绑定(F):

绑定到(B):

格式(O):

示例(S):

● 自定义绑定(C):

代码表达式(E):

Eval("submitdate")

确定　　取消

图 12-43　"showNewsByCategoryname.aspx 页面"添加控件的效果(2)

(10) showNewsByCategoryname.aspx 页面的主要设计代码如下所示。

```
<asp:Content ID="Content2" ContentPlaceHolderID="ContentPlaceHolder1"
 Runat="Server">
   <asp:DataList ID="DataList1" runat="server" DataKeyField="id">
   <ItemTemplate>
      <asp:HyperLink ID="hplTitle" runat="server" NavigateUrl='<% #
         "newsdetail.aspx?id="+Eval("id") % >'
         Text='<% #Eval("title") % >'></asp:HyperLink>
      <asp:Label ID="submitdateLabel" runat="server"
         Text='<% #Eval("submitdate") % >' />
   </ItemTemplate>
</asp:DataList>
</asp:Content>
```

12.2.6　注册模块设计

在"注册"页面 register.aspx 中,主要是设计 ContentPlaceHolder1 的内容,这部分内容主要是用户填写自己的用户名、密码和确认密码,注册自己的信息到 xw 数据库的 yhb 数据表中。以下是详细步骤。

(1) 在 register.aspx 页面中切换到"设计"视图模式(或"拆分"视图模式),在页面中首先放置以下内容:输入文本内容"用户名",并在其后插入文本框,修改文本框的 id 值为 txtUsername。然后按 Enter 键,输入文本内容"密码",并在其后插入文本框,修改文本框的 id 值为 txtPassword,修改 TextMode 属性值为 Password,然后按 Enter 键。输入文本内容"确认密码",并在其后插入文本框,修改文本框的 id 值为 txtQupassword,修改 TextMode 属性值为 Password,然后按 Enter 键。插入两个按钮,分别修改按钮的 id 值为 btnRegister、btnCancel,分别修改按钮的 Text 值为"注册""取消"。

(2)添加验证控件。在用户名的文本框后面添加 RequiredFieldValidator 验证控件,修改其 ControlToValidate 属性的值为 txtUsername,修改其 ErrorMessage 属性的值为"用户名不能为空!",修改其 ForeColor 属性的值为 Red,修改其 Text 属性为 *。

(3)在密码的文本框后面添加 RequiredFieldValidator 验证控件,修改其 ControlToValidate 属性的值为 txtPassword,修改其 ErrorMessage 属性的值为"密码不能为空!",修改其 ForeColor 属性的值为 Red,修改其 Text 属性的值为 *。

(4)在确认密码的文本框后面添加 RequiredFieldValidator 验证控件,修改其 ControlToValidate 属性的值为 txtQupassword,修改其 ErrorMessage 属性的值为"确认密码不能为空!",修改其 ForeColor 属性的值为 Red,修改其 Text 属性的值为 *。然后再在 RequiredFieldValidator 验证控件后面添加 CompareValidator 验证控件,修改其 ControlToValidate 属性的值为 txtQupassword,修改其 ControlToCompare 属性的值为 txtPassword,修改其 ErrorMessage 属性的值为"两次密码输入不一致!",修改其 ForeColor 属性的值为 Red。

(5) register.aspx 页面的设计界面效果如图 12-44 所示。

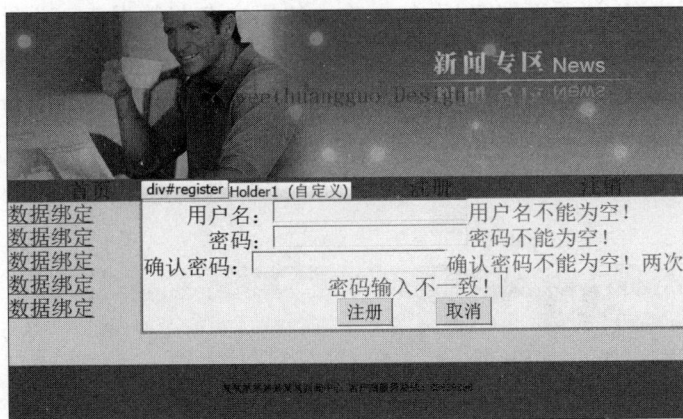

图 12-44 "register.aspx 页面"设计界面效果

(6) register.aspx 页面 ContentPlaceHolder1 中的主要代码如下所示。

```
<div id="register">
    用户名: <asp:TextBox ID="txtUsername" runat="server"></asp:TextBox>
<asp:RequiredFieldValidator ID="RequiredFieldValidator1" runat="server"
    ControlToValidate="txtUsername" ErrorMessage="用户名不能为空!"
        ForeColor="Red"></asp:RequiredFieldValidator><br />
```

```
密码: <asp:TextBox ID="txtPassword" runat="server" TextMode="Password">
        </asp:TextBox>
    <asp:RequiredFieldValidator ID="RequiredFieldValidator2" runat="server"
    ControlToValidate="txtPassword" ErrorMessage="密码不能为空!"
        ForeColor="Red"></asp:RequiredFieldValidator><br />
确认密码: <asp:TextBox ID="txtQupassword" runat="server" TextMode="Password">
        </asp:TextBox>
<asp:CompareValidator ID="CompareValidator1" runat="server"
    ControlToCompare="txtPassword" ControlToValidate="txtQupassword"
    ErrorMessage="两次密码输入不一致!" ForeColor="Red">
        </asp:CompareValidator>
<br />
<asp:Button ID="btnRegister" runat="server" onclick="btnRegister_Click"
    Text="注册" />
  <asp:Button ID="btnCancel" runat="server" onclick="btnCancel_
Click"
    Text="取消" />
</div>
```

(7) 双击"注册"按钮后,触发 btnRegister_Click 事件,首先在命名空间中增加 2 个命名空间,即"using System. Data;"和"using System. Data. SqlClient;";接下来在 btnRegister_Click 事件中编写相关代码,主要思路是先判断用户输入的用户名,在数据表 yhb 中有没有相同的用户名,如果有相同的用户名,则在用户名后的文本框中给出提示: "已经存在这个用户名,请重新取名!";如果输入的用户名与数据表 yhb 中没有相同的用户名,有两种方法把用户输入的用户名和密码插入用户表 yhb 中,第一种方法是直接把页面中填写的用户名和密码更新到用户表 yhb 中的 username 和 password 字段中;第二种方法是先在数据集 DataSet 中增加一个新的行,并把页面中填写的用户名和密码添加到数据集 DataSet 的新行中,再把数据集 DataSet 中的内容更新到数据库 xw 的 yhb 中。代码如下。

```
protected void btnRegister_Click(object sender, EventArgs e)
{
    SqlConnection cn=new SqlConnection("server=.;database=xw;integrated
        security=True");
    cn.Open();
    SqlCommand cmd=new SqlCommand("select * from yhb where username='"+
        txtUsername.Text+"'", cn);
    SqlDataAdapter da=new SqlDataAdapter(cmd);
    DataSet ds=new DataSet();
    da.Fill(ds, "aa");
    if (ds.Tables[0].Rows.Count>0)
    {
        this.txtUsername.Text="已经存在这个用户名,重新取名!";
    }
    else
```

```
{
    //方法一
    //SqlCommand cmd1=new SqlCommand("insert into yhb(username,
        password) values('"+txtUsername.Text+"','"+txtPassword.
        Text+"')", cn);
    //cmd1.ExecuteNonQuery();
    //方法二
    DataRow dr=ds.Tables["aa"].NewRow();
    dr["username"]=txtUsername.Text;
    dr["password"]=txtPassword.Text;
    ds.Tables["aa"].Rows.Add(dr);
    SqlCommandBuilder builder=new SqlCommandBuilder(da);
    da.Update(ds, "aa");
}
cn.Close();
}
```

（8）双击"取消"按钮后，触发 btnCancel_Click 事件，主要是清空 3 个文本框中的内容，并把光标定位在"用户名"后的文本框内，代码如下。

```
txtUsername.Text="";
txtPassword.Text="";
txtQupassword.Text="";
txtUsername.Focus();
```

（9）在 StyleSheet.css 中添加＃register，代码如下。

```
#register
{
    text-align:center;
}
```

12.2.7　登录模块设计

在"登录"页面 login.aspx 中，主要是设计 ContentPlaceHolder1 的内容，这部分内容主要是用户填写自己的用户名和密码，单击"登录"按钮后判断用户输入的用户名和密码与数据表 yhb 中的是否一致。如果不一致，则给出信息提示"用户名或密码错误，请重新输入!"。如果一致则登录成功，用 Session 保存用户名、密码、id、keys 和 flag 信息，并且根据 keys 的值跳转到个人中心页面或者后台管理页面。以下是详细步骤。

（1）在 login.aspx 页面中切换到"设计"视图模式（或"拆分"视图模式），在页面中放置 4 个内容："用户名"文本内容及文本框、"密码"文本内容及文本框、"登录"按钮和"重置"按钮，效果如图 12-45 所示。

（2）在 login.aspx 页面中的主要代码如下所示。

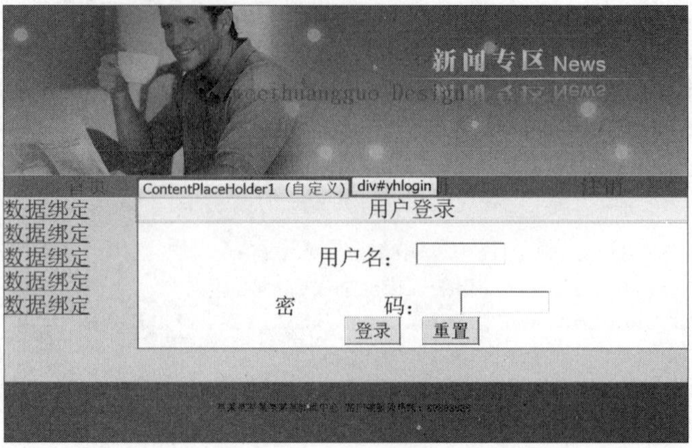

图 12-45 "login.aspx 页面"设计界面效果

```
<asp:Content ID="Content2" ContentPlaceHolderID="ContentPlaceHolder1"
  Runat="Server">
   <div id="yhlogin">
   <asp:Label ID="lbluser" runat="server" BackColor="White" Text="用户登
      录"></asp:Label>
   </div>
   <br />
   <div id="dl">
   <div id="username">用户名:
   <asp:TextBox ID="txtUsername" runat="server" Width="130px"></asp:TextBox>
   </div>
   <br />
   <div id="password">密     码:  
   <asp:TextBox ID="txtPassword" runat="server" TextMode="Password"
      Width="130px"></asp:TextBox>
   </div>
   <div id="btn">
   <asp:Button ID="btnLogin" runat="server" onclick="btnLogin_Click"
      Text="登录" />
   <asp:Button ID="btnReset" runat="server" Text="重置" onclick="btnReset_
      Click" />
   </div>
   </div>
</asp:Content>
```

（3）在 login.aspx 页面中双击"登录"按钮后,触发 btnLogin_Click 事件。在 login.
aspx.cs 界面中,首先在命名空间中增加 2 个命名空间,即"using System.Data;"和"using
System.Data.SqlClient;"。接下来在 btnRegister_Click 事件中编写相关代码,主要思路
是先从用户表 yhb 中查询 yhb 中的 username 字段与用户在页面中输入的用户名相等,
并且 yhb 中的 password 字段与用户在页面中输入的密码相等的记录,并填充到数据集
DataSet 中,再判断如果数据集中的第一张表中行的数量大于 0,说明用户在页面中输入

的用户名和密码与数据库用户表 yhb 中匹配,登录成功,这时给出登录成功的提示,并采用 Session 对象保存用户名、密码、id、keys 和 flag 信息。最后根据 keys 的值判断是跳转到个人中心页面还是后台管理页面,如果 keys 的值为 1,说明登录的用户是管理员,则页面跳转到后台管理的密码修改页面;否则说明登录的用户是普通用户,则页面跳转到个人中心的密码修改页面。代码如下。

```
protected void btnLogin_Click(object sender, EventArgs e)
{
    SqlConnection cn=new SqlConnection("server=.;database=xw;integrated
        security=True");
    cn.Open();
    SqlCommand cmd=new SqlCommand("select * from yhb where username='"+
        txtUsername.Text+"' and password='"+txtPassword.Text+"'", cn);
    SqlDataAdapter da=new SqlDataAdapter(cmd);
    DataSet ds=new DataSet();
    da.Fill(ds);
    if (ds.Tables[0].Rows.Count>0)
    {
        this.Session["username"]=this.txtUsername.Text;
        this.Session["password"]=this.txtPassword.Text;
        this.Session["id"]=ds.Tables[0].Rows[0]["id"].ToString();
        this.Session["keys"]=ds.Tables[0].Rows[0]["keys"].ToString();
        this.Session["flag"]="s";
        this.lbluser.Text="登录成功! 当前用户: "+this.txtUsername.Text;
        if (this.Session["keys"].ToString()=="1")
        {
            Response.Redirect("~/admin/adminchangepassword.aspx");
        }
        else
        {
            Response.Redirect("~/personal center/changepassword.aspx");
        }
    }
    else
    {
        this.lbluser.Text="用户名或密码错误,请重新输入!";
    }
}
```

说明:"this. Session["flag"]="s";"语句主要是用来表示登录成功,如果该值为空(null),说明用户没有登录过;如果该值为 s,则表示用户登录成功过了。注意这个值不一定为 s,也可以是其他值。

(4) 双击"取消"按钮后,触发 btnCancel_Click 事件,主要功能是清空两个文本框中的内容,并把光标定位在"用户名"后的文本框内,代码如下。

269

```
protected void btnReset_Click(object sender, EventArgs e)
{
    txtUsername.Text="";
    txtPassword.Text="";
    txtUsername.Focus();
}
```

（5）在 StyleSheet.css 中添加 #yhlogin 和 #dl,代码如下。

```
#yhlogin
{
    text-align:center;
}
#dl
{
    text-align:center;
}
```

12.2.8　注销模块设计

在"注销"页面 logout.aspx 中,前台界面不需要任何信息展示,主要是判断用户是否已经登录,如果用户已经登录过,则说明 Session["flag"]的值为 s,这时把 Session["flag"]设置为空(null),并跳转到登录页面;如果用户没有登录过,则说明 Session["flag"]的值为空(null),这时直接跳转到登录页面即可。注销模块的后台代码如下所示。

```
protected void Page_Load(object sender, EventArgs e)
{
    if(this.Session["flag"]==null)
    {
        Response.Redirect("login.aspx");
    }
    if(this.Session["flag"]=="s")
    {
        this.Session["flag"]=null;
        Response.Redirect("login.aspx");
    }
}
```

任务 12.3　普通用户个人中心主要功能模块设计

本任务的个人中心是给普通用户使用的。本任务用户个人中心的主要功能是:修改密码,发布新闻和管理自己发布的新闻(主要是编辑新闻内容和删除新闻内容)。

12.3.1 个人中心母版设计

（1）在"解决方案资源管理器"窗口中右击文件夹 personal center，选择"添加新项"命令，在弹出的窗口中选择"母版页"，并修改母版页的名称为 MasterPagePersonal. master。

（2）打开 MasterPagePersonal. master 母版页，切换到源视图界面，进行内容的增加。MasterPagePersonal. master 母版页与 MasterPage. master 母版页的布局结构大致相同，区别在于，首先 menu 的页面导航不一样，其次 MasterPagePersonal. master 母版页的 menu 下方没有 left 处的新闻分类导航，效果如图 12-46 所示。

图 12-46 母版页 MasterPagePersonal. master 设计界面效果

（3）母版页 MasterPagePersonal. master 中主要代码如下所示。

```
<form id="form1" runat="server">
    <div id="page">
    <div id="banner">
        <asp:Image ID="Image1" runat="server" ImageUrl="~/images/banner.
            jpg" /></div>
    <div id="menu">
        <asp:Menu ID="Menu1" runat="server" Orientation="Horizontal"
            RenderingMode="Table" Width="1000px">
        <Items>
            <asp:MenuItem Text="修改密码" Value="首页"
                NavigateUrl="~/personal center/changepassword.aspx">
                </asp:MenuItem>
            <asp:MenuItem Text="发表新闻" Value="登录"
                NavigateUrl="~/personal center/addnews.aspx">
                </asp:MenuItem>
            <asp:MenuItem Text="编辑新闻" Value="注册"
                NavigateUrl="~/personal center/editnews.aspx">
                </asp:MenuItem>
            <asp:MenuItem NavigateUrl="~/index.aspx" Text="返回首页"
                Value="返回首页">
```

```
        </asp:MenuItem>
      </Items>
    </asp:Menu>
  </div>
  <div id="contents1">
    <asp:ContentPlaceHolder id="ContentPlaceHolder1" runat="server">

    </asp:ContentPlaceHolder>
  </div>
  <div id="foot">某某某某某某某某新闻中心个人中心　客户端服务热线：88888888
</div>
  </div>
  </form>
```

12.3.2 密码修改模块设计

（1）在"解决方案资源管理器"窗口中，在文件夹 personal center 下基于母版 MasterPagePersonal.master 新建文件 changepassword.aspx。

（2）在 changepassword.aspx 页面中放置 5 个内容："原密码"文本内容及文本框、"新密码"文本内容及文本框、"确认新密码"文本内容及文本框、"确定"按钮和"取消"按钮，其中"原密码"后的文本框能自动获取登录成功后保存的密码，效果如图 12-47 所示。

图 12-47　changepassword.aspx 页面效果

（3）changepassword.aspx 页面的 ContentPlaceHolder1 中的主要代码如下所示。

```
<asp:Content ID="Content2" ContentPlaceHolderID="ContentPlaceHolder1"
  Runat="Server">
<div>
```

```
<div>原密码：<asp:TextBox ID="txtPassword" runat="server"></asp:
    TextBox><br /></div>
<div>新密码：<asp:TextBox ID="txtNewpassword" runat="server"></asp:
    TextBox><br /></div>
<div>确认新密码：<asp:TextBox ID="txtConnewpassword" runat="server">
    </asp:TextBox><br /></div>
<div><asp:Button ID="btnConfirm" runat="server" Text="确定" onclick=
    "btnConfirm_Click" /> 
    <asp:Button ID="btnCancel" runat="server" Text="取消" onclick=
        "btnCancel_Click"
      style="height: 21px" /><br />
</div>
<div><asp:Label ID="lblinfor" runat="server"></asp:Label></div>
</div>
</asp:Content>
```

（4）changepassword.aspx 页面不能直接访问，必须登录成功后才能访问；"原密码"
文本框能自动获取登录成功后保存的密码，这两项功能需要在该页面的 Page_Load 事件
中完成。其中，第一项功能只需要判断 Session["flag"]的值，如果该值为空，则说明没有
登录过，需要跳转到登录页面登录；第二项功能直接让"原密码"文本框显示登录成功保存
的 Session["password"]值即可。这部分的代码如下所示。

```
protected void Page_Load(object sender, EventArgs e)
{
    if (this.Session["flag"]==null)
    {
        Response.Redirect("~/login.aspx");
    }
    txtPassword.Text=this.Session["password"].ToString();
}
```

（5）在 changepassword.aspx 页面中单击"确定"按钮后触发 btnConfirm_Click 事
件，修改密码有 2 种方法，第一种方法的思路是：当登录成功且保存的 Session
["username"]值与数据表 yhb 中的 username 相同时，把页面中输入的新密码更新到数
据表 yhb 的 password 中，代码如下。

```
protected void btnConfirm_Click(object sender, EventArgs e)
{
    SqlConnection con=new SqlConnection("data source=.;initial catalog=xw;
        integrated security=true");
    con.Open();
    SqlCommand cmd=new SqlCommand("update yhb set password='"+
        txtNewpassword.Text.Trim()+"' where username='"+Session
        ["username"].ToString()+"'", con);
    cmd.ExecuteNonQuery();
    lblinfor.Text="密码修改成功!";
}
```

(6) 第二种方法的思路是：先从用户表 yhb 中查询用户名 username 与登录成功用 Session 保存的 username 相等的记录，并填充到数据集 DataSet 中的第一张表 Tables[0] 中。接下来，把用户在页面上输入的新密码更新到数据集 DataSet 的第一张表 Tables[0] 的第一行的密码列中，即 Rows[0]["password"]，然后再把数据集 DataSet 更新到数据库 xw 的用户表 yhb 中，代码如下所示。

```
protected void btnConfirm_Click(object sender, EventArgs e)
{
    SqlConnection cn=new SqlConnection("server=.;database=xw;integrated
        security=True");
    cn.Open();
    SqlCommand cmd=new SqlCommand("select * from yhb where username='"+
        this.Session["username"].ToString()+"'", cn);
    SqlDataAdapter ad=new SqlDataAdapter(cmd);
    DataSet ds=new DataSet();
    ad.Fill(ds);
    cn.Close();
    ds.Tables[0].Rows[0]["password"]=txtNewpassword.Text.Trim();
    SqlCommandBuilder builder=new SqlCommandBuilder(ad);
    ad.Update(ds);
    lblinfor.Text="密码修改成功!";
}
```

(7) 在 changepassword.aspx 页面中单击"取消"按钮后，触发 btnCancel_Click 事件，主要功能是清空"新密码"和"确认新密码"2 个文本框中的内容，并把光标定位在"新密码"后的文本框内，代码如下所示。

```
protected void btnCancel_Click(object sender, EventArgs e)
{
    txtNewpassword.Text="";
    txtConnewpassword.Text="";
    txtPassword.Focus();
}
```

12.3.3 添加新闻模块设计

(1) 在"解决方案资源管理器"窗口中，在文件夹 personal center 下基于母版 MasterPagePersonal.master 新建文件 addnews.aspx。

(2) addnews.aspx 页面不能直接访问，必须登录成功后才能访问，这项功能实现的方法与 12.3.2 中步骤(4)方法相同，这里不再详述。

(3) 在页面中放置 5 个内容："标题"文本内容及文本框、"内容"文本内容及文本框、"类别"文本内容及下拉菜单、"提交"按钮和"取消"按钮，其中"类别"下拉菜单绑定了 7 个菜单项：国内要闻(Value 值为 1)、国际要闻(Value 值为 2)、社会新闻(Value 值为 3)、娱乐新闻(Value 值为 4)、军事新闻(Value 值为 5)、财经新闻(Value 值为 6)和科技新闻(Value 值为 7),下拉菜单的 Text 值与数据表 category 中的 categoryname 相对应,Value 值与数据表 category 中的 categoryid 相对应,效果如图 12-48 所示。

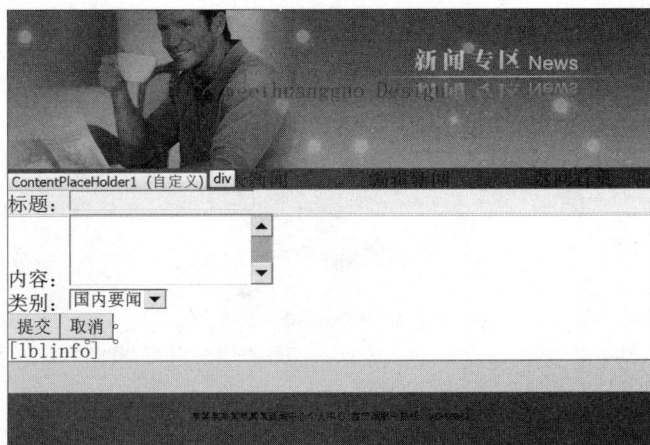

图 12-48　addnews.aspx 设计界面效果

(4) addnews.aspx 页面中 ContentPlaceHolder1 的代码如下所示。

```
<div>
    <div>标题: <asp:TextBox ID="txtTitle" runat="server"></asp:TextBox>
    <br /></div>
    <div>内容: <asp:TextBox ID="txtContent" runat="server" Rows="4"
    TextMode="MultiLine"></asp:TextBox>
    <br />
        类别: <asp:DropDownList ID="DropDownList1" runat="server">
            <asp:ListItem Value="1">国内要闻</asp:ListItem>
            <asp:ListItem Value="2">国际要闻</asp:ListItem>
            <asp:ListItem Value="3">社会新闻</asp:ListItem>
            <asp:ListItem Value="4">娱乐新闻</asp:ListItem>
            <asp:ListItem Value="5">军事新闻</asp:ListItem>
            <asp:ListItem Value="6">财经新闻</asp:ListItem>
            <asp:ListItem Value="7">科技新闻</asp:ListItem>
        </asp:DropDownList>
        <br />
    </div>
    <div><asp:Button ID="btnSubmit" runat="server" Text="提交"
    onclick="btnSubmit_Click" />
    <asp:Button ID="btnCancel" runat="server" Text="取消"
    onclick="btnCancel_Click" /><br />
    </div>
    <div><asp:Label ID="lblinfo" runat="server"></asp:Label></div>
</div>
```

(5) 在 addnews.aspx 页面中单击"提交"按钮后,触发 btnConfirm_Click 事件,主要

功能是将用户在页面中输入的新闻标题和新闻内容,用户在页面中选择新闻类别的 Value 值,获取系统当前的日期和时间,以及登录成功后保存的 Session["username"]值作为 publisher 值插入数据表 xwb 中。代码及解析如下所示。

```
protected void btnSubmit_Click(object sender, EventArgs e)
{
    try
    {
        SqlConnection con=new SqlConnection("data source=.;initial catalog=xw;
            integrated security=true");
        con.Open();
        //SqlCommand cmd=new SqlCommand("select * from xwb", con);
        //SqlDataAdapter adapter=new SqlDataAdapter(cmd);
        //上面两条语句等同于下面这一条语句
        SqlDataAdapter adapter=new SqlDataAdapter("select * from xwb", con);
        DataSet ds=new DataSet();
        adapter.Fill(ds, "bb");
        DataRow dr=ds.Tables["bb"].NewRow();
        dr["title"]=txtTitle.Text;
        dr["contents"]=txtContent.Text;
        dr["submitdate"]=System.DateTime.Now.ToString();
        dr["categoryid"]=DropDownList1.SelectedValue;
        dr["publisher"]=this.Session["username"].ToString();
        ds.Tables["bb"].Rows.Add(dr);
        //将数据集中的 aa 表的数据提交给数据库更新
        SqlCommandBuilder builder=new SqlCommandBuilder(adapter);
        adapter.Update(ds, "bb");
        con.Close();
        lblinfo.Text="新闻添加成功!";
    }
    catch
    {
        lblinfo.Text="新闻添加时出现错误,请重新添加!";
    }
}
```

说明:如何填充数据集? 使用 DataAdapter 填充数据需要 4 个步骤:

① 创建数据库连接对象(Connection 对象)。

② 创建从数据库查询数据用的 SQL 语句。

③ 利用上面创建的 SQL 语句和 Connection 对象创建 DataAdapter 对象: SqlDataAdapter 对象名=new SqlDataAdapter(查询数据用的 SQL 语句,数据库连接)。

④ 调用 DataAdapter 对象的 Fill()方法填充数据集:"DataAdapter 对象.Fill(数据集对象,"数据表名称字符串");",其中数据表名称字符串。如果数据集中原来没有这个数据表,调用 Fill()方法后就会创建一个数据表;如果数据集中原来有这个数据表,就会把现在查出的数据继续添加到数据表中。数据表的名称可以与数据库中表名相同,也可以不同。

如何把数据集中修改过的数据保存到数据库中呢?

需要使用 DataAdapter 的 Update( )方法,同时也需要相关的命令。.NET 为我们提供了一个 SqlCommandBuilder 对象构造 SQL 命令,使用它可以自动生成需要的 SQL 命令。把数据集中修改过的数据保存到数据库中,只需要两个步骤:

① 使用 SqlCommandBuilder 对象生成更新用的相关命令。

```
SqlCommandBuilder builder=new SqlCommandBuilder(已创建的 DataAdapter 对象);
```

② 调用 DataAdapter 的 Update( )方法。

```
DataAdapter 对象.Update(数据集对象,"数据表名称字符串")
```

(6) 在 addnews. aspx 页面中单击"取消"按钮后,触发 btnCancel_Click 事件,主要功能是清空"标题"和"内容"2 个文本框中的内容,以及下拉菜单中显示 Value 值为 1 的内容,并把光标定位在"新密码"后的文本框内,代码如下所示。

```
protected void btnCancel_Click(object sender, EventArgs e)
{
    txtTitle.Text="";
    txtContent.Text="";
    DropDownList1.SelectedValue=1.ToString();
    txtTitle.Focus();
}
```

12.3.4 新闻管理模块设计

(1) 在"解决方案资源管理器"窗口中,在文件夹 personal center 下基于母版MasterPagePersonal. master 新建文件 editnews. aspx。

(2) 在 editnews. aspx 页面中切换到"设计"视图模式(或拆分视图模式),在"工具箱"的"数据"工具中双击 GridView 控件(或者选中该控件,把它拖到设计视图中),放到ContentPlaceHolder1 处。单击 GridView 控件右上方的右向箭头,在弹出的 GridView任务快捷菜单中选择"选择数据源"→"新建数据源"命令,配置数据源的步骤与 12.2.1 小节的步骤(14)~步骤(17)完全一样,这里不再一一详述。

(3) 在弹出的对话框中,要配置 Select 语句,在"希望如何从数据库中检索数据?"下的单选按钮中选择"指定来自表或视图的列"下的 xwb。再单击"高级"按钮,在弹出的"高级 SQL 生成选项"对话框中选中第一个复选框,如图 12-49 所示,单击"确定"按钮,再单击"下一步"按钮,在弹出的"测试查询"对话框中单击"测试查询"按钮,最后单击"完成"按钮。

(4) 选中页面中的 GridView 控件,单击 GridView 控件右上方的右向箭头,在弹出的"GridView 任务"快捷菜单中选择"编辑列"命令,在弹出的"字段"对话框中选中"选定的字段"中的 id,在对话框右侧的"BoundField 属性"下找到 HeaderText 属性,把其值 id 修改成"序号",如图 12-50 所示。按照同样的方法修改其余字段,效果如图 12-51 所示。

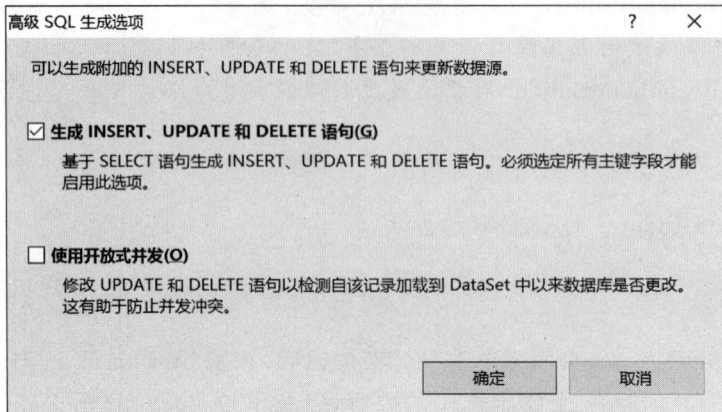

图 12-49 "高级 SQL 生成选项"对话框

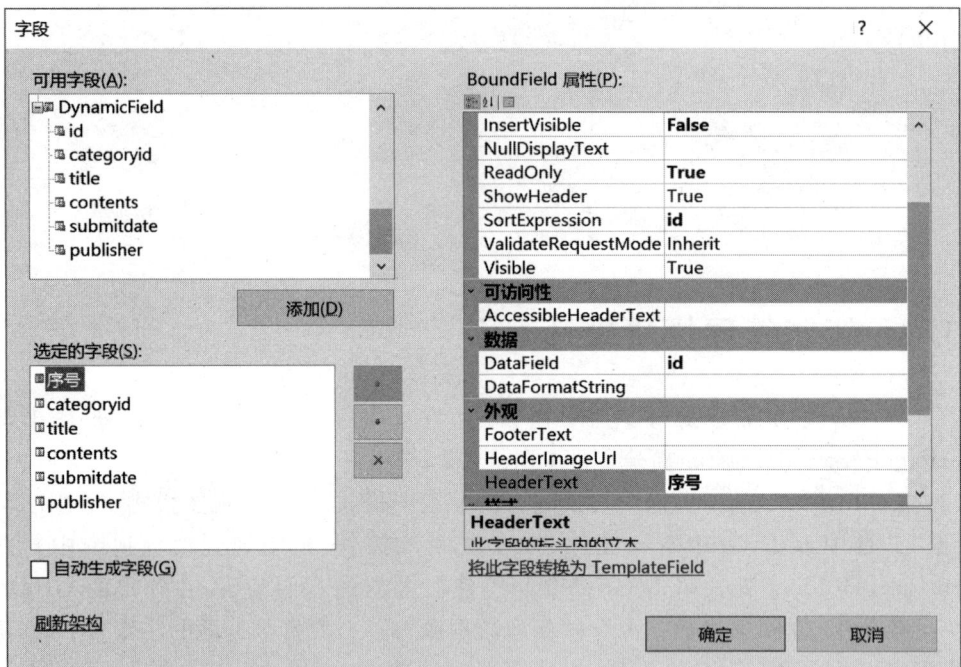

图 12-50 修改序号字段 HeaderText 属性效果

(5) 在图 12-51 所示的窗口中,在"可用字段"中选择 CommandField 下的"编辑、更新、取消"选项后,单击"添加"按钮,然后这个字段就添加到"选定的字段"下方列表框中了,这时按照步骤(4)中的方法,把右侧的 BoundField 中的 HeaderText 属性修改成中文"编辑"。同理,把 CommandField 下的"删除"字段添加进来,并修改其 HeaderText 属性为"删除",效果如图 12-52 所示,最后单击"确定"按钮即可。

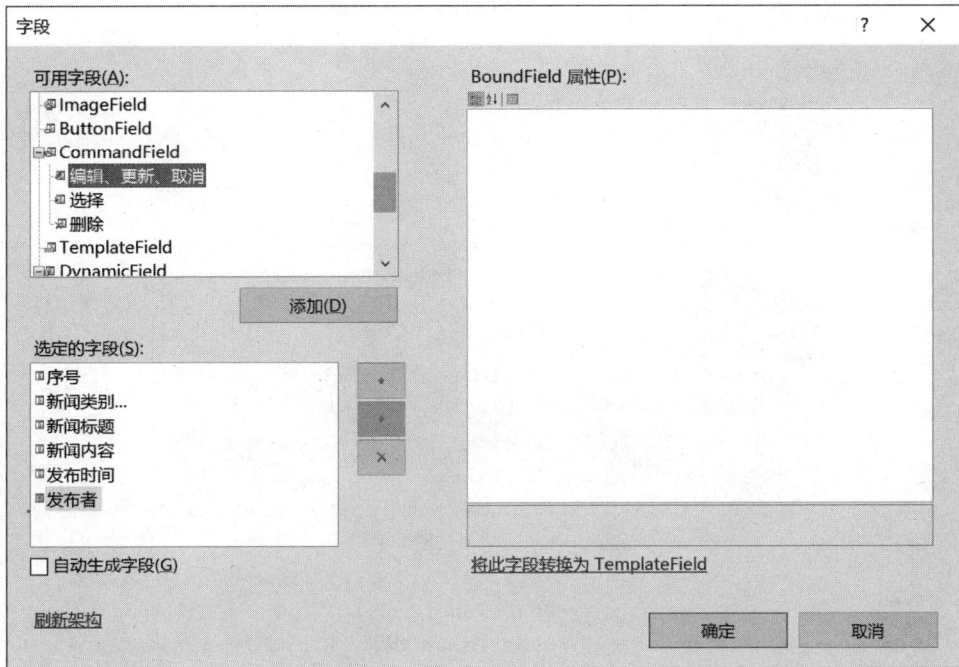

图 12-51　修改所有选定字段 HeaderText 属性效果

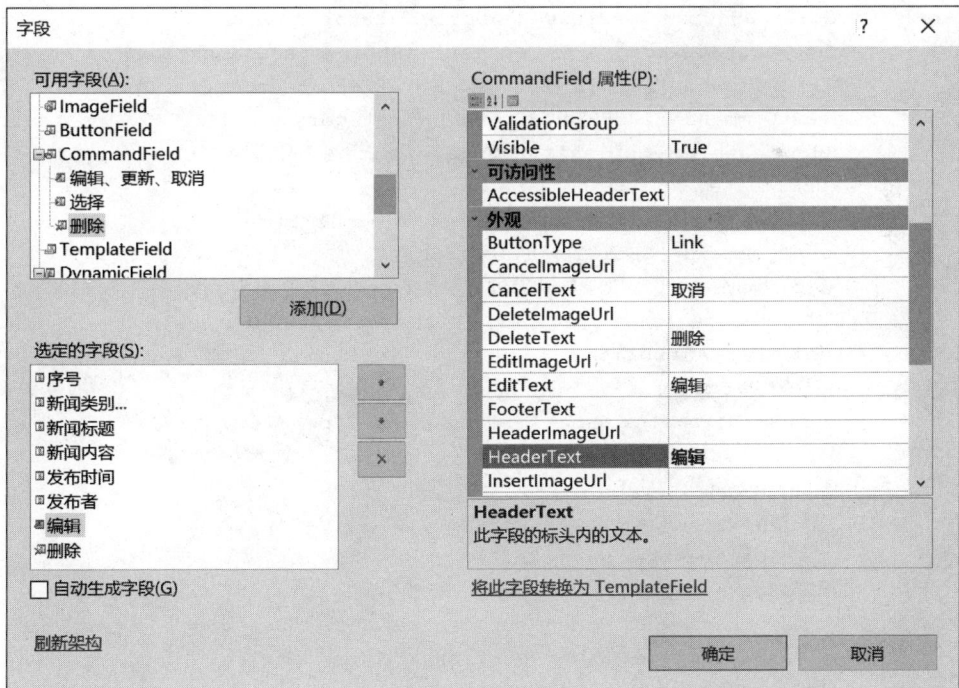

图 12-52　GridView 控件字段全部修改完成的效果

（6）editnews. aspx 页面中 ContentPlaceHolder1 的设计代码如下所示。

```
<div id="editnews">
    <asp:GridView ID="GridView1" runat="server" AutoGenerateColumns="False"
        DataKeyNames="id" DataSourceID="SqlDataSource1">
        <Columns>
            <asp:BoundField DataField="id" HeaderText="序号"
                InsertVisible="False"
                ReadOnly="True" SortExpression="id" />
            <asp:BoundField DataField="categoryid" HeaderText="类别序号"
                SortExpression="categoryid" />
            <asp:BoundField DataField="title" HeaderText="标题"
                SortExpression="title" />
            <asp:BoundField DataField="contents" HeaderText="内容"
                SortExpression="contents" />
            <asp:BoundField DataField="submitdate" HeaderText="发布时间"
                SortExpression="submitdate" />
            <asp:BoundField DataField="publisher" HeaderText="发布者"
                SortExpression="publisher" />
            <asp:CommandField HeaderText="编辑" ShowEditButton="True" />
            <asp:CommandField HeaderText="删除" ShowDeleteButton="True" />
        </Columns>
    </asp:GridView>
    <asp:SqlDataSource ID="SqlDataSource1" runat="server"
        ConnectionString="<% $ ConnectionStrings:xwConnectionString4 % >"
        DeleteCommand="DELETE FROM [xwb] WHERE [id]=@original_id"
        InsertCommand="INSERT INTO [xwb] ([categoryid], [title], [contents],
        [submitdate], [publisher]) VALUES (@categoryid, @title, @contents,
        @submitdate, @publisher)"
        OldValuesParameterFormatString="original_{0}"
        SelectCommand="SELECT * FROM [xwb]"
        UpdateCommand="UPDATE [xwb] SET [categoryid]=@categoryid, [title]=@
        title, [contents]=@contents, [submitdate]=@submitdate,
        [publisher]=@publisher WHERE [id]=@original_id">
        <DeleteParameters>
            <asp:Parameter Name="original_id" Type="Int32" />
        </DeleteParameters>
        <InsertParameters>
            <asp:Parameter Name="categoryid" Type="Int32" />
            <asp:Parameter Name="title" Type="String" />
            <asp:Parameter Name="contents" Type="String" />
            <asp:Parameter Name="submitdate" Type="DateTime" />
            <asp:Parameter Name="publisher" Type="String" />
        </InsertParameters>
        <UpdateParameters>
            <asp:Parameter Name="categoryid" Type="Int32" />
```

```
        <asp:Parameter Name="title" Type="String" />
        <asp:Parameter Name="contents" Type="String" />
        <asp:Parameter Name="submitdate" Type="DateTime" />
        <asp:Parameter Name="publisher" Type="String" />
        <asp:Parameter Name="original_id" Type="Int32" />
    </UpdateParameters>
  </asp:SqlDataSource>
</div>
```

（7）editnews. aspx 页面不能直接访问，必须登录成功后才能访问；并且该页面只显示登录成功的用户发布的新闻要求，这两项功能需要在该页面的 Page_Load 事件中完成。其中，第 1 项功能实现的方法与 12.3.2 小节中步骤（4）方法相同，这里不再详述。第 2 项功能修改数据源控件 SqlDataSource1 的 SQL 语句，只查询新闻发布者（publisher）与登录成功保存的用户名相等的记录。这部分的代码如下所示。

```
protected void Page_Load(object sender, EventArgs e)
{
    if (this.Session["flag"]==null)
    {
        Response.Redirect("~/login.aspx");
    }
    string sql="select * from xwb where publisher"+"='"+this.Session
        ["username"].ToString()+"'";
    SqlDataSource1.SelectCommand=sql;
    SqlDataSource1.Select(DataSourceSelectArguments.Empty);
}
```

任务 12.4　管理员后台管理主要功能模块设计

本任务后台管理是给网站的管理员使用的，本任务后台管理的主要功能是：修改密码、管理用户（主要是编辑和删除用户信息）、管理新闻（对按条件查询出来的新闻实现编辑和删除新闻的功能）和发布新闻。

12.4.1　后台管理母版设计

（1）在"解决方案资源管理器"窗口中右击文件夹 admin，选择"添加新项"命令，在弹出的窗口中选择"母版页"，并修改母版页的名称为 MasterPageAdmin. master。

（2）在后台管理母版页 MasterPageAdmin. master 的源视图下进行内容的添加，MasterPageAdmin. master 母版页与 MasterPagePersonal. master 母版页的布局结构大致相同，区别在于 menu 的页面导航不一样，foot 部分文字内容不一样。代码如下所示。

```
<form id="form1" runat="server">
  <div id="page">
  <div id="banner">
      <asp:Image ID="Image1" runat="server" ImageUrl="~/images/banner.jpg" />
  </div>
  <div id="menu">
        <asp:Menu ID="Menu2" runat="server" Orientation="Horizontal"
            RenderingMode="Table" Width="1000px">
        <Items>
          <asp:MenuItem NavigateUrl="~/admin/adminchangepassword.aspx"
              Text="修改密码" Value="首页"></asp:MenuItem>
          <asp:MenuItem Text="管理用户" Value="登录" NavigateUrl="~/admin/
              manageusers.aspx"></asp:MenuItem>
          <asp:MenuItem Text="管理新闻" Value="注册" NavigateUrl="~/admin/
              managenews.aspx"></asp:MenuItem>
          <asp:MenuItem NavigateUrl="~/admin/adminaddnews.aspx" Text="添
              加新闻" Value="添加新闻">
            </asp:MenuItem>
            <asp:MenuItem NavigateUrl="~/index.aspx" Text="返回首页"
                Value="返回首页">
            </asp:MenuItem>
        </Items>
        </asp:Menu>
  </div>
    <div id="contents1">
      <asp:ContentPlaceHolder id="ContentPlaceHolder1" runat="server">
      </asp:ContentPlaceHolder>
    </div>
    <div id="foot">某某某某某某某某新闻中心后台管理  客户端服务热线：88888888
      </div>
  </div>
</form>
```

12.4.2 密码修改模块设计

(1) 在"解决方案资源管理器"窗口中,在文件夹 admin 下基于母版 MasterPagePersonal.
master 新建文件 adminchangepassword.aspx。

(2) 在 adminchangepassword.aspx 页面中放置 5 个内容:"原密码"文本内容及文本框、"新密码"文本内容及文本框、"确认新密码"文本内容及文本框、"确定"按钮和"取消"按钮,其中"原密码"后的文本框能自动获取登录成功后保存的密码,效果如图 12-53所示。

图 12-53 adminchangepassword.aspx 页面效果

（3）adminchangepassword.aspx 页面的前台设计代码如下所示。

```
<asp:Content ID="Content2" ContentPlaceHolderID="ContentPlaceHolder1"
Runat="Server">
  <div>
    <div>原密码：<asp:TextBox ID="txtPassword" runat="server"></asp:
      TextBox><br /></div>
    <div>新密码：<asp:TextBox ID="txtNewpassword" runat="server"></asp:
      TextBox><br /></div>
    <div>确认新密码：<asp:TextBox ID="txtConnewpassword" runat="server">
      </asp:TextBox><br /></div>
    <div><asp:Button ID="btnConfirm" runat="server" Text="确定"
      onclick="btnConfirm_Click" /> 
      <asp:Button ID="btnCancel" runat="server" Text="取消"
        onclick="btnCancel_Click"
        style="height: 21px" /><br />
    </div>
    <div><asp:Label ID="lblinfor" runat="server"></asp:Label></div>
  </div>
</asp:Content>
```

（4）adminchangepassword.aspx 页面不能直接访问，必须登录成功后才能访问；"原密码"文本框能自动获取登录成功后保存的密码，这两项功能需要在该页面的 Page_Load 事件中完成。其中，第 1 项功能实现的方法与 12.3.2 小节中步骤（3）方法相同，这里不再详述。第 2 项功能直接让"原密码"文本框显示登录成功保存的 Session["password"]值即可。这部分的代码如下所示。

```
protected void Page_Load(object sender, EventArgs e)
{
    if(this.Session["flag"]==null)
    {
```

```
        Response.Redirect("~/login.aspx");
    }
    txtPassword.Text=this.Session["password"].ToString();
}
```

（5）在 adminchangepassword.aspx 页面中单击"确定"按钮后，触发 btnConfirm_ Click 事件，该事件的编写有两种思路，第一种思路是当登录成功且保存的 Session ["username"]值与数据表 yhb 中的 username 相同时，把新密码更新到数据表 yhb 中的 password 中，代码如下所示。

```
SqlConnection cn=new SqlConnection("data source=.;initial catalog=xw;
    integrated security=true");
cn.Open();
SqlCommand cmd=new SqlCommand("update yhb set password='"+txtNewpassword.
    Text.Trim()+"' where username='"+Session["username"].ToString()+"'", cn);
cmd.ExecuteNonQuery();
cn.Close();
lblinfor.Text="密码修改成功!";
```

（6）第二种思路是从 yhb 表查询用户名 username 与登录成功后保存的 Session ["username"]值相同的记录，然后把这个记录插入数据集 ds 中，先修改数据集中的 password 字段的值为新密码文本框中的值，然后再把 ds 更新到数据库中的用户表 yhb 中。代码如下所示。

```
SqlConnection cn=new SqlConnection("Data Source=.;Initial Catalog=xw;
    Integrated Security=True");
cn.Open();
SqlCommand cmd=new SqlCommand("select * from yhb where username='"+this.
    Session["username"].ToString()+"'", cn);
SqlDataAdapter ad=new SqlDataAdapter(cmd);
DataSet ds=new DataSet();
ad.Fill(ds);
ds.Tables[0].Rows[0]["password"]=txtNewpassword.Text;
SqlCommandBuilder builder=new SqlCommandBuilder(ad);
ad.Update(ds);
lblinfor.Text="密码修改成功!";
cn.Close();
```

（7）在 adminchangepassword.aspx 页面中单击"取消"按钮后，触发 btnCancel_Click 事件，主要功能是清空"新密码"和"确认新密码"2 个文本框中的内容，并把光标定位在 "新密码"后的文本框内，代码如下所示。

```
protected void btnCancel_Click(object sender, EventArgs e)
{
    txtNewpassword.Text="";
    txtConnewpassword.Text="";
    txtPassword.Focus();
}
```

12.4.3 添加新闻模块设计

(1) 在"解决方案资源管理器"窗口中,在文件夹 admin 下基于母版 MasterPagePersonal.master 新建文件 adminaddnews.aspx。

(2) adminaddnews.aspx 与个人中心模块中的 addnews.aspx 页面的设计基本相同,效果如图 12-54 所示,具体的操作步骤这里就不再详述了。

图 12-54 adminaddnews.aspx 页面效果

12.4.4 新闻管理模块设计

(1) 在"解决方案资源管理器"窗口中,在文件夹 admin 下基于母版 MasterPagePersonal.master 新建文件 managenews.aspx。

(2) 在 managenews.aspx 页面中切换到"设计"视图模式(或拆分视图模式),在"工具箱"的"数据"工具中双击 GridView 控件(或者选中该控件,把它拖到设计视图中)到 ContentPlaceHolder1 处。接下来,配置 GridView 控件的数据源,其数据源的配置方法与 12.2.1 小节中的步骤(14)~步骤(17)一样,这里不再一一详述。

(3) 在弹出的对话框中要配置 Select 语句,在"希望如何从数据库中检索数据?"选择 "指定来自表或视图的列"单选按钮,再在下面的下拉列表中选择 xwb,如图 12-55 所示。再单击"高级"按钮,在弹出的"高级 SQL 生成选项"对话框中选中窗口中的第一个复选框,单击"确定"按钮,再单击"下一步"按钮,在弹出的"测试查询"对话框中单击"测试查询"按钮,最后单击"完成"按钮。

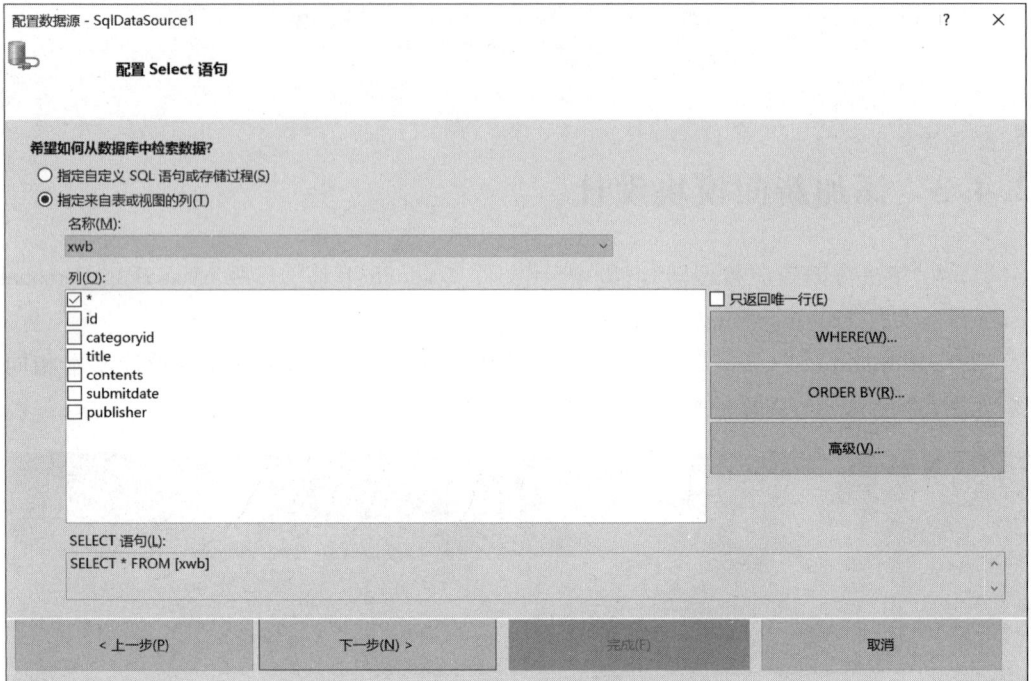

图 12-55　配置 Select 语句并选择 xwb 表

（4）选中页面中的 GridView 控件,单击 GridView 控件右上方的右向箭头,在弹出的"GridView 任务"快捷菜单中选择"编辑列"命令,在弹出的"字段"对话框中选中"选定的字段"中的 id,在对话框右侧的"BoundField 属性"下找到 HeaderText 属性,把其值 id 修改成"序号"。按照同样的方法修改其余字段。

（5）在图 12-56 所示的窗口中,在"可用字段"列表框中把 CommandField 下的"编辑、更新、取消"和"删除"选项添加到"选定的字段"列表框中,并分别修改其 HeaderText 属性值为"编辑"和"删除",最后单击"确定"按钮即可。

（6）在 editnews.aspx 页面中,希望能根据发布者或者新闻的标题查询新闻,然后再进行新闻的编辑或删除。方法如下：在 GridView 控件前面添加一个下拉菜单、一个文本框和一个查询按钮。首先单击下拉菜单 DropDownList 控件右上方的右向箭头,在弹出的"GridView 任务"快捷菜单中选择"编辑项"命令,在弹出的"ListItem 集合编辑器"对话框中单击"添加"按钮,在"ListItem 属性"中的 Text 处输入"发布者",在 Value 处输入 publisher。再单击"添加"按钮,在"ListItem 属性"中的 Text 处输入"新闻标题",在 Value 处输入 title,"ListItem 属性"对话框的效果如图 12-57 所示,查询模块效果如图 12-58 所示。

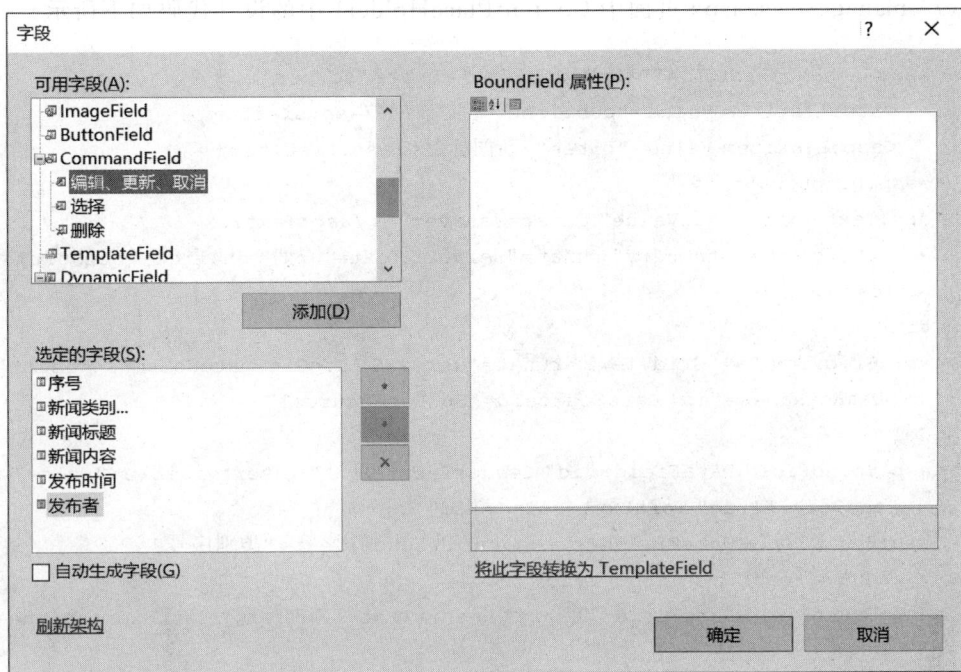

图 12-56 修改所有选定字段 HeaderText 属性效果

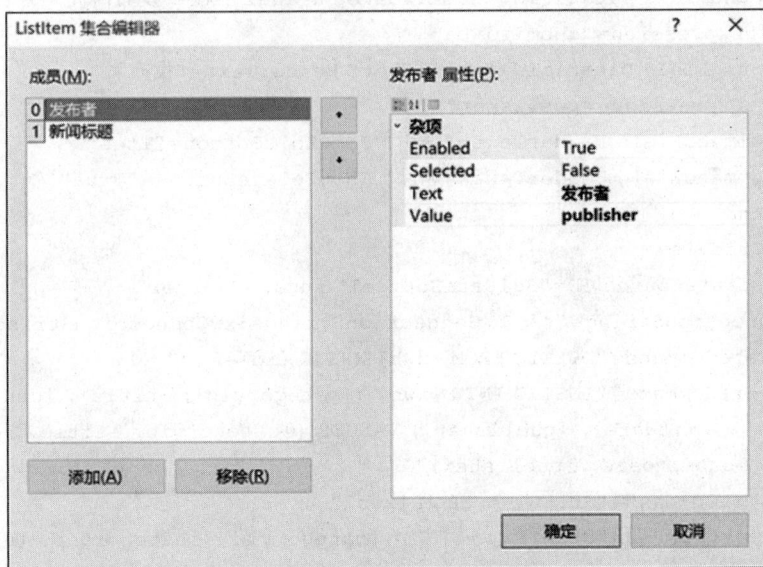

图 12-57 "ListItem 属性"对话框编辑效果

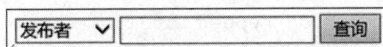

图 12-58 editnews.aspx 查询模块效果

（7）managenews. aspx 页面中 ContentPlaceHolder1 中的设计代码如下所示。

```
<asp:DropDownList ID="DropDownList1" runat="server">
    <asp:ListItem Value="publisher">发布者</asp:ListItem>
    <asp:ListItem Value="title">新闻标题</asp:ListItem>
</asp:DropDownList>
<asp:TextBox ID="txtValue" runat="server"></asp:TextBox>
<asp:Button ID="btnQuery" runat="server" Text="查询" onclick="btnQuery_
    Click" />
<br />
<asp:GridView ID="GridView1" runat="server" AutoGenerateColumns="False"
    DataKeyNames="id" DataSourceID="SqlDataSource1">
<Columns>
<asp:BoundField DataField="id" HeaderText="序号" InsertVisible="False"
    ReadOnly="True" SortExpression="id" />
<asp:BoundField DataField="categoryid" HeaderText="类别序号"
    SortExpression="categoryid" />
<asp:BoundField DataField="title" HeaderText="新闻标题" SortExpression=
    "title" />
<asp:BoundField DataField="contents" HeaderText="新闻内容"
    SortExpression="contents" />
<asp:BoundField DataField="submitdate" HeaderText="发布时间"
    SortExpression="submitdate" />
<asp:BoundField DataField="publisher" HeaderText="发布者"
    SortExpression="publisher" />
<asp:CommandField HeaderText="编辑" ShowEditButton="True" />
<asp:CommandField HeaderText="删除" ShowDeleteButton="True" />
</Columns>
</asp:GridView>
<asp:SqlDataSource ID="SqlDataSource1" runat="server"
    ConnectionString="<% $ ConnectionStrings:xwConnectionString6 % >"
    DeleteCommand="DELETE FROM [xwb] WHERE [id]=@id"
    InsertCommand="INSERT INTO [xwb] ([categoryid], [title], [contents],
        [submitdate], [publisher]) VALUES (@categoryid, @title, @contents,
        @submitdate, @publisher)"
    SelectCommand="SELECT * FROM [xwb]"
    UpdateCommand="UPDATE [xwb] SET [categoryid]=@categoryid, [title]=
        @title, [contents]=@contents, [submitdate]=@submitdate,
        [publisher]=@publisher WHERE [id]=@id">
    <DeleteParameters>
    <asp:Parameter Name="id" Type="Int32" />
    </DeleteParameters>
    <InsertParameters>
        <asp:Parameter Name="categoryid" Type="Int32" />
```

```
        <asp:Parameter Name="title" Type="String" />
        <asp:Parameter Name="contents" Type="String" />
        <asp:Parameter Name="submitdate" Type="DateTime" />
        <asp:Parameter Name="publisher" Type="String" />
    </InsertParameters>
    <UpdateParameters>
        <asp:Parameter Name="categoryid" Type="Int32" />
        <asp:Parameter Name="title" Type="String" />
        <asp:Parameter Name="contents" Type="String" />
        <asp:Parameter Name="submitdate" Type="DateTime" />
        <asp:Parameter Name="publisher" Type="String" />
        <asp:Parameter Name="id" Type="Int32" />
    </UpdateParameters>
</asp:SqlDataSource>
```

（8）editnews.aspx 页面不能直接访问，必须登录成功后才能访问，这项功能实现的方法与 12.3.2 小节中步骤（4）方法相同，这里不再详述。

（9）单击"查询"按钮后，触发 btnQuery_Click 事件，这部分的功能主要是修改数据源控件 SqlDataSource1 的查询命令，代码如下所示。

```
protected void btnQuery_Click(object sender, EventArgs e)
{
    string sql="select * from xwb";
    if (txtValue.Text.Trim().Length !=0)
    {
        sql=sql+" where "+DropDownList1.SelectedValue+" like '% "+txtValue.
          Text.Trim()+"% ' ";
        //sql=sql+" where "+DropDownList1.SelectedValue+"='"+txtValue.
          Text.Trim()+"' ";
        SqlDataSource1.SelectCommand=sql;
        SqlDataSource1.Select(DataSourceSelectArguments.Empty);
    }
}
```

说明：这里的查询语句采用的是模糊查询，就是下拉菜单的 SelectedValue 值包含文本框去除空格后的值（txtValue.Text.Trim()）。注释的那条语句是精确查询的语句，大家可以思考一下。

12.4.5 用户管理模块设计

（1）在"解决方案资源管理器"窗口中，在文件夹 admin 下基于母版 MasterPagePersonal.master 新建文件 manageusers.aspx。

（2）在 manageusers. aspx 页面中把 GridView 控件放到 ContentPlaceHolder1 处。接下来配置 GridView 控件的数据源，其数据源的配置方法与 12.2.1 小节中的步骤(14)～步骤(17)一样，这里不再一一详述。

（3）在弹出的对话框中要配置 Select 语句，这里的数据表要选择 yhb，并单击"高级"按钮，在弹出的"高级 SQL 生成选项"对话框中选中窗口中的第一个复选框，单击"确定"按钮，再单击"下一步"按钮，在弹出的"测试查询"对话框中单击"测试查询"按钮，最后单击"完成"按钮。

（4）选中页面中的 GridView 控件，单击 GridView 控件右上方的右向箭头，在弹出的"GridView 任务"中选择"编辑列"，在弹出的"字段"对话框中选中"选中的字段"中的 id，在对话框右侧的"BoundField 属性"下找到 HeaderText 属性，把其值 id 修改成"序号"，如图 12-59 所示。按照同样的方法修改其余字段。

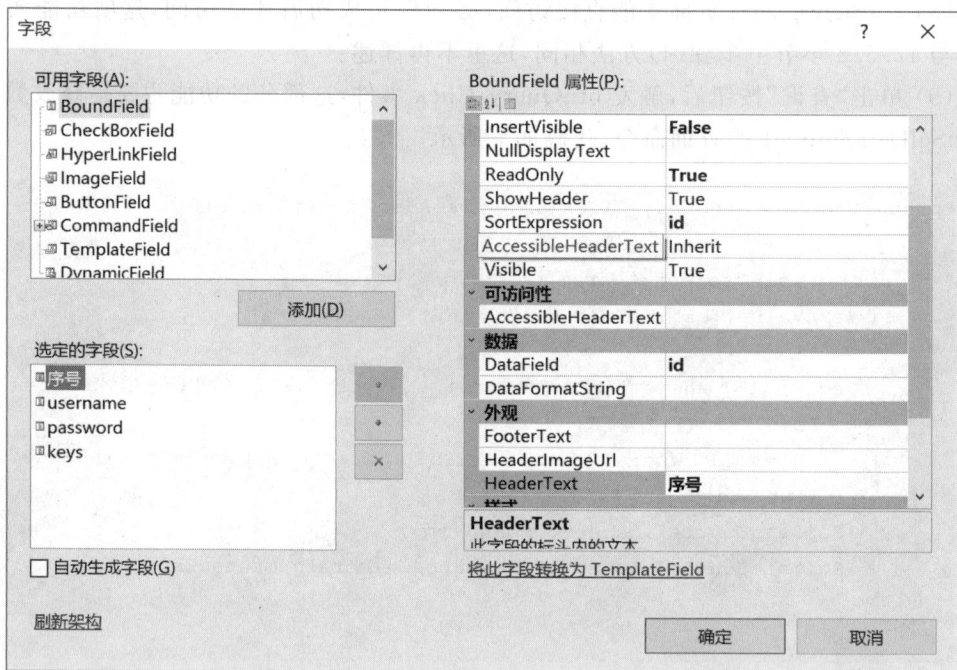

图 12-59　修改序号字段 HeaderText 属性效果

（5）在图 12-56 所示的窗口中，在可用字段中把 CommandField 下的"编辑、更新、取消"和"删除"选项添加到"选定的字段"下方列表框中，并分别修改其 HeaderText 属性值为"编辑"和"删除"，最后单击"确定"按钮即可。

（6）manageusers. aspx 页面效果如图 12-60 所示。

（7）manageusers. aspx 页面中 ContentPlaceHolder1 的设计代码如下所示。

图 12-60　manageusers.aspx 页面效果

```
<asp:GridView ID="GridView1" runat="server" AutoGenerateColumns="False"
    DataKeyNames="id" DataSourceID="SqlDataSource1">
    <Columns>
        <asp:BoundField DataField="id" HeaderText="序号" InsertVisible="False"
            ReadOnly="True" SortExpression="id" />
        <asp:BoundField DataField="username" HeaderText="用户名"
            SortExpression="username" />
        <asp:BoundField DataField="password" HeaderText="密码"
            SortExpression="password" />
        <asp:BoundField DataField="keys" HeaderText="用户类别"
            SortExpression="keys" />
        <asp:CommandField HeaderText="编辑" ShowEditButton="True" />
        <asp:CommandField HeaderText="删除" ShowDeleteButton="True" />
    </Columns>
</asp:GridView>
<asp:SqlDataSource ID="SqlDataSource1" runat="server"
    ConnectionString="<% $ ConnectionStrings:xwConnectionString7 % >"
    DeleteCommand="DELETE FROM [yhb] WHERE [id]=@id"
    InsertCommand="INSERT INTO [yhb] ([username], [password], [keys]) VALUES
        (@username, @password, @keys)"
    SelectCommand="SELECT * FROM [yhb]"
    UpdateCommand="UPDATE [yhb] SET [username]=@username, [password]=
        @password, [keys]=@keys WHERE [id]=@id">
    <DeleteParameters>
        <asp:Parameter Name="id" Type="Int32" />
    </DeleteParameters>
    <InsertParameters>
        <asp:Parameter Name="username" Type="String" />
        <asp:Parameter Name="password" Type="String" />
        <asp:Parameter Name="keys" Type="String" />
```

```
    </InsertParameters>
    <UpdateParameters>
        <asp:Parameter Name="username" Type="String" />
        <asp:Parameter Name="password" Type="String" />
        <asp:Parameter Name="keys" Type="String" />
        <asp:Parameter Name="id" Type="Int32" />
    </UpdateParameters>
</asp:SqlDataSource>
```

（8）manageusers.aspx 页面不能直接访问,必须登录成功后才能访问,这项功能实现的方法与 12.3.2 小节中步骤(4)方法相同,这里不再详述。

本 章 小 结

本章的任务是设计完成了"新闻发布网站",虽然规模较小,但是具备了核心功能,如新闻显示、新闻查询、新闻发布、新闻修改和新闻删除。该项目代码量较少,实现简单,很容易掌握。

"新闻发布网站"完成后,大家可以思考如何让该网站更完善。

• 项目的设计样式可以更美观。
• 新闻表字段比较简单,图片、附件都没有考虑进去。
• 详细新闻页面的内容如何分段、如何图文混排等。

练 习 与 实 践

实践操作

1. 编写数据库操作类,来实现任务中的"新闻发布网站"。
2. 参照"新闻发布网站",自行设计一个"企业网站"或"留言管理系统"。

参 考 文 献

[1] 田伟.ASP.NET 入门很简单[M].北京：清华大学出版社,2014.

[2] 明日科技.ASP.NET 从入门到精通[M].北京：清华大学出版社,2012.

[3] 谭恒松,方俊,严良达,等.C♯程序设计与开发[M].2 版.北京：清华大学出版社,2014.

[4] 马华林,王璞,张立燕,等.ASP.NET Web 应用系统项目开发(C♯)[M].北京：清华大学出版
社,2015.

[5] 冯涛,梅成才.ASP.NET 动态网页设计案例教程(C♯版)[M].2 版.北京：北京大学出版社,2013.

[6] 孟宗洁,蔡杰.ASP.NET 程序设计项目式教程(C♯版)[M].北京：电子工业出版社,2012.

[7] 鄢军霞,杨国勋,王燕波,等.C♯程序设计项目式教程[M].北京：人民邮电出版社,2014.

[8] 程琪,张白桦.ASP.NET 动态网站开发项目化教程[M].北京：清华大学出版社,2010.

附录 A C# 常用关键字

关键字是对编译器具有特殊意义的预定义保留标识符。它们不能在程序中用作标识符，除非它们有一个@前缀。例如，@if 是有效的标识符，但 if 不是有效的标识符，因为 if 是关键字。C♯常用关键字见附表 A-1～附表 A-9。

附表 A-1 语句关键字

类别	C♯关键字
选择语句	if, else, switch, case
迭代语句	do, for, foreach, in, while
跳转语句	break, continue, default, goto, return, yield
异常处理语句	throw, try-catch, try-finally, try-catch-finally
检查和未检查	checked, unchecked
fixed 语句	fixed
lock 语句	lock

附表 A-2 命名空间关键字（描述与 using 命名空间关联的关键字和运算符）

名　称	用　　途
namespace	用于声明一个空间
using	using 指令：用于为命名空间创建别名或导入其他命名空间中定义的类型。 using 语句：定义一个范围，在范围的末尾处理对象
operator	用来声明或重载一个操作符

附表 A-3 文字关键字

名　称	用　　途
null	表示不引用任何对象的空引用的值。null 是引用类型的默认值
true	true 运算符：用户可以自定义 true()运算符，该运算符返回 bool 值 true 表示真，false 表示假。如果定义了 true 或者 false 中的一个，那么必须定义另一个。 true 文字值：表示 bool 的真
false	false 运算符：用户可以自定义 false()运算符，该运算符返回 bool 型的值 true 表示假，false 表示真。如果定义了 true 或者 false 中的一个，那么必须定义另一个。 false 文字值：表示 bool 的假
default	可在 switch 语句或泛型代码中使用

附表 A-4　类型转换中使用的关键字

名　称	用　途
explicit	通常用来将内建类型转换为用户定义类型或反向操作。必须再转换时调用显示转换操作符
implicit	一个操作符,定义一个用户定义的转换操作符。通常用来将预定义类型转换为用户定义类型或反向操作。隐式转换操作符必须在转换时使用
operator	用来声明或重载一个操作符

附表 A-5　访问关键字

名称	用　途
base	访问基类的成员
this	引用类的当前实例

附表 A-6　操作关键字(用于执行杂项操作,如创建对象,获取类型的大小等)

名　称	用　途
as	将对象转换为可兼容类型,如果转换失败,就返回 null
is	用于检查对象在运行时的类型是否与给定类型兼容
new	new 运算符:用于在堆上创建对象和调用构造函数。 new 修饰符:用于隐藏基类成员的继承成员。 new 约束:限定类型参数
sizeof	用于获得值类型的大小,以字节为单位
typeof	用于获得某一类型的 System.Type 对象
stackalloc	在堆栈上分配内存块
checked	指定已检查的上下文。既是操作符又是语句
unchecked	指定未检查的上下文

附表 A-7　修饰符(用于修改类型和类型成员的声明)

修饰符	用　途
访问修饰符	public:类型与类型成员的访问修饰符,表示公共访问,是允许访问的最高级别。 private:私有访问,是允许访问的最低级别,只能在声明它们的类或结构体中访问。 internal:只有在同一程序集中才可以访问。 protected:受保护成员可在其所在的类与派生类访问
abstract	在类中使用 adstract 指示某个类只能是其他类的基类。不可被实例化,用途是派生出其他非抽象类。当从抽象类派生非抽象类时,这些非抽象类必须具体实现所继承的所有抽象成员,从而重写那些抽象成员(对抽象方法的重写必用 override,虚方法的关键字 virtual,对虚方法的重写也要用 override)
const	指定无法修改字段或局部变量的值。声明常量的关键字
event	声明事件,常与委托(delegate)一起使用
extern	指示在外部实现方法

续表

修饰符	用　途
new	New 运算符：用于创建对象和调用构造函数。 New 修饰符：用于向基类成员隐藏继承成员
override	要扩展或修改继承的方法、属性、索引器或事件的抽象实现或虚实现，必须使用 override 修饰符
partial	在整个同一程序集中定义分部类、结构和方法。分部类型定义允许将类、结构或接口的定义拆分到多个文件中
readonly	声明一个字段，该字段只能赋值为该声明的一部分或者在同一个类的构造函数中
sealed	指定类不能被继承；密封类关键字，密封类不能被继承(不想让其他类继承可以声明为密封类)
static	静态成员的关键字，静态成员可以直接通过类来调用(在动静态调用都可以)，动态成员必须通过对象来调用
unsafe	声明不安全的上下文
virtual	虚方法的关键字，不含方法实现，用 override 对其实现，不含 startic(多用于多态性)
volatile	volatile 关键字指示一个字段可以由多个同时执行的线程修改。声明为 volatile 的字段不受编译器优化(假定由单个线程访问)的限制。这样可以确保该字段在任何时间呈现的都是最新的值。 volatile 修饰符通常用于由多个线程访问但不使用 lock 语句对访问进行序列化的字段

附表 A-8　上下文关键字(用于提供代码中的特定含义，但它不是 C# 中的保留字)

关键字	说　明
add	定义一个自定义事件访问器，客户端代码订阅事件时将调用该访问器
dynamic	定义一个引用类型，实现发生绕过编译时类型检查的操作
get	为属性或索引器定义访问器方法
global	指定未以其他方式命名的默认全局命名空间
partial	在整个同一编译单元内定义分部类、结构和接口
remove	定义一个自定义事件访问器，客户端代码取消订阅事件时将调用该访问器
set	为属性或索引器定义访问器方法
value	用于设置访问器和添加或移除事件处理程序
var	使编译器能够确定在方法作用域中声明的变量的类型
where	将约束添加到泛型声明
yield	在迭代器块中使用，用于向枚举数对象返回值或发信号结束迭代

附表 A-9　查询关键字(包含查询表达式中使用的上下文关键字)

子　句	说　明
from	指定数据源和范围变量(类似于迭代变量)
where	根据一个或多个由逻辑"与"和逻辑"或"运算符(&& 或 ||)分隔的布尔表达式筛选源元素
select	指定当执行查询时返回的序列中的元素将具有的类型和形式
group	按照指定的键值对查询结果进行分组
into	提供一个标识符,它可以充当对 join、group 或 select 子句的结果的引用
orderby	基于元素类型的默认比较器按升序或降序对查询结果进行排序
join	基于两个指定匹配条件之间的相等比较来连接两个数据源
let	引入一个用于存储查询表达式中的子表达式结果的范围变量
in	join 子句中的上下文关键字
on	join 子句中的上下文关键字
equals	join 子句中的上下文关键字
by	group 子句中的上下文关键字
ascending	orderby 子句中的上下文关键字
descending	orderby 子句中的上下文关键字

附录 B　ASP.NET 常用控件命名规范

控件类型	控件命名前缀	标准命名示例
Label	lbl	lblinfo
TextBox	txt	txtname
Button	btn	btnsubmit
LinkButton	lbtn	lbtnNovel
ImageButton	ibtn	ibtnTourism
HyperLink	hlk	hlkTitle
ListBox	lst	lstSubjects
DropDownList	drop	dropPolitical
RadioButton	rad	radman
RadioButtonList	radl	radlsex
CheckBox	chk	chkInterest
CheckBoxList	chkl	chklSports
CheckedListBox	clst	clstChecked
Image	img	imgLine
ImageButton	ibtn	ibtnPhoto
Panel	pnl	pnlLanguage
FileUpload	fup	fupPhoto
ListView	lvw	lvwProvinces
TreeView	tvw	tvwBooks
DataSet	dts	dtsStudent
DataList	dlst	dlstTitles
DetailView	dvw	dvwTitles
FormView	fvw	fvwFonts
GridView	gvw	gvwCity

续表

控件类型	控件命名前缀	标准命名示例
Repeater	rpt	rptQueryResults
SqlDataSource	sds	sdsBooks
CompareValidator	valc	valcValidAge
CustomValidator	valx	valxDBCheck
RangeValidator	valg	valgAge
RegularExpressionValidator	vale	valeEmail
RequiredFieldValidator	valr	valrFirstName
ValidationSummary	vals	valsFormErrors
Menu	mnu	mnuUser1
SiteMapPath	smp	smpSite1
TreeView	trvw	trvwMenu